TRILHAS

Robyn Davidson

TRILHAS

a incrível jornada de uma mulher
pelo deserto australiano

Tradução
Celina C. Falck-Cook

Copyright © 1980, 2012 Robyn Davidson

Copyright da tradução © 2015 Editora Pensamento-Cultrix Ltda.

Publicado mediante acordo com David Godwin Associates, London.

Texto de acordo com as novas regras ortográficas da língua portuguesa.

1ª edição 2015.

Todos os direitos reservados. Nenhuma parte deste livro pode ser reproduzida ou usada de qualquer forma ou por qualquer meio, eletrônico ou mecânico, inclusive fotocópias, gravações ou sistema de armazenamento em banco de dados, sem permissão por escrito, exceto nos casos de trechos curtos citados em resenhas críticas ou artigos de revistas.

Coordenação editorial: Manoel Lauand

Capa e projeto gráfico: Gabriela Guenther

Editoração eletrônica: Estúdio Sambaqui

DADOS INTERNACIONAIS DE CATALOGAÇÃO NA PUBLICAÇÃO (CIP)
(CÂMARA BRASILEIRA DO LIVRO, SP, BRASIL)

Davidson, Robyn

Trilhas : a incrível jornada de uma mulher pelo deserto australiano / Robyn Davidson ; tradução Celina C. Falck-Cook. -- 1. ed. -- São Paulo : Seoman, 2015.

Título original: Tracks : one woman's journey across 1,700 miles of australian outback.

ISBN 978-85-5503-003-1

1. Austrália – Descrição e viagens 2. Davidson, Robyn, 1950- – Viagens – Austrália I. Título.

15-00310CDD-919.4

Índices para catálogo sistemático:

1. Austrália : Descrição e viagens   919.4

Seoman é um selo editorial da Pensamento-Cultrix.

EDITORA PENSAMENTO-CULTRIX LTDA.

R. Dr. Mário Vicente, 368 – 04270-000 – São Paulo, SP

Fone: (11) 2066-9000 – Fax: (11) 2066-9008

E-mail: atendimento@editoraseoman.com.br

http://www.editoraseoman.com.br

que se reserva a propriedade literária desta tradução.

Foi feito o depósito legal.

À Nancy e às garriças azuis

Anna sabia que precisava atravessar o deserto. Acima dele, do outro lado, havia montanhas, roxas, cor de laranja e cinzentas. As cores do sonho eram extraordinariamente belas e vívidas. [...] O sonho marcou uma mudança em Anna, no seu autoconhecimento. No deserto, ela estava só, não havia água e as fontes ficavam muito distantes dali. Ela acordou sabendo que, se ia atravessar o deserto, precisava livrar-se dos seus fardos.

Doris Lessing, *O Carnê Dourado*

ÍNDICE

Parte Um: Temporada em Alice *11*

Parte Dois: Livrando-me dos Fardos *103*

Parte Três: Meio longinho daqui *147*

Parte Quatro: No outro extremo *207*

Posfácio *233*

Agradecimentos *239*

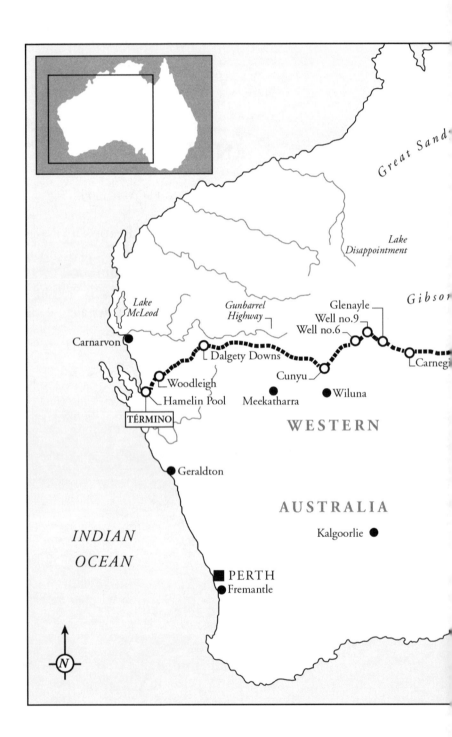

PARTE UM

TEMPORADA EM ALICE

1

CHEGUEI À ALICE[1] às cinco da madrugada com uma cadelinha, seis dólares no bolso e uma maleta cheia de roupas inadequadas. "Traga um casaco para usar à tarde", dizia o folheto de informações turísticas. Um vento enregelante açoitava a plataforma, e eu ali tremendo, agarrada à carne morna da minha cadela, imaginando que loucura tinha sido essa minha ideia de vir para aquela estação de trem vazia e estranha, onde Judas perdeu as botas. Virei-me de frente para a direção de onde o vento soprava e aí vi a cadeia de montanhas nos limites da cidade.

Há alguns momentos na vida que são como eixos em torno dos quais gira toda a nossa existência... pequenas faíscas intuitivas, quando sabemos que fizemos uma coisa certa para variar, quando pensamos que estamos na trilha certa. Enquanto eu assistia à aurora pálida que pintava listras fluorescentes nos penhascos, percebi que aquele era um desses momentos. Foi um instante de uma confiança pura e descomplicada... que durou mais ou menos dez segundos.

Diggity contorceu-se para se livrar dos meus braços e me olhou, com a cabeça inclinada para um lado e aquelas suas orelhas empinadas de leitão esvoaçando. Experimentei aquela sensação desesperadora de quem percebe que estava fora de si quando decidiu fazer alguma coisa difícil – só que agora não há como voltar atrás. Tudo bem viajar num trem sem um tostão no bolso, repetindo sem parar a si mesma que você é uma pessoa muito corajosa e aventureira; mas quando se chega ao destino da viagem sem ninguém para receber a gente, nenhum lugar aonde ir e nada para te sustentar a não ser uma ideia lunática na qual nem você acredita de verdade, de repente parece muito melhor estar em casa, no acolhedor litoral de Queensland, discutindo planos e

---

[1] A cidade de Alice Springs, exatamente no centro geográfico da Austrália, à qual os australianos se referem como "a Alice" (a crase aqui é proposital). (N.T.)

bebericando gins na varanda com seus amigos e fazendo listas intermináveis que acabam no lixo, além de ler livros sobre camelos.

A minha ideia maluca era, basicamente, conseguir o número necessário de camelos selvagens no sertão, treiná-los para transportar minha bagagem e depois atravessar a área do deserto central. Eu sabia que havia camelos selvagens suficientes neste país. Eles haviam sido importados na década de 1850, do Afeganistão, juntamente com seus donos, bem como do norte da Índia, para abrir as áreas inacessíveis, transportar alimentos e ajudar a construir o sistema telegráfico e as ferrovias, que terminariam fazendo com que esses imigrantes falissem. Quando isso aconteceu, os afegãos soltaram seus camelos, arrasados, e tentaram encontrar outro emprego. Como eles eram especialistas no que faziam, isso não foi fácil. Eles também não tiveram muita sorte em conseguir apoio do governo. Seus camelos, porém, ficaram encantados, pois o ambiente era perfeito para eles, e portanto eles se desenvolveram e prosperaram. Tanto que há aproximadamente dez mil deles perambulando pelo deserto, invadindo fazendas de criação de gado, levando tiros e, segundo alguns ecologistas, causando a extinção de certas espécies de plantas pelas quais sentem uma certa predileção. Seu único inimigo natural por aqui é o homem, de modo que, sendo praticamente imunes a doenças, os camelos australianos estão entre os melhores do mundo.

O trem estava meio vazio e a viagem foi longa. Mais de oitocentos quilômetros, dois dias de Adelaide a Alice Springs. As modernas artérias em torno de Port Augusta tinham quase desaparecido, transformando-se em trilhas cor-de-rosa, esburacadas e horríveis, seguindo intermináveis em direção ao horizonte cintilante. Depois disso, só se podia ver o pergaminho vermelho e seco da área semiárida ao redor de Alice Springs, o chamado "coração morto", esse majestoso buraco pra lá de Deus me acuda, onde os homens são homens e as mulheres não valem nada. Trechos da conversa que tive no trem ainda estavam ecoando em minha cabeça.

– 'Dia, posso me sentá aqui?

(Suspiro e olho pela janela ou para o meu livro.)

– Não.

(Os olhos descem até o meu peito.)

– Cadê seu hômi?

– Não tenho homem.

(Ligeiro brilho nos olhos vermelhos e cansados, ainda fixos no meu peito.)

– Ai, meu Deusin' do céu, cê num vai pra Alice sozinha, vai, benzinho? Escuta aqui, belezura, cê vai se dar muito mal por lá. Os pretos vão te "estrupar" na certa. Esses safados vivem soltos por lá só fazendo sacanagem, sabia? 'Cê vai precisar de um protetor. Já sei, peço uma cerveja pra você, depois "vamo" pra tua cabine se conhecer melhor, que acha? Uma boa?

Esperei até os passageiros da estação terem escasseado, parada no vácuo do silêncio matinal, contendo minha inquietação; depois parti com a Diggity para a cidade.

Minha primeira impressão, enquanto caminhávamos pela rua deserta, foi de feiura ao ver aquela arquitetura repelente, um contraste desconcertante com a magnificência da área circundante. Tudo estava coberto de pó, desde o grande bar da esquina até as vitrines das lojas sem graça e sem criatividade ao longo da rua principal. Hordas de insetos mortos se acumulavam nas luzes dos postes da rua, e veículos com tração nas quatro rodas sujos de poeira vermelha, os motoristas enxergando apenas por dois espaços limpos pelos limpadores de para-brisas, passavam, chacoalhando intermitentemente através da cidade de cimento e betume. Este centro comercial cinzento, cor de creme e verde-hospital, gradativamente cedeu lugar a subúrbios que se estendiam até terminarem abruptamente diante da face vermelha monumental e perpendicular das Serras MacDonnell, no limite sul da cidade; essa cadeia de montanhas continuava, ininterrupta, salvo por algumas gargantas espetaculares, a leste e a oeste, percorrendo vários milhares de quilômetros. O rio Todd, um leito seco e branco com altas colunas de eucaliptos prateados, passa sinuoso através da cidade, depois penetra numa fenda estreita entre as montanhas. Essas montanhas, assomando ameaçadoras como algum monstro pre-histórico petrificado, exercem, segundo eu ia descobrir, um efeito psicológico profundo sobre o povo insignificante que tem a seus pés. Deixa-os desvairados e faz com que eles se recordem de dimensões incompreensíveis de tempo e espaço.

Eu havia planejado acampar no leito do rio com os aborígenes até poder encontrar um emprego e um lugar onde ficar, mas os profetas do apocalipse que conheci no trem me disseram que seria suicídio fazer tal coisa. Todos, desde os bêbados inveterados até os homens e mulheres impassíveis, de rostos enrugados e morenos que revelavam estafa, até os garços de *smoking* que serviam e consumiam quantidades enormes de álcool, todos eles me alertaram para não fazer isso. Os negros para eles eram, sem a menor dúvida, inimigos. Uns animais, sujos, preguiçosos, perigosos. Narraram-me com um fervor suspeito histórias de mocinhas brancas que inocentemente se perderam no rio Todd à noite, encontrando destinos piores que a morte. Esse era o único assunto que parecia realmente prender a atenção daquelas pessoas. Eu tinha ouvido outras histórias na minha cidade também, como aquela de um rapaz negro que foi encontrado numa sarjeta de Alice, um dia, pintado de branco. Até mesmo na cidade grande, onde os cidadãos ordinários talvez nunca tivessem visto um aborígene, muito menos falado com um, aquele mesmo homem poderia falar sem ser interrompido, com um desprezo extraordinário, sobre como os aborígenes eram preguiçosos e ignorantes. Isso se devia à imprensa, que exibia imagens já manjadas de bêbados sujos da idade da pedra, sendo essa a única cobertura que fazia dos aborígenes; além disso, todos aprendiam na escola que eles, os nativos australianos, não eram muito mais do que meros macacos amestrados, sem cultura, sem governo e sem direito à existência num mundo branco infinitamente superior; viviam vagando por aí, sem destino, primitivos, tapados e retrógrados.

É difícil separar os fatos da ficção, o medo da paranoia, e os bonzinhos dos malvados quando a gente é nova numa cidade – mas algo naquele local estava definitivamente errado. O lugar parecia não ter alma, não ter raízes; só que talvez fosse exatamente isso que incentivasse, em certas circunstâncias, o extraordinário. Será que todos estavam tentando me incutir pavor só porque eu era uma mulher urbana no meio da roça? Será que eu tinha ido parar em algum reduto da Ku Klux Klan? Eu tinha passado algum tempo antes com os aborígenes. Aliás, uma das minhas melhores férias havia sido passada entre eles. Eles tinham enchido a cara e brigado um pouco, claro, mas isso fazia parte das tradições australianas também, e acontecia na maioria dos bares ou das festas do país. Se os negros daqui fossem como os negros de lá, como um grupo de brancos podia sentir tanto medo e ódio deles? E se os de lá fossem diferentes dos daqui, o que tinha acontecido para que estes ficassem assim? Meus instintos me diziam para ter cuidado. Eu já estava conseguindo perceber uma violência camuflada naquela cidade e precisava encontrar um lugar seguro onde ficar. Os coelhos também contam com mecanismos de sobrevivência.

Dizem que paranoia atrai paranoia: certamente ninguém mais que conheci depois teve uma impressão assim negativa sobre Alice Springs. Mas, também, eu ia começar a conhecê-la pelo lado podre – o que pode ter distorcido meu ponto de vista. Dizem que quem vê o rio Todd transbordar três vezes se apaixona pela cidade de Alice. No fim do segundo ano, depois de vê-lo transbordar estranhamente mais vezes do que isso, eu ainda odiava profundamente aquela cidade, mas também já tinha ficado inexplicável e irremediavelmente viciada nela.

Há quatorze mil habitantes em Alice, dos quais mil são aborígenes. Os brancos consistem principalmente de funcionários do governo, vários tipos de desajustados e aventureiros, donos aposentados de fazendas de gado bovino ou ovino, peões de fazenda itinerantes, motoristas de caminhão e pequenos empresários cuja função precípua na vida é explorar os turistas, os quais chegam em ônibus lotados, vindos dos Estados Unidos, do Japão e de alguma zona urbana da Austrália, na esperança de viver altas aventuras neste romântico último posto avançado da civilização e de ver o deserto extraordinário que o cerca. Há três bares principais, alguns motéis, uns dois ou três restaurantes horríveis, e várias lojas que vendem camisetas com os dizeres "Eu escalei Ayers Rock", bumerangues feitos em Taiwan, livros sobre curiosidades da Austrália, e panos de prato com silhuetas de bons selvagens segurando lanças contra o sol poente. Trata-se de uma cidade de fronteira, caracterizada por uma ética agressivamente masculina e tensões raciais exacerbadas.

Tomei o café da manhã num botequim, depois saí na rua banhada pelo sol ofuscante, já começando a ficar movimentada. Então contemplei, de olhos semicerrados, o meu novo domicílio. Perguntei a alguém onde era o lugar mais próximo onde eu poderia ficar, e eles me indicaram um acampamento de traileres a uns cinco quilômetros ao norte da cidade.

Encarei muito calor e muita poeira naquela caminhada, mas ela foi interessante. A estrada acompanhava um afluente do rio Todd. Colunas retas de fumaça azulada subiam, retas como chaminés, através das folhas de eucalipto, assinalando os pontos onde se situavam os acampamentos de aborígenes. À esquerda, viam-se as oficinas e garagens da área industrial de Alice, galpões de ferro galvanizado atrás dos quais se estendiam os gramados bem cuidados e as árvores das zonas residenciais dos subúrbios. Quando cheguei ao acampamento, o proprietário me informou de que eram apenas três dólares se eu tivesse minha própria tenda; senão, eu pagaria oito.

Meu sorriso sumiu. Olhei as bebidas geladas, sedenta, e saí para tomar um pouco de água morna da torneira. Por via das dúvidas, não perguntei se a água era grátis. Na esquina do acampamento, alguns jovens de cabelos compridos e *jeans* remendados estavam armando uma tenda grande. Pareciam gente boa, de forma que perguntei se podia ficar com eles. Eles me ofereceram abrigo, generosamente, e ficaram meus amigos.

Naquela noite, eles me levaram para passear na cidade no seu furgão velho equipado com todos os acessórios dos jovens urbanos independentes: um estéreo de cinco milhões de decibéis e até pranchas de surfe... pois estavam a caminho do norte. Nosso veículo passou sob as luzes empoeiradas da cidade e paramos no bar para comprar umas garrafas de bebida. A moça, tímida e muito jovem, de repente se virou para mim.

– Ai, puxa, olha só aqueles ali. Que nojo! Meu Deus, eles até parecem macacos.

– Quem?

– Os *boongs*.[2]

O namorado dela estava ao balcão das bebidas, aguardando.

– Anda logo, Bill, vamos sair daqui. Caras mais feios e ordinários!

Ela cruzou os braços, como se estivesse com frio, tremendo de repulsão.

Apoiei a cabeça nos braços, mordi a língua e percebi que aquela noite iria ser difícil de aturar.

No dia seguinte, consegui emprego no bar, começando dali a dois dias. Sim, eu podia dormir nos fundos do bar e o aluguel seria deduzido do salário da minha primeira semana. As refeições eram grátis. Perfeito. Isso me daria tempo para descobrir onde poderia encontrar meus camelos. Sentei-me no bar durante algum tempo, batendo papo com os fregueses. Descobri que havia três criadores de camelos na cidade, dois cujos clientes eram turistas, e mais um, que era um velho afegão que capturava camelos selvagens para exportá-los para a Arábia para abate. Conheci também um jovem geólogo, que se ofereceu para me levar de carro para conhecer esse afegão.

No minuto em que vi Sallay Mahomet, percebi imediatamente que ele sabia muito bem o que estava fazendo. Ele exsudava a confiança de um caubói laçador de pernas tortas, muito acostumado a lidar com animais. Estava consertando umas selas estranhas perto de um cercado poeirento onde se viam alguns desses peculiares animais.

– Pois não, como posso ajudá-la?

---

[2] Gíria depreciativa usada para designar aborígenes australianos. (N.T.)

– Bom dia, Sr. Mahomet – disse eu, confiante. – Meu nome é Robyn Davidson, e eu... hã... andei planejando uma viagem pelo deserto central, entende, e preciso de três camelos selvagens para eu treinar e levar comigo. Será que o senhor poderia me ajudar?

– Hummmpffff.

Os olhos de Sallay, sob aquelas sobrancelhas brancas e felpudas, fitaram-me agressivamente. Ele tinha um mau humor seco que me fez recuar imediatamente e me sentir uma completa idiota.

– E pensa que vai mesmo conseguir fazer isso, não é?

Olhei para o chão, arrastei os pés, e resmunguei algum comentário defensivo.

– O que sabe sobre camelos, então?

– Ah, bom, sabe, não sei nada, quero dizer, esses aí que o senhor tem são os primeiros que vi na minha vida, para dizer a verdade, mas ah...

– Hummmmpffff. E o que você sabe sobre os desertos?

Ficou dolorosamente óbvio pelo meu silêncio que eu não sabia quase nada sobre coisa nenhuma.

Sallay disse que sentia muito, mas achava que não ia dar para me ajudar e voltou ao que estava fazendo. Minha autoconfiança desapareceu. Ia ser mais difícil do que eu pensava, mas, afinal, aquele era apenas o primeiro dia.

Em seguida nós fomos ao cameleiro que trabalhava com turistas ao sul da cidade. Conheci o dono e a sua esposa, que era simpática e me ofereceu bolo e chá. Eles se entreolharam em silêncio quando lhes contei qual era o meu plano.

– Bom, pode voltar aqui sempre que quiser – disse o homem, jovialmente – para conhecer melhor os animais. – Ele mal conseguiu conter o sorriso malicioso da outra metade do seu rosto. Minha intuição já estava me avisando mesmo para ficar longe deles. Não gostei nada daquele cara, e tive certeza de que a antipatia foi mútua. Além disso, quando vi como seus animais rosnavam e brigavam entre si, percebi que ele provavelmente não ia poder me ensinar nada.

O último dos três criadores de camelos, o Posel, morava cinco quilômetros ao norte, e o proprietário, segundo algumas das pessoas do bar, era um louco varrido.

Meu amigo geólogo me deixou no bar e dali fui a pé para o norte, seguindo o leito do rio Charles. Foi uma caminhada deliciosa, sob árvores que projetavam uma sombra fresca e agradável. O silêncio era quebrado às vezes por cães de acampamento que vinham correndo, com os pelos todos eriçados, avisar a mim e à Diggity para não invadir seu território, mas que tomavam garrafas e latas no lombo, acompanhadas por xingamentos dos donos aborígenes, os quais depois sorriam e nos cumprimentavam, balançando as cabeças.

Cheguei à porta de uma casinha branca perfeita entre árvores e gramados. Era um chalé austríaco em miniatura, lindo, mas que não combinava nada com os rochedos vermelhos e os redemoinhos de poeira ao seu redor. Os jardins eram todos decorados com madeira esculpida à mão e cordas torcidas, obra de um artesão de alta categoria. Não havia nada fora do lugar. Gladdy Posel me recebeu à porta, uma mulherzinha miúda, que me lembrou um passarinho, de meia-idade, com um rosto que expressava uma vida dura cheia de preocupações e uma força de vontade férrea. Contudo, também detectei uma certa desconfiança da parte dela. Mesmo assim, ela foi a primeira, até aquele momento, que não fez pouco da minha ideia. Ou talvez ela simplesmente soube esconder melhor o seu desdém. Kurt, seu marido, não estava, por isso combinei de vir falar com ele no dia seguinte.

– O que está achando da nossa cidade até agora? – indagou ela.

– É horrível – respondi, arrependendo-me instantaneamente. A última coisa que eu queria fazer era ficar inimiga dela.

Ela sorriu pela primeira vez.

– Ora, então até pode ser que você consiga o que quer. É só se lembrar que por aqui quase todos são malucos, e que você precisa se cuidar.

– E os negros? – perguntei.

A desconfiança voltou.

– O único problema dos negros é o que os brancos fazem contra eles.

Foi a minha vez de sorrir. Pelo jeito, a Gladdy era uma rebelde.

No dia seguinte, Kurt veio me receber com tanto entusiasmo quanto sua natureza alemã lhe permitia. Estava vestido com um traje branco imaculado e um turbante igualmente branco como neve. Mas mesmo com aqueles olhos azul-gelo, ele parecia um mouro barbudo e magricela. Estar perto dele era como estar perto de um cabo elétrico caído: superperigoso, soltando estalidos de energia. Ele era bem bronzeado, forte, com mãos calejadas, e musculoso devido ao trabalho – certamente, o indivíduo mais extraordinário que eu já tinha visto. Mal consegui dizer o meu nome, e ele já estava me levando para a varanda e começando a me dizer como seria a minha vida durante os próximos oito meses, sorridente, a mostrar o tempo todo os dentes que lhe faltavam.

– Agora, *focê* fai *trapalhar parra* mim aqui *durrante* oito *messes* e *focê fai comprrrar* um dos meus camelos, e eu *fou* lhe ensinar a *trreiná*-los e *focê fai arranchar* uns dois camelos *selfagens* e *prrronto*. Tenho o animal *perrfeito prra focê*. Ele tem um olho só, mas, isso não importa, ele é *forrte* e confiável o bastante *parra focê*.

– Sim, mas... – gaguejei.

– Sim, mas o quê? – berrou ele, incrédulo.

– Quanto ele vai custar?

– Ah, sim, quanto ele *fai custarr*. Sim. Deixa eu *fer*... eu dou ele *prra* focê por mil *dólarres*. Uma pechincha.

"Um camelo cego por mil pratas?", pensei comigo mesma. Eu poderia comprar um elefante inteiro com esse dinheiro, ora.

– Muita bondade sua, só que tem uma coisa, Kurt, eu não tenho dinheiro.

O sorriso dele desapareceu como água misturada com óleo descendo por um ralo.

– Mas posso trabalhar no bar, naturalmente, portanto...

– Sim, *cerrto* – disse ele. – Sim, *focê fai trrabalhar* no bar e ficar aqui como minha *aprrentiz* por comida e aluguel a *parrtir* de hoje e vamos *fer* do que *focê* é capaz, e está tudo *resolfido*. *Focê* tem muita *sorrte* de eu *facer* isso *parra focê*.

Eu meio que desconfiei, através do meu espanto e da minha incredulidade, que aquele cara estava querendo me passar a perna. Ele me levou para meus aposentos imaculados no celeiro e entrou para pegar meu traje de tratadora de camelos. Vesti aquela imensa túnica branca e coloquei um turbante ridículo sobre meu cabelo louro, acima dos meus olhos azuis. Fiquei parecendo uma padeira esquizofrênica. Comecei a rir sem parar diante do espelho.

– Qual é o *prroblema, focê* é boa demais *prra trrabalhar* assim?

– Não, não – eu lhe garanti. – É que eu nunca me vi assim, vestida de afegã, só isso.

Ele me levou para fora, até os camelos, para minha primeira aula.

– *Agorra*, você *fai começarr* de baixo e ir subindo pouco a pouco – disse ele, me entregando uma vassoura e uma pá.

Os camelos cagam feito coelhos. Soltam milhares de pelotinhas pequenininhas. Algumas estavam no local para onde o Kurt apontou. Foi aí que percebi que eu não tinha visto nenhum sinal de fezes de camelo nos dois hectares da propriedade, nem um pinguinho mesmo, e considerando que Kurt tinha oito camelos, isso era, no mínimo surpreendente. Na esperança de impressionar meu novo patrão com minha diligência, abaixei-me e varri cuidadosamente tudo, erguendo-me com a pá na mão, para esperá-lo inspecionar meu serviço.

Alguma coisa parecia estar errada com o Kurt. Ele parecia estar tendo dificuldade de mexer os lábios, e suas sobrancelhas começaram a subir e a descer como elevadores. Sua pele ficou vermelha sob o seu bronzeado. Aí ele explodiu como um vulcão, lançando perdigotos como lava quente sobre mim.

– O QUE É ISSO???

Confusa, olhei para baixo, mas não consegui ver nada. Ajoelhei-me, mas mesmo assim não estava vendo nada ainda. Kurt se ajoelhou de repente ao meu lado, e ali, sob uma folha de grama cortada, estava o mais minúsculo pedaço de cocô de camelo que alguém poderia imaginar.

– Limpa isso aí! – berrou ele. – Acha que *eshtá* de *férrias* ou coisa assim? – Eu não consegui acreditar que aquilo estava acontecendo comigo. Varri aquela partícula microscópica. Ela já havia quase se transformado em pó, com o passar dos anos. Depois disso, porém, o Kurt se acalmou, e continuamos a limpar a fazenda.

Eu devia ter pensado duas vezes sobre a proposta de ficar ali depois daquela explosão do Kurt, mas rapidamente percebi que meu novo e diabólico amigo era um verdadeiro mestre quando se tratava de camelos. Agora vou, de uma vez por todas, acabar com alguns mitos que existem sobre os camelos. Eles são as criaturas mais inteligentes que conheço, fora os cachorros, e eu lhes atribuiria um Q.I. equivalente a mais ou menos o de crianças de oito anos de idade. Eles são afetuosos, atrevidos, brincalhões, espirituosos, sim, espirituosos, contidos, pacientes, trabalhadores e infinitamente interessantes e encantadores. Eles também são muito difíceis de treinar, sendo de uma mentalidade essencialmente avessa à domesticação, bem como extremamente inteligentes e perceptivos. É por isso que eles têm uma reputação tão ruim. Se maltratados, podem se tornar muito violentos e definitivamente recalcitrantes. Os de Kurt não eram nem de um jeito nem de outro. Eram como cachorrinhos curiosos. Nem mesmo cheiravam mal, a não ser quando regurgitavam um líquido verde e gosmento em cima da gente, durante um ataque de ressentimento ou medo. Eu também diria que esses animais são altamente sensíveis e facilmente amedrontados pelos maus tratadores. Eles são altivos, etnocêntricos, acreditam claramente que são a raça escolhida por Deus. Mas também são covardes, e seu comportamento aristocrático esconde corações sensíveis. Apaixonei-me por eles.

Kurt descreveu meus deveres. As fezes pareciam ser o principal problema. Eu devia seguir os animais o dia inteiro catando aquelas pelotinhas nojentas. Ele então me disse que uma vez havia tido a brilhante ideia de meter bexigas internas infláveis de bolas de futebol americano pelo ânus dos camelos adentro, mas que durante o dia eles tinham defecado as bexigas, com um gemido. Olhei de soslaio para o Kurt. Ele não estava brincando.

Eu também devia ir buscar os animais, mais ou menos às quatro da manhã, para tirar-lhes as peias (eles passavam a noite peiados, ao ar livre, com tiras e uma corrente de trinta centímetros em torno das pernas dianteiras, para que não distanciassem muito); e depois eu devia levá-los para casa em uma fila comprida, nariz contra cauda, prontos para arrear. Dois ou três seriam usados para o trabalho daquele dia, levando turistas pela pista oval por um dólar, enquanto o restante seria mantido nos cercados. Eu devia amarrar os três escolhidos a seus cochos, escová-los e pedir que eles se sentassem usando a palavra "whoosh" (presumivelmente um velho comando afegão), depois arreá-los com as selas de estilo árabe de cores berrantes que Kurt havia confeccionado. Essas tarefas ocupariam a maior parte da minha existência durante os oito meses seguintes. Kurt me fez começar a trabalhar logo de cara, o que foi excelente. Não me deu tempo para ter medo dos animais. Eu passava a maior parte do resto do dia limpando escrupulosamente a propriedade do Kurt e arrancando ervas daninhas. Nenhuma folha de grama ousava crescer onde não devia.

Naquela noite, o cara bonzinho que havia me levado para passear pela cidade veio ver como eu estava indo. Informei a Kurt que eu tinha uma visita, depois levei o rapaz até os estábulos. Nós nos sentamos ali, para bater papo, olhando o brilho azul e laranja iridescente da tarde. Eu estava exausta após o dia de trabalho. Kurt tinha me mantido correndo do celeiro de ração para os camelos, depois para o cercado, e depois tudo outra vez. Eu havia arrancado as ervas daninhas de uma horta, aparado com uma tesoura um quilômetro e tanto de plantas de contorno infestadas por cochonilha, levado incontáveis turistas grosseiros pela pista oval nas costas de um camelo, e limpado, esfregado, raspado e carregado coisas até achar que ia desmaiar. O ritmo não havia diminuído sequer um minuto, e durante todo aquele tempo Kurt tinha inspecionado o meu trabalho e a mim de forma impiedosa, ora resmungando que eu talvez terminasse virando uma excelente profissional, ora berrando impropérios para mim na frente dos turistas assustados e constrangidos. Enquanto eu trabalhava, estava ocupada demais para pensar se seria capaz de aguentar aquele tratamento durante oito meses, mas, enquanto estava conversando com meu amigo, toda a raiva que eu sentia do meu patrão ficou fervendo dentro de mim. Mas que homem grosseiro e arrogante, pensava eu. Miserável, safado, mão-de-vaca, obsessivo, esquisito e reclamão. Eu tinha ódio de mim mesma pela covardia danada que sentia ao negociar com aquelas pessoas. Essa é uma síndrome feminina, extremamente parecida com a fraqueza dos animais que sempre foram presas. Eu não tinha sido agressiva o suficiente, nem havia encarado aquele homem com a firmeza que devia. E ultimamente tinha dado para gaguejar para mim mesma, impotente e revoltada. De repente, Kurt surgiu num canto, uma aparição de branco, aproximando-se com passadas gigantescas. Pude sentir a fúria dele antes que ele chegasse onde estávamos, e antes mesmo de ele me alcançar já fui me levantando para enfrentá-lo. Ele apontou um dedo trêmulo para o meu amigo e disse, sibilando entredentes:

– *Focê*, *focê* mesmo, saia daqui. Nem mesmo sei quem diabos *focê* é. Ninguém pode *entrrar* aqui depois do *anoitecerrr*. O Fullaron *defe* ter mandado *focê* aqui *parrra* espionar meus desenhos de sela de camelo.

Depois ele me fuzilou com os olhos.

– Ouvi dizer, por minhas próprias fontes, que *focê* já esteve lá. Se *focê* trabalha *parra* mim não pode se *aprrroximar* daquele lugar – nunca! Entendeu?

E aí eu explodi. Nem no inferno seria possível encontrar fúria maior que a minha. Meu amigo sumiu, de olhos arregalados, no escuro, enquanto eu soltava todos os cachorros possíveis e imagináveis em cima do Kurt, chamando-o de todos os nomes feios que eu sabia e gritando que ele nunca mais ia me mandar fazer o trabalhinho sujo dele, porque até um floco de neve tinha mais chance de sobreviver no inferno, do que ele conseguir abusar de mim de novo. Eu não ia fazer mais aquilo nem morta. Fui para o meu quarto com fumaça saindo pelos ouvidos, batendo com toda a força aquela preciosa porta de galpão dele que tinha que ser aberta e fechada como se fosse de vidro. Uma vez lá dentro, pus os meus poucos pertences na minha mala.

Kurt ficou estupefato. Ele tinha se enganado ao me avaliar, e tinha passado bastante dos limites. Os cifrões lhe desapareceram dos olhos. Ele tinha perdido um bode expiatório e uma escrava. Mas era orgulhoso demais para pedir desculpas, de modo que, na manhã seguinte, me mudei de volta para o bar.

2

O BAR ERA DIVIDIDO EM QUATRO ÁREAS PRINCIPAIS. A Taberna era onde eu trabalhava, como garçonete de muitos dos clientes costumeiros: caminhoneiros, peões de fazenda, alguns mestiços aborígenes, e um ou outro tosquiador negro (ou seja, peão de fazenda), que tinha acabado de receber um cheque de 200 dólares e havia vindo descontá-lo no bar, levando para casa apenas uns trocados na manhã seguinte. Porém, a presença dos negros, apesar de eles serem fregueses tão fáceis de atrair, era tacitamente reprovada por ali, e por isso eles não costumavam vir ao bar. O Salão era onde se recebiam os turistas e alguns dos clientes costumeiros de classe social ligeiramente mais alta, embora houvesse um fluxo geral entre as duas áreas. Na área da Sinuca se permitia, ainda que com relutância, a presença de negros; e o Bar Interno, uma sala confortável porém decorada com gosto duvidoso, era onde a polícia, os advogados e os brancos de classe social alta bebiam. Ali era proibida a presença de negros. Era uma regra tácita, ilegal, aplicada com aquela velha desculpa de que "os fregueses precisam estar bem-vestidos etc." O lugar era conhecido pelos veteranos do bar como o Botequim dos Maricas. Pelo menos este bar não tinha a chamada "janelinha de cachorro", ao contrário da maioria dos outros no Território do Norte. Estas eram janelinhas através das quais se vendiam bebidas aos negros.

Eu morava num quartinho de cimento nos fundos, onde passava uma corrente de ar muito chata, mobiliado com uma cama de alumínio coberta por uma colcha de chenile rosa-choque manchada. Eu mandava cartas bem-humoradas para casa, dizendo a todos que estava praticando como treinar animais em baratas gigantescas, que eu chicoteava para que me obedecessem, mas que eu temia que um dia se voltassem contra mim, motivo pelo qual eu havia evitado colocar minha cabeça nas suas bocas. Só que aquelas piadas escondiam uma depressão cada vez maior. Encontrar camelos ou até mesmo informações sobre como obtê-los estava se revelando algo infinitamente mais difícil do que eu havia pensado. Naquela altura do campeonato, todos já sabiam o que eu pretendia fazer, de modo que os fregueses viviam gozando da minha cara e me dando um monte de informações incorretas e inúteis, a ponto de se poder compor com elas uma biblioteca inteira de absurdos. De repente, todos, ao que parecia, já sabiam tudo que era possível e imaginável saber sobre camelos.

Não é preciso ir muito fundo para descobrir por que algumas das mais agressivas feministas do mundo respiraram o fresco e azulado ar australiano durante seus anos de formação, antes de fazerem as malas de couro de canguru e fugirem para Londres, Nova York ou qualquer lugar onde o machismo antípoda fosse aos poucos se dissipando de suas consciências marcadas pelas batalhas, como um pesadelo horrível ao amanhecer. Qualquer uma que tenha trabalhado em um bar exclusivamente para homens em Alice Springs sabe do que estou falando.

Alguns homens ficavam esperando perto das portas, na hora da abertura, e depois de passarem doze horas inteiras enchendo a cara, partiam relutantes, muitas vezes de quatro, na hora de fechar. Outros tinham seu horário, lugares reservados, amigos constantes e batiam papo durante algum tempo, sempre as mesmas histórias, sempre as mesmas reações. Outros ainda se sentavam sozinhos num canto, sonhando sabe-se Deus com o quê. Alguns eram loucos, outros maus, e alguns, ah! Esses poucos, umas verdadeiras joias raras, eram amistosos, solícitos e bem-humorados. Por volta das nove da noite alguns estariam chorando por causa de oportunidades, mulheres ou esperanças perdidas. E enquanto choravam, enquanto eu lhes segurava as mãos no balcão, dizendo "não é nada, vai passar", eles urinavam, silenciosamente e sem nenhuma vergonha, contra o bar.

Para realmente entender o culto australiano da misoginia, é preciso voltar duzentos anos no tempo na história branca da Austrália, nas praias do "imenso território marrom", quando lá só havia um bando de condenados, choramingadores e injustiçados. Na verdade, o lugar para onde eles tinham vindo era relativamente verdejante e convidativo, e esse negócio de ser marrom e tal, veio depois. Pode-se imaginar que a vida não era fácil na colônia, mas aqueles caras aprenderam a viver em harmonia e, depois de terminar suas tarefas, se ainda tivessem forças, arriscavam-se a explorar território perigoso fora das suas terras, para tentar arrancar dele algo de que viver. Eram durões, sem absolutamente nada a perder. E tinham bebidas alcoólicas para ajudar a amaciar os golpes do destino. Por volta da década de 1840, os residentes começaram a dar-se conta de que estavam sentindo falta de algumas coisas, ou seja, carneiros e mulheres. Os primeiros, eles importaram da Espanha, uma ideia genial que poria a Austrália no mapa econômico; as últimas, eles trouxeram em navios dos asilos e orfanatos da Inglaterra. Como nunca havia suficientes (mulheres, quero dizer) pode-se imaginar com bastante clareza a corrida desenfreada aos portos de Sydney quando as valentes mocinhas chegavam nos navios. Uma lembrança de cunho racial assim traumática é difícil de apagar em apenas um século, de modo que esse culto continua a ser renovado e revitalizado em todos os bares do país, principalmente no Outback australiano, onde todos ainda se apegam ciosamente à imagem estereotipada do machão australiano. A manifestação moderna dele é quase totalmente desprovida de encanto. Ele é preconceituoso, bitolado, chato e, acima de tudo, violento. Seu lazer limita-se às lutas, armas de fogo e bebidas. Para ele, um companheiro é qualquer um que não seja gringo, turco, inglês, macaco, aborígene, preto, olhos puxados, judeu, china, carcamano, japa, francês, boche, vermelho, amarelo, boiola, vietcongue, palerma e, naturalmente, dondoca, gatinha ou cocota.

Certa noite, no bar, um dos fregueses costumeiros mais delicados murmurou para mim: "Você deveria ter mais cuidado, garota, sabia que alguns desses caras estão dizendo que você vai ser a próxima a ser estuprada aqui na cidade? Não baixa a guarda tanto assim, *okay*?"

Fiquei arrasada. O que eu tinha feito, além de dar uns tapinhas carinhosos no ombro de alguém, ou ajudado um deficiente ou outro, ou escutado em silêncio alguma história triste de cortar o coração? Naquele dia me assustei para valer pela primeira vez.

Noutra ocasião, eu estava substituindo alguém no Bar Interno, e havia talvez uma dúzia de homens bebendo ali sem fazer alarde, inclusive dois ou três policiais. De repente, uma aborígene idosa, bêbada e desgrenhada, entrou e começou a xingar e a gritar palavrões para os tiras. Um policial grandalhão e robusto foi até ela e começou a bater a cabeça dela contra a parede. "Cala essa boca e sai daqui, bruxa imprestável", retrucou ele. Eu estava para me livrar da paralisia que me assaltou, pular o balcão do bar e detê-lo, quando ele a arrastou para fora e a jogou no meio da rua. Ninguém sequer se levantou dos seus bancos; logo todos voltaram a beber soltando algumas piadas sobre a burrice dos crioulos. Derramei algumas lágrimas atrás do balcão naquela noite, sem que ninguém visse, não por autocomiseração, mas de raiva e revolta impotentes.

Enquanto isso, Kurt havia superado seu orgulho à toda prova e de vez em quando passava no bar para tentar me convencer a voltar. Gladdy, de cujas visitas eu gostava bem mais, também vinha de vez em quando ver como eu estava passando, e secretamente tentava me convencer a aceitar a proposta do Kurt. Depois de dois ou três meses de trabalho eu tinha economizado o suficiente para que a minha ideia voltasse a ser viável, até atraente. Era óbvio que o lugar mais adequado para aprender algo seria a casa do Kurt, e se isso significava aturar as excentricidades dele, então essa talvez fosse a melhor solução. Além disso, ele tinha se comportado de maneira bastante satisfatória nas suas visitas, iludindo-me a ponto de me fazer pensar que eu talvez tivesse cometido um erro tático.

Então comecei a passar meus dias de folga com eles, e também a dormir de vez em quando por lá, dessa vez dentro de casa, por insistência da Gladdy, voltando ao bar pela manhã. Foi numa dessas ocasiões que o bar me deu o golpe final.

Voltei para a minha cela na masmorra de madrugada e encontrei lá um cocô muito bem moldado no meu travesseiro, acomodado quase de um jeito carinhoso. Como se o lugar dele fosse ali. Como se ele tivesse por fim encontrado o lugar de repouso final dele. Ocorreu-me a ideia extremamente absurda de que eu deveria falar com ele, de alguma forma. Anunciar-lhe minha presença, como se eu é que estivesse incomodando. Dizer mais ou menos o seguinte: "Perdão, mas acho que você está na cama errada." E fiquei olhando para ele, de boca aberta, a mão na porta, durante pelo menos cinco minutos. Senti meu senso de humor, minha autoconfiança e minha fé na humanidade, todos se reduzirem perceptivelmente. Entreguei minha carta de demissão e fui refugiar-me na relativa sanidade da fazenda do Kurt.

***

Depois disso, até mesmo os rigores da companhia do Kurt pareceram moleza de aturar. Trabalho duro ao ar livre e ao sol quente, camelos com os quais me divertir, e a Gladdy, todos tornaram a minha vida promissora outra vez. Além disso, Kurt, embora nunca se portasse de maneira exatamente bondosa, pelo

menos era razoável de vez em quando. Era um excelente professor. Obrigava-
-me a trabalhar com os animais de uma forma que eu não teria coragem de
tentar, mas nunca me obrigava a ponto de eu perder a autoconfiança. E por
isso perdi o medo. Não havia nada que essas criaturas pudessem fazer que
me assustasse nem que fosse um pouquinho. Com toda a certeza, só não sofri
lesões físicas graves durante aquele tempo devido aos anjos da guarda, às fadas
madrinhas, à astúcia do Kurt e a uma tremenda dose de boa sorte. Ele parecia
estar gostando do meu progresso ao lidar com os animais e começou a me
passar os segredos do seu manejo.

– *Lembrre-se, sempre obserrrrfe* o animal, *obserrrve*-o dia e noite, *parra
fer* como ele pensa. E *semprrre, semprrre* as necessidades do camelo *fêm* em
prrrimeirrro lugar.

Cada um de seus oito animais tinha uma personalidade diferente. Biddy era
a matrona e primeira-dama dos camelos, infinitamente superior a qualquer
coisa que fosse meramente humana; Misch-Misch era uma aristocrata, jovem,
vaidosa e irritável; Khartum era um feixe de nervos, altamente cativante; Ali
era um palhaço, tristonho e estoico; Fahani era uma pobre velhinha senil; Aba
era praticamente um filhote, imatura, com dificuldades típicas da puberdade;
Bubby, por fim, era um eterno pregador de peças. Dookie era aquele camelo nascido para ser rei. Eu os adorava com uma dedicação antropomorfista.
Por mais que eu descobrisse coisas sobre eles, sempre havia mais a aprender.
Eles continuaram a me surpreender e a me fascinar até o dia em que deixei
os meus quatro camelos no litoral do Oceano Índico. Passava horas apenas
contemplando-os, rindo das palhaçadas deles, falando com eles e fazendo festa neles. Eles consumiam todos os meus pensamentos e o pouco tempo livre
que eu tinha. Em vez de assistir à tevê com Kurt e Gladdy à noite, eu ficava no
cercado, ao luar, escutando os camelos ruminarem e falando com eles, sem me
importar de eles não poderem responder. E enquanto curtia essa minha paixão
enorme, não tinha que pensar demais na minha viagem, que podia continuar
sendo uma luzinha lá no fim de um túnel bem comprido.

Kurt continuava a gritar comigo e a me xingar quando eu fazia algo errado, mas isso eu podia aguentar, até mesmo agradecer, como uma masoquista,
pois me mantinha alerta, combatendo minha preguiça inerente e me fazendo
aprender mais rápido. Além disso, quando ele vinha com algum elogio genuíno
ou dava um raro sorriso, eu sentia alívio e um orgulho indescritíveis. Um cum-

primento arrancado do meu mestre para mim valia tanto quanto um milhão dado de mão beijada por qualquer outra pessoa. Muitos escravos levaram uma vida imensamente feliz.

Aquela fazenda em si era fantástica e incrível, encarapitada em meio às mais antigas rochas do mundo. E talvez a frieza e a desolação desprovida de calor humano daquele lugar proporcionasse uma maior nitidez às qualidades mágicas e assertivas da vida na região ao seu redor. Entrar nessa região é engasgar-se com a poeira, sufocar-se com ondas de um calor vibrátil e ser perturbado pelas onipresentes moscas australianas; é assombrar-se pelo espaço e sentir humildade diante da paisagem mais antiga, desnuda e assombrosa da face da terra. É descobrir o cadinho mitológico do continente, o imenso deserto, o nunca-jamais[1], aquela terra decrépita e árida de ar azulado e infinito e um poder infindável. Parece ridículo, agora, falar da minha sensação de liberdade cada vez maior, dada a minha situação feudal, mas tudo tinha remédio, tudo podia ser perdoado, qualquer dúvida podia ser suportada durante uma caminhada por aqueles penhascos perenes ou por aquele leito de rio faiscante banhado pelo luar.

Eu trabalhava do raiar até o por do sol, e às vezes até altas horas da noite, sete dias por semana. Se nós fechássemos a fazenda um dia por causa da chuva ou porque Kurt tinha declarado o dia um feriado, não havia folga, porque havia consertos e limpeza a fazer. Comecei a entender que Kurt se relacionava comigo exatamente como se relacionaria com um camelo em treinamento. Por exemplo, ele não me permitia usar sapatos e por isso um processo extremamente doloroso de criação de calos precisou ser suportado enquanto minha pele aprendia a resistir a carrapichos do formato de maçãs de um centímetro e pouco de largura. Havia noites nas quais eu não conseguia dormir por causa da dor nos meus pés inchados, feridos e infeccionados. Se eu objetasse, a queixa era interpretada como insubordinação e, além do mais, meu orgulho não me permitia reclamar com muita frequência. Eu havia criado minha própria prisão e agora precisava ser capaz de suportar qualquer coisa que o carcereiro me impusesse. No fim, quando meus pés já estavam pretos, duros, rachados e cobertos de calos, Kurt me permitiu usar um par de sandálias. Ele também sentia um prazer estranho em assistir às minhas refeições.

---

[1] *Never-never* é uma expressão com a qual os australianos também se referem às partes remotas do Outback. (N.T.)

– Come, menina, isso mesmo – dizia ele, enquanto eu devorava uma refeição gigantesca. – *Focê prrrecisa* de força. – E eu precisava mesmo. Ele me vigiava como um falcão, castigava-me por meus erros, e me acariciava e me alimentava quando eu me comportava bem. Estava me moldando como massinha, me transformando numa serva boa, confiável e plácida, que não dava pontapés, não mordia e não cuspia.

Atraídas por nosso inimigo comum e nossa aliança com as pessoas no riacho, Gladdy e eu estávamos aprofundando nossa amizade. Sem ela, eu simplesmente não poderia ter permanecido com Kurt durante um tempo tão longo. Ela tinha um emprego na cidade, principalmente para poder passar algum tempo longe do marido, mas também porque Kurt vivia enchendo a paciência dela e reclamando da situação financeira difícil deles. O fato de a fazenda não estar indo tão bem quanto ia antes se devia a dois motivos: um era a eterna briga entre Kurt e Fullarton, o qual, segundo Kurt acusava, dava gorjetas aos motoristas de ônibus para eles não passarem pela fazenda dele; o outro era o desprezo e a rudeza bizarros que Kurt exibia quando alguém aparecia na fazenda.

– O que *focê* pensa que está fazendo, seu imbecil, sentado nessa cerca? *Focês*, seus *turrristas* malditos, não sabem ler, seus burraldos? A fazenda não está aberta hoje. Acham que não temos dias de folga aqui ou coisa assim?

E era uma das poucas coisas das quais eu gostava nele. A única ocasião em que Kurt e eu nos comunicávamos de verdade, tirando o tratamento dos camelos, era quando trocávamos comentários e ríamos do horror que eram o que ele chamava de "terroristas". Quando Kurt estava com a macaca, ele soltava os cachorros em cima de todo mundo, inclusive em quem lhe proporcionava seu pão de cada dia. Era o único sinal de que ele tinha alguma integridade inata. O fato de termos desenvolvido durante aqueles meses o que quase se tornou uma amizade deveu-se à minha labuta sob a bela ilusão burguesa de que todos, no fundo, eram bons, se a gente conseguisse diagnosticar qual era o seu problema; mas o Kurt acabaria me desiludindo. Era melhor não tentar sondar o que estava enterrado no fundo da alma daquele homem. Naquele estágio do meu desenvolvimento, eu estava fatalmente dominada pelo desejo de entender uma pessoa assim, tão estranha, até perceber, enfim, que se pode entender e desculpar até não restar mais nada para se odiar.

Entristece-me o fato de eu perceber, agora que posso me lembrar daquele tempo com relativa tranquilidade, que foi Kurt quem criou seu inferno particular, já que passei momentos maravilhosos com ele, como longos passeios pelo deserto aprendendo a disputar corridas de camelos pelo leito do rio. Eu galopava montada em pelo nas costas do animal nessas ocasiões, sem nem pensar no chão passando rapidamente sob as pernas dele. Era uma emoção indescritível. Eu costumava montar um macho jovem, o Dookie. Ele era meu preferido e, segundo eu desconfiava, também o preferido do Kurt. A gente se apega a um animal durante o treinamento; após o medo, a concentração e a dificuldade, vê surgir um animal perfeito onde antes apenas existia uma tonelada de descontrole, receio e problemas. Isso era intensificado pelo fato de eu também estar em treinamento e de Dookie e eu formarmos uma equipe – portanto, devíamos aprender os truques do ofício juntos.

Havia uma falha no relacionamento de Kurt com os animais: quando ele estava irritado, agia de uma forma profundamente cruel. Embora um camelo precise mesmo ser tratado com firmeza, e o mau comportamento precise sempre ser combatido com uma reprimenda bem forte e alguns cascudos sonoros, Kurt quase sempre exagerava na dose. Os camelos mais novos, principalmente, sentiam verdadeiro pavor dele. A primeira vez em que testemunhei esse tratamento no estilo chuva de fogo e enxofre foi pouco depois de ter chegado. O Dookie havia dado um coice no Kurt, o qual retaliou batendo durante quinze minutos com uma corrente naquela perna, até eu pensar que ela ia se quebrar. Entrei em casa e fui ficar com a Gladdy, sem conseguir dizer nada. Passei dois dias sem falar com o Kurt, não porque quisesse puni-lo, mas porque simplesmente não conseguia nem olhar para ele. Pela primeira e única vez no nosso relacionamento Kurt comportou-se de maneira contrita. Ele não queria me perder novamente. Mas aquilo iria acontecer de novo e parecia que todos, inclusive os camelos, entendiam que era inevitável e deveria ser suportado, como todo o resto.

Durante aqueles primeiros meses eu costumava sentir tal desespero que pensei em fazer as malas e voltar para casa. Kurt evitou isso eficazmente usando um estratagema. Ele tinha me dado um dia de folga, uma recompensa que aceitei com gratidão, porém ressabiada. Ali tinha coisa. Após me cumprimentar pelo meu trabalho, ele me informou de um novo acordo financeiro que havia concebido. Ele me manteria trabalhando lá durante os oito meses de antes e depois, durante dois ou três meses, me ajudaria a fazer minhas selas e a confeccionar meus embornais, e a me preparar para a viagem. Então, ele me daria três camelos à minha escolha, sem me cobrar nada, para serem devolvidos quando a viagem terminasse. Naturalmente, era bom demais para ser verdade. Eu sabia que ele estava me enrolando, mas me deixei levar porque precisava acreditar na mentira dele. Mesmo olhando bem nos olhos dele e vendo o interesse brilhando ali dentro como uma tocha, aceitei a proposta. Foi um acordo de cavalheiros. Kurt recusou-se a assinar qualquer coisa, dizendo que não era assim que fazia as coisas, mas como todos sabiam, acima de tudo eu, Kurt nunca havia sido um cavalheiro. Só que eu não tinha saída senão aceitar, pois não tinha outra alternativa se quisesse mesmo realizar meu sonho.

***

Eu tinha dito muitas vezes ao Kurt que adorava corvos, que eram para mim a essência da liberdade selvagem e da sobrevivência inteligente. Eu queria ter um. Esse desejo não era tão egoísta quanto parece. Com cuidado, é fácil subtrair um filhotinho de um ninho sem perturbar os outros nem incomodar demais os pais. Pode-se então ensinar o filhote a voar e a vir até a gente receber alimento e afeição, e ele nunca vai precisar de uma gaiola nem será preciso cortar-lhe as pontas das asas. Depois de passar uma infância supermimada com a gente, ele vai começar a trazer seus amigos adolescentes para casa para tomar chá à tarde e para festas, e depois ele termina partindo para começar uma nova vida com seus companheiros no mato. Um bom sistema através do qual todos vivem felizes para sempre. Kurt dizia que ia conseguir um corvo para mim mesmo que fosse a última coisa que fizesse na vida. Começamos a observar ninhos no leito do rio. Os pais estavam alimentando vários grupos de cabecinhas famintas e barulhentas 12 metros acima de nós, nos eucaliptos. Num dia quente, ao meio-dia, quando todos os seres vivos pareciam estar cochilando ou dormindo, uma garça cinzenta voou para a árvore em frente a um dos ninhos e começou a cabecear, devido ao calor. Um dos pais dos corvinhos, que tinha andado piando laconicamente para si mesmo e que agora já estava obviamente entediado, voou para a mesma árvore da garça e pousou num ramo um pouco abaixo da ave maior, que não desconfiou de nada. O corvo então pulou no galho da garça e, bem de mansinho, como quem não queria nada, começou a deslizar ao longo dele. Quando já estava bem ao lado da garça adormecida, corvejou bem alto e bateu as asas. A garça deu um pulo de uns dois metros de altura, sacudindo as penas todas, e só então percebeu que havia sido vítima de uma piada de mau gosto, recuperando sua compostura. Depois de nos recobrarmos de nossas risadas irreprimíveis, resolvemos que seria do ninho daquele corvo que tiraríamos o filhote.

A caçada ao corvo foi uma expedição muito bem planejada: cordas, camelos como montaria e almoços. Kurt me garantiu que sabia subir em árvores com desenvoltura e era capaz de alcançar o ninho. Porém, depois de várias tentativas, embora ele pudesse ver os quatro filhotinhos perfeitamente bem, não conseguiu alcançá-los direito. Ele desceu o tronco escorregadio e anunciou que íamos ter que usar o plano de emergência.

– Mas, Kurt, você não pode fazer isso. Não queremos quatro corvos e, além do mais, eles vão morrer quando o ninho cair.

– *Besteirrra. Este* ninho é leve, *fai* flutuar. Além disso, o galho *fai amorrrtecer* a queda. E, ademais, *focê* não tem nada que se meter com isso. *Focê querrria* um *corfo*, não *querria*?

Não houve como dissuadi-lo. Ele passou a corda por cima do galho, puxou com toda a força e o galho caiu, com o ramo e o ninho, matando dois pássaros. O terceiro morreu nas minhas mãos. Uma das pernas do restante se quebrou.

Levei o Akhnaton para casa, montada no Dookie, envolto em plumas tiradas do ninho, dentro da minha blusa. Kurt não quis nem olhar para mim para não me ver chorando.

***

Naquela mesma época, ocorreram duas coisas importantes que tornaram a vida um pouco menos difícil. Minha irmã me mandou uma tenda, que armei do outro lado de um morro atrás da fazenda e que me dava uma certa privacidade. Eu também tinha começado a fazer amizade com nossos vizinhos. Eles eram oleiros e coureiros, *hippies* arquetípicos com um jeito meio bandido, simpáticos, hospitaleiros e conversavam comigo numa linguagem que eu havia quase esquecido. Eles moravam no único edifício de Alice Springs que parecia combinar com o lugar: uma velha casa de pedras chamada Fazenda de Basso, aninhada entre colinas, que eu adorava tanto quanto seus ocupantes. Polly e Geoff moravam com sua filhinha de um lado da casa; Dennis, Malina e os dois garotinhos do Dennis moravam do outro. Malina era uma escocesa de pele clara, ruiva, que preparava cozidos soberbos, mas sua pele vivia coberta de lesões ulceradas, picadas de insetos e assaduras produzidas pelo calor. Ao contrário do restante de nós, ela havia achado difícil deixar-se encantar pelo deserto.

Eu passava lá todos os momentos de folga que tinha, parada na soleira das portas, com aquele meu uniforme que até parecia de confeiteira, batendo papo, rindo ou vendo Polly costurar e criar peças de couro ou trocar as fraldas da sua filha sem nunca ralhar nem parecer zangada. Ela era uma artesã excelente. As bolsas que ela fazia eram simples, delicadas, maravilhosamente concebidas, fastidiosamente detalhados; ela se ofereceu para me ensinar como fazê-las. Descobri que não tinha a paciência dela, nem era habilidosa ou talentosa como ela, mas depois de muito suar consegui completar duas bolsas de couro de cabra muito bonitinhas, que, porém, terminaram por ser completamente inúteis na viagem. Contudo, aquelas lições foram úteis quando comecei a fazer meus próprios embornais para a viagem, um ano depois.

Minha vida social agora girava em torno da Fazenda de Basso. Eu passava uma ou duas horas quase todas as noites lá, sentada e bebendo com eles, abanando os insetos que se suicidavam nos lampiões, reclamando do Kurt e conhecendo raros grupos de habitantes de Alice Springs, simpáticos e amigáveis. Mas, a essa altura, já havia me distanciado emocionalmente dos forasteiros. Eu tinha ficado tímida, achava difícil me descontrair, principalmente quando precisava enfrentar uma apresentação a alguém com um rótulo, algo que sempre instiga uma crise de identidade. "Essa aqui é a Robyn Davidson, ela vai atravessar a Austrália de camelo." Eu não sabia exatamente como encarar isso, só concordava. Uma outra armadilha. Foi ali que nasceu, de forma nada auspiciosa, a imagem da "moça dos camelos" que eu devia ter desencorajado logo no começo.

Foi ali, também, em uma noite límpida, que tive minha primeira e única visão, induzida pelo álcool. Eu havia bebido meia garrafa de tequila durante a noite, e tinha saído para urinar. Ali, diante de mim, vi três camelos fantasmagóricos, todos arreados à maneira beduína, olhando para mim dos limoeiros. Um deles, que era branco, veio andando na minha direção, bem devagar. Embora fosse profética, esta visão foi demais para meus neurônios, que estavam ligeiramente cambaleantes naquele momento. Puxei minhas calças, tremendo, e fugi para minha tenda, que ficava a uns oitocentos metros de distância. No caminho, tropecei numa vala e caí como uma árvore cortada, semiconsciente, passando a noite coberta de geada. Minha dor de cabeça de manhã era do tamanho e da intensidade de um caminhão Kenworth, que continuou a mudar as marchas no meu crânio durante todo aquele dia. No decurso daqueles longos meses, descobri que estava constantemente projetando as imagens de camelos em tudo que eu olhasse durante mais de três segundos. Galhos balouçantes se tornavam cabeças de camelos ruminando, montes de poeira se tornavam camelos galopantes, e nuvens passageiras viravam camelos sentados. Era um sinal seguro de que minha mente frágil estava obcecada a ponto de enlouquecer, e isso me deixava vagamente preocupada. Tendo consciência disso ou não, meus novos amigos me ajudaram a superar essa fase sem muitas lesões cerebrais, porque representavam um vínculo tênue com meu passado e porque me faziam rir.

Minha tenda estava longe de ser confortável, ali bem sob o sol do deserto, mas era minha, meu espaço. Akhnaton entrava nela, todo lampeiro, bem antes da aurora, atacava Diggity até ela sair da cama, protestando, e depois começava a puxar as cobertas do meu rosto, até eu me levantar para alimentá-lo. Ele era insaciável. Só Deus sabia para onde ia toda a carne que ele comia. Quando era hora de eu ir para o trabalho, ele se acomodava no meu ombro ou no meu chapéu até nós três termos subido o morro e conseguirmos ver a fazenda estendendo-se a nossos pés como uma esmeralda falsa; depois, ele se preparava para voar e pousar no telhado. Aquilo era o mais perto que eu havia chegado de um conhecimento indireto de voo, e compensava os rigores da natureza exigente do Akhnaton e de sua cleptomania crônica.

Depois de eu ter preparado um balde de leite adoçado para os camelos mais novinhos, Diggity pulava uns dois metros de altura para morder qualquer pescoço longo que tentasse roubar o que ela considerava o seu café da manhã, e o corvo se jogava em cima de todos eles. Ele não parava de provocar tudo e todos, e Diggity teria adorado dar-lhe um tabefe, mas era proibido. Ela aprendeu a aceitá-lo e talvez até tenha chegado a gostar dele, tolerando levá-lo nas costas para passear, algo que ele adorava imensamente, falando consigo mesmo e cantarolando o tempo todo, e cofiando egoisticamente as penas negro-azuladas e lustrosas, ocasionalmente bicando Diggity para fazê-la andar depressa. Descobri pela primeira vez na vida que eu realmente gostava mais da companhia de animais do que da de pessoas. Eu me comportava de forma tímida e confusa quando estava entre seres da minha própria espécie e não confiava neles. Tinha certeza de que eles todos estavam a fim de me perseguir. Não entendia essa mudança, não percebia que eu tinha me isolado, me tornado uma pessoa defensiva e sem senso de humor – não sabia que eu era solitária.

A destruição da minha tenda foi triste. Eu estava dormindo nela uma noite, durante uma tempestade de granizo monumental. As bolas de gelo se acumularam no alto da tenda até ela se rasgar e jogar uma tonelada de água gelada nos seus ocupantes. Tive que voltar para a casa do Kurt e, gradativamente, a pressão voltou a surgir. Ele reclamava sem parar que não tinha dinheiro sobrando, portanto resolvi trabalhar algumas noites por semana num restaurante da cidade. Era revoltante trabalhar ali, mas significava que eu, uma vez mais, estaria me relacionando com seres humanos e fazendo piadas na cozinha com gente de verdade. Também significava que eu estava exausta durante o trabalho no dia seguinte. Kurt havia se tornado cada vez mais truculento e preguiçoso, deixando-me fazer a maior parte das tarefas do lugar, o que eu agora descobri que conseguia fazer de forma bastante responsável. Aquilo me agradava, porque assim não tinha que aturar o Kurt me fiscalizando o dia inteiro.

Uma manhã, porém, ele anunciou que eu iria levantar duas horas mais cedo para trazer os camelos. Olhei incrédula para ele, e pela segunda e última vez na minha vida briguei com ele.

– Seu safado – murmurei. – Seu grandessíssimo safado, como ousa me pedir para fazer isso?

Eu havia passado oito meses com ele, e o dia da prestação de contas, no qual ele iria precisar me ajudar, estava se aproximando. Ele vinha me apertando cada vez mais, ultimamente, na esperança de que eu me enchesse e fosse embora sem exigir que ele cumprisse sua parte do acordo. Vinha perpetrando inúmeras crueldades de pequena monta que apenas reforçavam minha decisão de não deixá-lo me irritar. Mas agora, porque eu vivia exausta, não estava mais conseguindo controlar minhas emoções. Kurt, espantado, não disse nada, mas quando voltei, uma hora depois, encontrei-o pálido como um cadáver, apertando os lábios com força.

– *Focê fai* fazer exatamente o que eu lhe disser, senão pode *irrrr emborrra* – sibilou ele, agarrando-me e sacudindo-me até meus dentes baterem.

No dia seguinte saí da fazenda, aturdida. Nunca iria conseguir meus camelos, nem nada mais. Fiquei pasma diante da cegueira que tinha me mantido lá tanto tempo sendo explorada por ele. Passei uns dias na casa do vizinho, curtindo minha depressão, chorando muito e batendo no peito. Depois recebi uma oferta de emprego daquele cavalheiro irascível, o Sallay Mahomet, que se tornaria meu amigo, meu guru dos camelos e meu salvador. Ele me disse que qualquer pessoa que pudesse aturar o Kurt durante todo aquele tempo merecia alívio, e imediatamente me deu uma garantia por escrito e assinada de que, se eu fosse trabalhar com ele durante dois meses, me daria dois de seus camelos selvagens. Senti vontade de cobri-lo de beijos de gratidão e me atirar aos seus pés dizendo muito obrigada, muito obrigada, muito obrigada, mas o Sallay não era disso. Apertamos as mãos para selar nosso pacto e assim começou uma fase totalmente nova na minha vida.

Essa foi uma generosidade incrível da parte do Sallay, pois ele sabia que eu não ajudaria muito no tipo de trabalho que ele estava fazendo. Ele tinha ouvido falar do inferno que eu estava enfrentando por intermédio de um conhecido que havia chegado de Brisbane – Dennis, um cameleiro que tinha atravessado a Austrália Central duas vezes com três camelos que lhe pertenciam, a primeira pessoa a fazer isso desde o início da exploração do país. Ambos trabalhamos para o Sallay durante aquele verão miserável. Talvez tenha sido o calor intolerável da nossa tenda de trabalho, talvez as serpentes venenosas que incessantemente passavam rastejando sob as abas e atravessavam o chão gramado, talvez fossem os mosquitos de mais de dois centímetros de comprimento que sugavam o sangue da gente à noite até causar anemia, talvez fosse simplesmente o fato de que todos que lidam muito tempo com camelos acabam pirando um pouco. Mas fosse o que fosse, consegui repelir o Dennis também, que no início havia manifestado tanta vontade de me ajudar, de maneira que nossos bate-bocas costumavam se propagar pelo ar quente e pesado de umidade. Eu não conseguia entender essa minha nova capacidade de gerar inimizade nos corações dos homens.

Na casa do Kurt eu havia aprendido os detalhes da refinada arte do manejo de camelos. Com Sallay e Dennis aprendi os ossos do ofício; precisei encarar o fato de esses animais poderem e serem capazes de matar se tiverem chance. Com a ajuda de Dennis, que me alertava, nervoso, dizendo: "cuidado", "vai com calma", e do instinto protetor de Sallay para defender o que ele considerava o sexo frágil, comecei a viver em um estado quase permanente de medo, que o nervosismo causado pela vontade de me sair bem diante daqueles dois não aliviava nem um pouco. Enquanto estive lá, levei chutes, pancadas, fui pisoteada; caí de um camelo selvagem corcoveador e minha canela ficou presa entre a barra de ferro de uma sela e uma árvore. Esse era um manjado truque dos camelos para se livrar de gente que tentasse montá-los contra suas vontades; esmagar as pessoas ou esfregar-se contra algum galho de árvore para desmontá-las, ou sentar-se e rolar por cima delas. Eu não sabia montar muito bem nem tinha a força física para neutralizar essas manobras. Comecei a me sentir inútil e desajeitada.

As coisas mais importantes que Sallay me ensinou foram como usar cordas para amarrar camelos, como esculpir estacas de tulipeiro ou acácia, como arrematar cordas para elas não desfiarem, como consertar selas, enfim, todas as milhares de coisinhas que desempenhariam um papel importantíssimo na minha sobrevivência no deserto. Ele era uma mina interminável de informações desse tipo. Tinha convivido com camelos a vida inteira e, embora seu relacionamento com eles fosse tudo menos sentimental e ele os tratasse de maneira um tanto brutal para meu gosto sensível, era o melhor cameleiro da cidade. Conhecia os animais tão bem quanto a palma de sua mão, e eu absorvi parte desse conhecimento, o qual se manifestou quando eu menos esperava durante minha jornada. Eu havia conhecido sua esposa Íris, que com seu senso de humor maravilhoso e irreverente me ajudou a rir das minhas aflições. Ela era o oposto de Sallay e o completava. Eles foram duas das pessoas mais legais que eu conheci naquele fim de mundo, e gosto deles, os admiro e os respeito até hoje. Também sempre lhes serei eternamente grata.

**

Certa tarde, eu estava dormindo no meu catre banhada em uma poça de suor quando acordei com a sensação estranha de que alguém estava me observando. Pensei que talvez alguns residentes da cidade tivessem chegado, e fui pegar minhas roupas, mas não havia ninguém por ali. Deitei-me outra vez, mas aquela sensação continuou. Olhei de relance para cima e vi, através de um buraco de uns cinco centímetros no teto da tenda, o olho azul e brilhante do Akhnaton, primeiro o direito, depois o esquerdo, olhando fixamente o meu corpo nu. Joguei uma bota nele.

Ele também estava se tornando um ladrão insuportável. Exatamente quando eu ia escovar meus dentes, ele voava para uma árvore com a escova no bico e só a largava quando eu parava de gritar e sacudir o punho para ele. O mesmo acontecia com as colheres, no minuto em que eu me sentava com o açucareiro e uma xícara de chá.

Eu tinha uma tendinha auxiliar para dormir, no formato de um cone, que pendia do galho de uma árvore. Por causa do calor intenso, eu dormia com metade do corpo dentro da tenda e a outra metade do lado de fora, sendo que o galho ficava dois metros acima de mim. Certa manhã, antes da aurora, o Ark começou a me acordar como sempre, mas eu já estava cansada daquele procedimento dele; ele era perfeitamente capaz de se alimentar e de cuidar de si mesmo e não devia mais depender de sua mãe substituta para isso. Depois que ele tentou sem sucesso me acordar, e depois de eu o ter xingado e mandado procurar seu próprio café da manhã, ele pulou no tal galho, caminhou ao longo dele, mirou deliberadamente e deixou cair um presentinho branco bem no meio da minha cara.

***

Eu já estava em Alice Springs fazia um ano, e estava mudada. Parecia que sempre tinha morado ali, que tudo que eu era antes tinha sido um sonho. Minha capacidade de distinguir realidade de fantasia estava meio abalada. Queria rever meus amigos porque estava começando a perceber que eu havia me distanciado de tudo menos de camelos e loucos. O período que eu havia passado com o Kurt exerceu um efeito estranho sobre mim: passei a me proteger constantemente, a viver desconfiada e a me defender, e também vivia pronta a pular em cima de qualquer pessoa que parecia estar disposta a me contrariar. Embora isso pudesse parecer uma qualidade negativa, foi essencial para que eu me desenvolvesse e deixasse de ser apenas uma arquetípica criatura do sexo feminino que desde o nascimento tinha sido treinada para ser meiga, flexível, misericordiosa, compassiva e capacho de todos. Pelo menos isso eu devo ao Kurt. Eu também tinha agora uma espécie de tira de concreto reforçado nas costas que protegia com sucesso a minha espinha fraca de covarde. Não foi exatamente força o que ganhei, mas sim tenacidade – uma tenacidade de buldogue. Decidi ir para Queensland de avião visitar a Nancy, minha melhor amiga. Ela e eu já éramos confidentes havia anos, tínhamos enfrentado juntas o tédio da estagnação da Brisbane pós-1960, e saído dele com uma amizade íntima, tolerante e carinhosa tal como só pode existir entre duas mulheres que suaram para construí-la. Nancy era a referência que eu podia usar para medir o que eu havia aprendido e o que eu havia sentido. Ela tinha dez anos a mais do que eu, era mais sábia, e eu podia ter certeza de que ela sempre entenderia o que eu estava pensando e me ajudaria a ver as coisas com isenção de ânimo. Eu valorizava essa perspicácia e o calor humano dela acima de tudo. E, naquele momento, estava precisando ter uma boa conversa à mesa da cozinha com Nancy.

Fui para casa num aviãozinho monomotor, passando sobre o interminável Deserto de Simpson, que me fez pensar duas vezes na imprudência que era o meu plano de viagem. Nancy e Robin moravam em um pomar nas colinas de granito ao sul de Queensland. Ah, aquela umidade verde e luxuriante do litoral! Fazia tanto tempo que eu estivera ali, e agora ela me parecia apertada, fechada e atulhada.

Nancy notou imediatamente as mudanças em mim, e nós conversávamos até de manhãzinha tomando café, uísque e fumando cigarros. Muitos de meus amigos estavam presentes, e foi indescritivelmente bom voltar a estar num ambiente onde todos eram carinhosos e delicados. Eu os entretive com histórias inventadas e reais do Oeste lendário. Era como um remédio para mim ser capaz de rir assim de novo. Na tarde antes do dia em que eu voltaria à Alice, Nancy e eu fomos dar um passeio na floresta. Não conversamos muito, mas ela por fim disse:

– Rob, acho muito legal o que você está fazendo. Eu não entendia você antes, mas essa sua decisão de deixar de lado o comodismo e fazer algo por si mesma é importante para todos nós. E embora eu não possa dizer que não vou sentir uma baita saudade de você e que não vou me preocupar com você frequentemente, posso dizer que o que está fazendo é fantástico e te adoro por isso. É importante nós nos afastarmos uma da outra, deixarmos de lado o conforto dessa amizade e ficarmos longe assim, ainda que seja difícil às vezes, para podermos depois voltar e trocar informações sobre o que aprendemos, mesmo que o que façamos nos mude e arrisquemos não nos reconhecer mais mutuamente ao retornar.

Naquela noite organizamos um bota-fora no celeiro, dançando, bebendo, rindo e conversando até o amanhecer.

Eu nunca havia descoberto em algum lugar da Austrália os mesmos vínculos de amizade quanto os que encontrei em certos redutos da sociedade australiana. Tem algo a ver com o velho código de relacionamento entre amigos e com o fato de as pessoas terem tempo de gostar uma da outra; e também com o fato de que os dissidentes precisaram permanecer juntos; e, além disso, com o fato de a competição e as realizações não serem aspectos muito importantes dessa cultura. Um outro motivo é também a generosidade de espírito, que tem a liberdade de crescer nessa acepção especial de espaço, sem tradições. Seja lá o que for, é uma coisa extraordinariamente valiosa.

***

A viagem para casa tinha restabelecido minha fé em mim mesma e reafirmado o que eu planejava fazer. Passei a me sentir tranquila, otimista e forte, e agora, em vez de a viagem me parecer uma coisa sem pé nem cabeça, em vez de me preocupar se era importante fazê-la ou não, eu podia ver mais claramente os motivos e as necessidades que a justificavam.

Uns dois ou três anos antes, alguém tinha me perguntado: "Qual é a essência do mundo no qual você vive?" Acontece que eu tinha passado três ou quatro dias sem comer nem dormir, e na época essa pergunta não me pareceu muito profunda. Levei uma hora para responder a ela, e quando respondi, minha resposta pareceu vir quase diretamente do subconsciente: "Deserto, pureza, fogo, ar, vento quente, espaço, sol, deserto, deserto, deserto." Ela me surpreendeu, eu não fazia ideia que aqueles símbolos andavam me impressionando tanto.

Eu havia lido vários textos sobre os aborígenes, e essa era uma outra razão para eu querer viajar pelo deserto: uma forma de conhecê-los diretamente de forma simples.

Eu também estava vagamente entediada da minha vida e suas repetições, das tentativas inacabadas, sem convicção, de ter diversos empregos e de fazer vários cursos; já estava cansada de ostentar aquela minha negatividade comodista que era o mal da minha geração, do meu sexo e da minha classe.

Portanto, tomei uma decisão que trouxe consigo coisas que eu não sabia como explicar na época. Eu tinha tomado essa decisão instintivamente, e só depois atribuído significado a ela. A viagem nunca tinha sido considerada por mim como uma aventura para provar algo. E aí me bateu que a coisa mais dura havia sido tomar a decisão de agir – o resto tinha sido mera tenacidade, e os medos eram tigres de papel. Realmente era possível fazer qualquer coisa que se tivesse decidido fazer, seja mudar de emprego, mudar-se para outro lugar, divorciar-se de um marido ou qualquer outro lance – era mesmo possível mudar e controlar nossa própria vida; e o procedimento, o processo de mudar, era uma recompensa em si mesmo.

3

TINHA CHEGADO A HORA DE EU ESCOLHER MEUS DOIS CAMELOS. Separei uma velha viúva, teimosa porém calma, chamada Alcoota Kate, e uma linda camelinha jovem, a Zeleika. Sallay aprovou minha escolha e me desejou boa viagem. Meus amigos da Fazenda de Basso tinham se mudado para a cidade, deixando-me ocupar a casa até ela ser vendida. Foi um golpe de sorte; nada poderia ter sido melhor naquela fase. Significava que eu podia deixar meus camelos pastarem no campo aberto, sem cercas, onde eles encontrariam bastante alimento, e que eu podia morar na minha própria casa. Sem mais ninguém.

O último dia na tenda foi um desastre. Enquanto eu estava fora, Akhnaton saiu com seus amigos e nunca mais retornou; precisei fundir a cuca para imaginar como percorrer nove quilômetros de uma grande rodovia movimentada com dois camelos nervosos sem matá-los e sem morrer eu mesma; Kate tinha se sentado numa garrafa quebrada algumas semanas antes e lacerado o peito, mas ninguém havia prestado muita atenção a isso, então tive de aplicar alcatrão de pinho no ferimento de vez em quando; Zeleika tinha uma ferida grande e infeccionada na cabeça; e Dennis e eu nos deixamos levar pelos nossos impulsos hostis pela última vez.

Finalmente levei os camelos para a Fazenda de Basso, depois de traumas de somenos importância e de um quase colapso nervoso. Não havia ali mais ninguém além de mim de quem eu dependesse, não havia Kurts, Sallays, nem Dennis para ajudar nem para atrapalhar. Limpei as feridas dos camelos, coloquei-lhes as peias e observei satisfeita enquanto eles pastavam ao longo da estradinha de terra que levava às colinas a leste. Meus camelos. Minha casa.

Era um desses dias nítidos e brilhantes que apenas um deserto durante a estação fértil pode proporcionar. Água cristalina descia veloz pelo leito amplo do rio Charles, com uns trinta ou sessenta centímetros de profundidade em alguns locais, onde rodopiava ao redor do tronco gigante de um eucalipto-de--camalduli[1] sarapintado; falcões pairavam acima dos seus territórios de caça no cercado dos fundos, refletindo luz nas suas asas tremeluzentes e nos seus olhos predadores vermelho-sangue; cacatuas pretas com penas de um laranja vibrante nas caudas soltavam seus gritos estridentes pelas árvores altas; a luz solar explodia, inundando tudo com sua energia agressiva e palpitante: os grilos cantavam intermitentemente nos pés de romã em flor, entoando, juntamente com o zumbido das moscas varejeiras na cozinha, um hino às tardes quentes da Austrália.

Eu nunca havia morado sozinha em uma casa; tinha passado das janelas gradeadas e dos dormitórios regulamentados de um internato imediatamente para a vida comunitária em casas baratas divididas com grupos grandes de amigos. E aqui estava eu, com um castelo inteiro do qual eu podia ser a rainha. Esta súbita transição de companhia ruim demais para a perspectiva de nenhuma companhia foi um choque agradável. Era como sair do barulho insuportável de uma rua movimentada e entrar no silêncio pesado de um quarto de janelas fechadas. Eu caminhava e perambulava à toa pelos meus domínios, meu espaço particular, sentindo o aroma da sua essência, aceitando o apelo que exercia sobre mim e incorporando cada partícula de poeira, cada teia de aranha, numa orgia de felicidade possessiva. Estas ruínas de pedra antiga, desgastada e dispersa, se desmanchando graciosamente para novamente virar o pó do qual tinha vindo; este monte encantador de pedras sem teto, com figueiras bravias e férteis e capim alto e sufocante; seus hóspedes permanentes – as cobras, os lagartos, os insetos e os pássaros; seus dramáticos jogos de luz e sombra; seus aposentos e recessos secretos; suas portas desengonçadas e sua localização exata no acolhedor complexo rochoso de Arunta; este foi meu primeiro lar, onde eu sentia tanto alívio e conforto que não precisava de nada nem de ninguém.

Antes desse momento eu sempre tinha suposto que a solidão era minha inimiga. Parecia que eu não existia se não houvesse gente em torno de mim. Mas agora entendia que eu sempre tinha sido uma pessoa isolada e que esta condição era um dom, em vez de algo a ser temido. Sozinha no meu castelo eu podia

---

[1] *Eucalyptus camaldulensis.* Somente 15 das 700 espécies de eucalipto ocorrem fora da Austrália. Em todo o livro, os eucaliptos de várias espécies estão presentes, e são conhecidos no inglês com o nome de "gumtree". (N.T.)

enxergar mais claramente o que era a solidão. Pela primeira vez me ocorreu que a forma pela qual eu havia levado minha vida era sempre permitir aquele distanciamento, sempre proteger aquele lugar alto e claro que não podia ser compartilhado sem arriscar sua destruição. Eu tinha pago por isso várias vezes, com momentos de desespero neurótico, mas tinha valido a pena. Eu tinha, não sei como, sempre evitado o desejo de encontrar um príncipe encantado, formando vínculos com homens dos quais eu não gostava ou com homens que eram tão distantes que não havia esperança de um relacionamento permanente meu com eles. Eu não podia negar isso. Esse fato era evidente, por trás dos sentimentos de inadequação e derrota, um plano astuto, programado por mim mesma, que tinha funcionado para alcançar esse objetivo durante anos. Acho que o subconsciente sempre sabe o que é melhor. É nossa mente condicionada e excessivamente supervalorizada que costuma estragar tudo.

Portanto, agora, pela primeira vez em minha vida, minha solidão era um tesouro que eu guardava como uma joia. Se eu visse gente vindo de carro me visitar, muitas vezes corria para me esconder. Esta felicidade preciosa durou um mês ou dois, mas, como tudo na vida, precisou seguir as leis da mudança.

Meu vizinho mais próximo era uma mulher, Ada Baxter, uma bela aborígene com uma natureza intensamente emotiva e um coração cálido e generoso. Ela adorava se divertir e tomar vinho. Sua cabana, que ficava nos fundos da casa de Basso, era muito diferente das tendas dos seus parentes do outro lado do rio. Havia sido construída para ela por um dos seus muitos amigos brancos (para Ada, uma associação com os brancos significava *status*), e nela se viam, guardados como tesouros, os badulaques e a parafernália de uma sociedade material que ela tinha parcialmente adotado mas que, no fundo, não era a sua. Ela vinha à minha casa frequentemente, dividir bebida ou acampar no chão se achasse que eu precisava de proteção. Embora ela não conseguisse entender meu desejo de estar só, sua companhia nunca violava minha privacidade, pois era tranquila e descontraída, e trazia consigo aquela habilidade que muitos aborígenes possuem de tocar e ser carinhosos com naturalidade, e de ficar à vontade no silêncio. Eu adorava a Ada. Ela sempre me chamava de "minha filha", e era uma mãe tão bondosa e compreensiva quanto eu podia querer.

Um dos oleiros que havia morado ali antes tinha me contado uma história muito engraçada sobre aquela mulher notável. Certa noite, eles estavam tranquilamente em casa, sentados, ouvindo os sons de briga de bêbados vindo da casa da Ada. De repente, a gritaria aumentou, ficou mais intensa, e meu amigo foi até lá ver se havia algum problema. Chegou a tempo de ver o namorado da Ada cambaleando em torno da cabana e esvaziando uma garrafa de gasolina enquanto andava; depois ele se abaixou e, com seus dedos trêmulos, tentou acender um fósforo. A gasolina tinha afundado na poeira a essa altura, e portanto ele não ia causar nenhum dano, mas Ada não sabia disso. Ela foi até o monte de lenha, pegou o machado e derrubou o cara com um só golpe. Ele caiu de barriga para cima, o sangue jorrando da ferida para o chão ao seu redor. Meu amigo pensou que Ada certamente tinha matado o sujeito e gritou para os outros chamarem uma ambulância. Com toda a certeza de que não ia poder fazer nada pelo homem ensanguentado, ele fez o que pode por Ada, que a essa altura estava em estado de choque. Com os dedos trêmulos, ele a envolveu em um cobertor e lhe deu um pouco de sua tequila. Depois ouviu um gemido atrás de si. O homem fez força para se apoiar num cotovelo, tentou como pôde focalizar no meu amigo seu olhar instável e disse: "Poxa, rapaz, será que não deu pra notar que ela já tá de porre?"

Logo antes de me mudar para Basso, eu havia conhecido um grupo de jovens brancos envolvidos com direitos dos aborígenes. Como eu, eles tinham trazido consigo o idealismo e a moralidade indignada de suas boas e variadas formações. Era contra este pequeno grupo que muita gente do lugar protestava: "bons samaritanos subversivos da cidade". Se isso fosse verdade no início, e frequentemente era, era difícil que continuasse sendo assim, porque a vida em Alice Springs substituía depressa a ingenuidade política e pessoal por astúcia. Eu gostava daquele tipo de gente, concordava com eles e os apoiava, mas não os queria perto de mim. Eu havia conquistado tanta coisa, tinha ganho tanto terreno sozinha, que me sentia, psicologicamente pelo menos, autossuficiente. Eu não queria amizades potenciais para complicar as coisas. Elas, afinal, exigiriam energia extra da qual eu precisava para me concentrar na viagem com os camelos. Porém, duas dessas pessoas em particular, Jenny Green e Toly Sawenko, me procuraram e me seduziram com sua espirituosidade, de modo que eu, sub-repticiamente, comecei a torcer para eles virem me visitar, e a desejar os queijos e vinhos que eles traziam, que agora constituíam um verdadeiro luxo na minha vida austera e monástica. Eles, de forma gradativa e sedutora, derrubaram minhas defesas até que, meses depois, eu já dependia irremediavelmente do incentivo e apoio deles, até um ponto em que eles se integraram tão inextricavelmente naquela fase da minha vida que não consigo mais pensar nela sem me lembrar dos dois.

As lembranças distorcidas dos meses seguintes estão todas arquivadas juntas na minha cabeça como um ninho contorcido de víboras. Só sei que, depois daquele início maravilhoso na casa de Basso, a vida se degenerou, transformando-se numa farsa negativa, tão ruim que quase me fez acreditar no destino. E o destino estava contra mim.

Eu ainda visitava o Kurt e a Gladdy, porque, por um lado, já tinha aprendido malandragem suficiente para querer usar o cercado e as instalações, bem como os conhecimentos do Kurt. Consegui isso com muita meiguice, submissão e tudo que o Kurt admirava em uma pessoa inferior. Mas paguei caro por isso. Ah, ele me fez pagar muito caro. Não restava nenhum pingo do arremedo de amizade que havia entre nós. Ela havia sido substituída por total animosidade. E a Gladdy ainda estava por lá. Eu queria conservar minha amizade por ela, que precisava tanto dessa ligação. Ela andava falando em largar o Kurt, que estava tentando vender a fazenda por um preço astronômico mas sem muita convicção. Gladdy queria ficar por ali mais um pouco, pelo menos até ele vender a propriedade para ela receber parte do dinheiro, como um símbolo por ter ficado invicta ao lado de Kurt e muito menos pelo dinheiro em si. E havia o Frankie e a Joanie, duas crianças aborígenes do acampamento Mount Nancy, com quem Gladdy e eu tínhamos passado grande parte do nosso tempo.

A Joanie era uma bela menina de mais ou menos quatorze anos, com a graça e postura naturais de uma modelo. Ela também era extremamente inteligente e perspicaz e já bem familiarizada com o desespero. Eu compreendia a depressão dela, de um tipo engendrado por uma sensação de não ter alternativas diante de um destino fatal e inevitável. Joanie queria coisas da vida, coisas que para sempre estariam fora do seu alcance, por causa da sua cor, por causa da sua pobreza.

– O que posso esperar da vida? – dizia ela. – Encher a cara? Casar com alguém que me espancará todas as noites?

Frankie era ligeiramente mais otimista. Pelo menos, ele tinha a esperança de conquistar uma identidade aceitável como tosquiador ou peão de fazenda, trabalho itinerante, no máximo, mas que lhe permitiria ter uma certa dose de autoestima. Ele era um brincalhão por natureza. E nós assistíamos carinhosamente quando ele se metamorfoseava de criança em rapaz, com suas botas grandes demais, imitando o gingado dos homens. Ele vinha me visitar em Basso, falando como homem e agindo como homem, e depois, notando que estava ficando escuro, se transformava, encabulado, em menino outra vez e pedia: "Ei, posso te pedir pra você atravessar o rio comigo e me levar para casa, posso? É que tenho medo de andar sozinho à noite."

A princípio, alguns dos homens do acampamento não haviam entendido uma mulher que morava sozinha. Junto com um ou dois bandidos da cidade, eles às vezes apareciam no meio da noite, na esperança de se divertirem após terem enchido a cara. Eu tinha comprado uma arma de fogo, um fuzil de alta potência Savage calibre .222 de canos sobrepostos, combinado com espingarda de calibre 20, lindo; mas, sobre o fuzil, eu só sabia que a bala saía por um dos lados enquanto a gente o segurava pelo outro. Eu nunca, mas nunca mesmo, o carregava com balas. Porém, só de enfiá-lo pela fresta da porta, dizendo umas frases bem lacônicas, bastava para impressionar quem viesse me incomodar. Meus amigos ficaram horrorizados quando eu lhes disse que havia apontado uma arma para alguém. Ora, não diretamente, apressei-me a lhes dizer, mas meti o cano pela fresta da porta, apontando para o escuro. Vi que eles pensaram que eu estava ficando doida, mas defendi essa minha mentalidade cada vez mais desenvolvida de bicho do mato, a qual me parecia perfeitamente razoável dadas as condições nas quais eu estava vivendo, e dado o meu altamente desenvolvido senso de injúria e de propriedade. Aprendi depois que aqueles episódios de ameaça com o fuzil causavam intermináveis ataques de riso mesclado com respeito no acampamento, e nunca tive nenhum outro problema. Aliás, durante os meses seguintes, o comportamento deles mudou totalmente. Agora eles me protegiam, mais do que qualquer outra coisa, eles me vigiavam e cuidavam de mim. E se eles me achavam meio biruta, era com uma dose de bom humor. Eu estava, através de Joanie, Frankie, Gladdy e Ada, conhecendo-os todos melhor, começando a superar minha timidez e minha culpa de branca e a aprender cada vez mais sobre os problemas incrivelmente complexos – físicos, políticos e emocionais – que todos os aborígenes tinham de enfrentar.

Havia aproximadamente trinta acampamentos em Alice Springs e ao redor dela, em terras públicas ou reservas nos subúrbios. Estes haviam sido criados, ao longo dos anos, como pontos de hospedagem tradicionais para componentes de diferentes grupos tribais das vizinhanças, que visitavam a cidade vindos das suas aldeias natais, até várias centenas de quilômetros distantes dali, no

Território do Norte e da Austrália Meridional.[2] Uma das principais atrações da cidade era o acesso fácil às bebidas alcoólicas, mas também encontravam-se ali outros recursos regionais importantes. Entre eles se incluíam a Assistência Jurídica aos Aborígenes, os Serviços Médicos, o Centro de Artes e Artesanato Aborígene, o Departamento de Assuntos dos Aborígenes, lojas de carros usados especialmente criadas para meter a mão no bolso dos aborígenes, e outras atrações de vários tipos. Havia um movimento razoavelmente constante entre estes acampamentos de aborígenes de Alice Springs e as aldeias, embora alguns dos nativos se tornassem moradores permanentes e construíssem para si barracos de galhos de árvores, vergalhões de segunda mão e quaisquer outros componentes que pudessem encontrar no aterro de lixo da cidade. Havia cinco bicas para fornecer água a todos os trinta acampamentos e muita gente era tão pobre que vivia do que encontrava em latas de lixo, de restos de comida encontrados no aterro e das esmolas que pediam nas ruas. Muitos eram alcoólatras, portanto o dinheiro que conseguiam era imediatamente trocado por uma garrafa de vinho barato. As mulheres e crianças eram as que mais sofriam, vítimas da subnutrição, da violência e das doenças.

Mount Nancy era o acampamento mais economicamente bem-sucedido, bem organizado e socialmente coeso da cidade. Casinhas de alvenaria (financiadas pelo Departamento de Assuntos dos Aborígenes) estavam começando a substituir as tendas, e um banheiro público com chuveiros estava sendo construído. Os piores acampamentos, comparados a este, eram os que ficavam no leito seco do rio Todd, bem no meio da cidade. As pessoas ali não tinham acesso a água, instalações sanitárias nem a abrigo – não tinham nada que as sustentasse a não ser o álcool. Como o leito do rio não era propriedade privada, era lá que os aborígenes itinerantes preferiam acampar. Eles viviam sendo ameaçados pela prefeitura, que andava tentando ampliar as propriedades que beiravam o rio para que elas incluíssem o leito do rio em si, uma forma marota de se livrar dos acampamentos e melhorar o aspecto do lugar para os turistas, os quais, afinal, gastavam uma verdadeira fortuna comprando artefatos supostamente aborígenes nas lojas.

Do que eu podia observar em Mount Nancy, as pessoas sobreviviam: dividindo o dinheiro que conseguiam ganhar trabalhando meio expediente nas

---

[2] A Austrália é um estado federal composto por 6 estados, 3 territórios continentais e vários territórios insulares. (N.T.)

estâncias; dos fundos de doações para crianças; das pensões das viúvas e das esposas abandonadas; e dos raríssimos cheques de auxílio-desemprego. Os jogos de azar eram uma forma de redistribuir o dinheiro em vez de uma maneira de adquiri-lo. Um dos mitos sobre os aborígenes é que eles vivem "mamando nas tetas" do governo. Na verdade, há menos negros do que brancos recebendo serviços sociais, apesar de haver dez vezes mais negros desempregados.

Até mesmo os poucos mestiços que moram na cidade junto com os brancos sofrem formas sutis de discriminação racial. É uma prova diária para os negros de Alice Springs. Reforça seus próprios sentimentos de menos valia e autodepreciação. A constante frustração de não serem capazes de mudar suas vidas faz muitos perderem a esperança, transforma-os em alcoólatras, porque isso pelo menos lhes oferece algum alívio de uma situação insustentável e, além disso, lhes concede esquecimento de suas lástimas.

Como Kevin Gilbert afirma em *Because a White Man'll Never Do it* [*Porque um Branco Jamais Fará Isso*]:

> "Defendo a tese de que a alma da Austrália aborígene foi tão profundamente violada que esse trauma marcou as mentes da maioria dos negros hoje em dia. É esse trauma psicológico, mais do que qualquer outra coisa, que causa as condições que vemos nas reservas e missões. E ele se perpetua através das gerações."

A educação sempre foi um problema. As escolas misturavam brancos com negros, e crianças e jovens de diversas tribos. Como se ter que ler livros sobre Dick, Dora e sua gata Fluff[3] e estudar livros de história declarando que o Capitão Cook foi o primeiro a pisar na Austrália, ou que os "pretos" que "formam umas das raças mais inferiores da humanidade ainda existentes... estão desaparecendo rapidamente diante da marcha progressiva do homem branco" não fosse suficiente; além de ser preciso levar tijolos embrulhados em papel pardo para a escola em vez de merenda por falta de dinheiro e meios para obtê-la; além de receber bronca na escola por não fazer o dever de casa (como se fosse possível fazer dever de casa dentro de uma carcaça de carro enferrujada à luz de uma fogueira); além de sofrer de tímpanos perfurados e conjuntivite, feri-

---

[3] Personagens de livros escolares britânicos para crianças retratando a típica cultura branca da Grã-Bretanha. (N.T.)

das e subnutrição, enfrentando o racismo inerente de muitos professores; além de tudo isso, as crianças ainda poderiam ter que se sentar ao lado de alguma criança que talvez fosse um tradicional inimigo tribal.

Portanto, não admira que as crianças não quisessem experimentar esse ambiente totalmente estranho e ameaçador. Ele não lhes ensinava nada que elas precisassem aprender, pois o único emprego que elas provavelmente conseguiriam era de peão itinerante nas fazendas, o qual não lhes exigia que soubessem ler nem escrever. Não admira que elas fossem consideradas irrecuperáveis, incapazes de aprender, desqualificadas. "Ah, sim", diziam os brancos, sacudindo as cabeças, tristonhos, "está no sangue. Os aborígenes nunca vão ser assimilados."

Antes de as grandes empresas de mineração começarem a cobiçar terras de reservas aborígenes, a "assimilação" era praticamente sem importância. Não fazia muita diferença para o estilo de vida efetivo dos aborígenes. Agora, é uma forma de tirar os aborígenes de suas terras, a única coisa que eles têm que lhes dá algum tipo de autoestima, e levá-los para a cidade, onde eles não conseguem encontrar emprego e onde precisam depender cada vez mais de instituições brancas para sobreviverem. Isto também proporciona ao governo uma oportunidade para se autopromover, tanto que o primeiro-ministro pode falar contra o *apartheid* da África, manter uma reputação ilibada a nível internacional, e mesmo assim sustentar uma política que aparentemente é a antítese do *apartheid*, mas que, ao ser examinada de perto, produz efeitos idênticos. Ou seja, uma política que garante que as terras aborígenes acabem uma vez mais nas mãos dos brancos (neste caso multinacionais), que uma fonte de mão de obra barata fique disponível através da remoção de todos os vestígios de ética e cultura negras, preservando a pureza da raça branca. Isto é exatamente o que o *apartheid* queria alcançar na África do Sul. A assimilação é contra o direito à terra, contra a autodeterminação, e os negros a rejeitam. Kevin Gilbert também afirma:

> "Todo aborígene, quando lhe perguntam a respeito, repete sem parar que a única forma de se obter uma resposta é quando a Austrália branca devolver aos negros uma base territorial justa e os meios financeiros que permitam que as comunidades comecem a ser autônomas."

O problema da educação, como muitos outros, poderia ser remediado facilmente sem necessidade de grandes gastos por parte do governo, através da introdução de escolas móveis adaptadas. Previsivelmente, em vez de aumentar o orçamento para poder resolver esse tipo de problema, o governo atual tem feito inúmeros cortes nas despesas com os aborígenes. (O Departamento de Assuntos Aborígenes recentemente vem fazendo um levantamento dos aborígenes australianos. No que toca à moradia, a pergunta foi: "quantos aborígenes estão morando na rua?" Em outra parte do levantamento, a definição de "população de rua" excluiu gente que morava em tendas improvisadas, meias-águas, barracos ou carcaças de automóveis.)

Frankie tinha um amigo chamado Clivie que era mais jovem do que ele, mas tinha muito mais experiência do mundo. Era um ladrão muito habilidoso e incorrigível, coisa que eu acho normal; aliás, dadas suas condições de vida, parecia razoavelmente sensato recorrer a esse expediente, mas só que... epa, eram as minhas coisas que ele roubava. Logo eu, que não tinha nada e que estava economizando cinquenta centavos por semana para comprar coisas como caixas de rebites e chaves de fenda, couro e facas – toda espécie de bugiganga que atraía os meninos. Foi muito duro para mim enfrentar essa parada. Por um lado, eu sabia que eles tinham uma noção de posse totalmente diferente da minha; ou seja, os objetos materiais não podiam ser propriedade individual, pois eram bens que precisavam ser compartilhados. Por outro, quando as coisas desapareciam lá de Basso, elas em geral não voltavam mais, ou eram devolvidas por uma mãe envergonhada, vítima de violência doméstica e pobre. Portanto, eu constantemente ralhava com Clivie e Frankie pela mania deles de passar a mão em tudo que eu tinha, o que causava desculpas temporárias mas, essencialmente, não resolvia nada.

Eu tinha retornado da cidade um dia e estava calmamente indo da cozinha para o meu quarto. Tudo que eu tinha de mais precioso vivia trancafiado em um só quarto. Frankie e Clivie estavam tentando passar pela janela desse quarto. Estavam cochichando alguma coisa entre si, como ladrões de joias. Mal pude conter o riso, mas me controlei e fiz uma cara bem séria, perguntando: "O que vocês pensam que estão fazendo aí?"

Juro que nunca tinha visto ninguém tão apavorado antes. Foi como se tivessem tocado um fio desencapado. Eles se viraram para mim como se fossem tainhas zonzas, os olhos do Frankie arregalados, os de Clivie baixos, de culpa. Eles pararam de me roubar durante um bom tempo.

Alguns meses depois, Clivie se meteu em uma verdadeira enrascada. Não sei o que causou aquilo, mas ele pisou na bola pra valer. Roubou facas, um revólver, acho eu, e ainda por cima levou uma garrafa de uísque do departamento de polícia; depois foi morar sozinho no mato umas duas semanas, sem dúvida apavorado diante das possíveis consequências de suas ações. Finalmente, a muito custo, voltou para casa e foi considerado um delinquente pelo departamento de serviços sociais e pela polícia, tirado dos braços de sua mãe deficiente física e de todos os seus parentes que, segundo as autoridades, não eram capazes de cuidar dele apropriadamente, e mandado para algum orfanato no sul. Clivie tinha onze anos.

Durante esse tempo, uma espécie de depressão, uma sensação de derrota, começou a se desenvolver quase despercebida na minha cabeça. A alegria de estar só, de viver em um lugar fantástico e de sonhar com a viagem sem contato com a realidade estava começando a diminuir. Percebi que estava adiando as coisas, fingindo, representando um papel e que aquilo era a fonte do meu incômodo. Se todos os outros acreditavam que eu terminaria levando os camelos para o deserto, eu não acreditava. Era uma desculpa que eu mantinha bem no fundo da mente, para me distrair quando não tinha nada melhor para fazer. Ela me proporcionava uma identidade superficial, ou estrutura, sob a qual eu podia entrar rastejando quando estivesse me sentindo mal e usar como se fosse um vestido.

Esse incômodo permanecia em suspenso durante o rebuliço diário dos detalhes e problemas do dia a dia. Ambos os meus camelos estavam doentes e exigiam constante atenção. Eu os levava para pastar à noite, me levantava às sete para encontrá-los (o que podia levar horas), trazê-los para casa, tratar deles, treinar Zelly, preparar sem muita convicção os arreios deles, e daí por diante, até ser hora de pedalar os cinco quilômetros até o restaurante e depois voltar de bicicleta percorrendo os mesmos cinco quilômetros à meia-noite.

Zeleika estava terrivelmente magra, pois havia perdido toda a sua forma física depois de ser transportada de trem, após sua captura. Ela tinha ficado apertada no mesmo vagão com uma dúzia ou mais de animais selvagens amedrontados; depois tinha ficado num cercado, onde a surraram, a peiaram e a deixaram largada ao léu durante alguns dias. Ela tinha sido aterrorizada e maltratada, e como se isso não bastasse, haviam furado o nariz dela para passar uma cavilha através dele. Trazer camelos do deserto é uma atividade cruel mesmo quando corre bem; às vezes metade da cáfila morre de cansaço depois da caçada ou em consequência de quedas ou membros quebrados.

Kate não havia precisado aturar nada disso. Ela tinha sido usada como animal de carga anos antes, muito maltratada, algo que ela nunca esqueceria, depois posta para descansar quando ficou mais velha, com um amigo, na Estação Alcoota. Sallay tinha tirado a Kate de lá, sem levar o amigo dela. Ela se lembrava dos humanos e os odiava. Não era possível transformá-la em montaria, porque ela iria tentar se livrar da rédea do nariz o tempo todo e, além disso, era velha demais e não aprenderia novos truques. Porém, era um bom animal de carga, forte e paciente, e achei que seria melhor treinar Zelly como montaria e usar a velha Kate para o transporte de carga. Embora ela não fosse de dar coices, seus enormes caninos, amarelados e disformes, mordiam em todas as direções quando ela estava irritada, o que era sempre, até ela ser persuadida a se acalmar com uns tapinhas bem dados nos lábios. Pobre Kate, por mais que eu tentasse lhe dar amor ou carinho ela nunca confiou em mim, nem criou nenhuma afeição por mim. Tinha um "espaço pessoal" de três metros, e se qualquer Homo sapiens tentasse invadir esse espaço, ela blaterava até quase explodir, para que essa pessoa saísse do tal espaço. Ela ficava de pé, placidamente, com a bocarra aberta, rugindo sem parar feito um leão, parando só para tomar fôlego. Se a gente ficasse ali duas horas, ela rugiria durante duas horas. Era também gordíssima, a ponto de parecer obscena. Eu a levei um dia até a estação de pesagem de caminhões para pesá-la. Descobri que ela pesava uns novecentos quilos, nada mal para uma camela velha de pernas curtas. A corcova dela era uma montanha imensa de cartilagem deformada sobre suas costas, e suas coxas enormes roçavam uma na outra e tremelicavam quando ela andava. Em suma, ela era, no conjunto, um animal de respeito.

Chamei o veterinário naquela primeira semana para dar uma olhada nas minhas meninas. Seria o início de uma longa associação com os veterinários de Alice Springs. Depositei centenas de dólares nas contas deles antes de partir para a minha viagem, muito embora muitos nem me cobrassem pelas consultas, só de pena de mim. Chegaria um dia em que esses homens maravilhosos correriam e se esconderiam quando me vissem entrar em suas clínicas ou, se encontrados, suspirariam e diriam: "Quem é que está morrendo hoje, Robyn?" E, em seguida, estremeceriam enquanto eu lhes contava as últimas novidades em matéria de problemas camelinos. Mas eles me ensinaram muito durante todo esse tempo, como, por exemplo, manejar agulhas para elas se espetarem nos músculos, como inserir agulhas em jugulares, como lancetar, efetuar incisões, desinfetar, castrar, enxertar, colocar bandagens e limpar – tudo com a frieza e distanciamento de um profissional.

O veterinário fez um *check-up* completo nas minhas camelas. Ele me disse que Zeleika havia quebrado uma costela, e quando viu a minha cara, me assegurou rapidamente que a costela já tinha se emendado e só causaria problemas se o animal voltasse a cair. As infecções podiam ser eliminadas facilmente com pó antibiótico. Eu então trouxe a imensa e bamboleante Kate, e mostrei ao veterinário a "maçã do peito" dela, do qual agora estava pingando uma quantidade imensa de pus. O "peito" ou "maçã do peito" é numa saliência cartilaginosa na parte dianteira do corpo do camelo, logo atrás das pernas. Existem almofadas semelhantes nas pernas dianteiras e traseiras, nos pontos de pressão nos quais o animal se apoia ao se deitar. A maçã do peito é revestida por uma pele grossa como o tronco de uma árvore. Eu andava tratando a ferida com lavagens, desinfetante, pó antibiótico e alcatrão de pinho. O veterinário inspecionou a ferida, fez uma pausa, meteu a mão bem dentro dela, e assobiou. Eu não gostei nem um pouco daquele assobio.

– Isto aqui não está nada bom – disse ele. – A infecção está se espalhando pela carne, formando bolsões. Pode haver cacos de vidro aí dentro. Mesmo assim, vou lhe dar uma dose de terramicina e ver como ela reage.

Ele então pegou uma seringa enorme com uma agulha do tamanho de um canudinho de refresco e a entregou a mim, posicionando-me a sessenta centímetros do pescoço da Kate, e pedindo-me para atirar a agulha nela como se fosse um dardo. Eu não joguei com a força necessária. Os rugidos da Kate subiram uma oitava. Recuei, mirei e joguei a agulha com toda a força. Ela afundou até a bainha e me surpreendi por ela não ter atravessado o pescoço e saído do outro lado, ficando como um daqueles parafusos no pescoço do Frankenstein. Depois enrosquei a seringa na agulha e injetei dez centímetros cúbicos de um líquido viscoso, deixando um caroço grande na pele dela, do formato de um ovo.

– Muito bem – disse o veterinário. – Agora, faça isso de três em três dias, mais duas vezes, depois me ligue, *okay*?

Engoli em seco e consegui responder, apesar do meu queixo trêmulo:

– Tá.

Eu estava para esquecer o ódio que sentia por agulhas para sempre.

Fossem quais fossem os meus sonhos de ganhar a confiança da Kate, eles haviam saído completamente pela janela. Todos os dias eu colocava curativos pelo menos duas vezes no seu ferimento ou dava injeções nela, causando-lhe dor e reforçando seu ódio contra a minha espécie. Seu perímetro protetor aumentou para seis metros em relação a mim, e para os outros continuou sendo de três metros. Ela não melhorou. Quando o veterinário voltou decidimos que seria melhor dopá-la com nembutal e cortar e drenar a ferida. Se eu não estivesse tão preocupada com o animal (ninguém sabia a dose correta para um camelo, portanto tivemos de fazer um cálculo aproximado), teria rido da forma cômica como a Kate reagiu à droga. Ela foi se abaixando devagar, seus lábios flácidos e gozados, seus olhos opacos, o olhar fixo, fascinado, fixo nas folhas de grama e formigas e coisas assim, a baba escorrendo das suas mandíbulas enormes e moles, viajando geral.

A operação foi tudo menos divertida. Embora não houvesse cacos de vidro visíveis, a infecção tinha penetrado muito mais do que o veterinário havia imaginado, o que fez com que ele fizesse uma incisão maior do que tinha pensado que ia precisar fazer. Porém, quando ele terminou e receitou mais injeções, senti confiança de que tudo se resolveria. Kate, contudo, não melhorou. Passei os vários meses seguintes de minha existência totalmente dedicada a seu bem-estar, gastando dinheiro com ela como água e usando doses imensas de todos os antibióticos, remédios à base de plantas e mezinhas afegãs existentes. Tentei todos os tratamentos que todos os veterinários da cidade sugeriram. Kate nunca reagia.

Durante este tempo, eu também havia começado a treinar Zeleika para montar e levar carga. Não foi fácil, eu não tinha dinheiro para comprar arreios, não tinha sela para colocar no lombo dela para eu não cair toda vez que ela corcoveasse, e tinha perdido a maior parte da minha coragem na casa do Sallay. Portanto, passei a montar nela em pelo, de mansinho, subindo e descendo o leito seco, sem lhe pedir para fazer muita coisa, só tentando lhe ganhar a confiança, mantê-la sossegada e proteger minha própria pele. Ela estava em condições tão ruins que eu constantemente precisava equilibrar a necessidade de treiná-la contra a de não lhe permitir definhar a ponto de voltar a ser esquelética. Os camelos adoram perder peso durante o treinamento. Em vez de comerem, passam o dia inteiro pensando no que a gente está fazendo com eles. Zeleika também tinha uma personalidade gentil e carinhosa que eu não queria estragar. Eu podia me aproximar dela no campo a qualquer momento, estivesse ela peiada ou não, e pegá-la, mesmo que seus músculos se contraíssem formando saliências duras de tensão e medo. Seu único senão perigoso era sua disposição para escoicear. Acontece que um camelo pode chutar a gente em qualquer direção, num raio de dois metros. Eles podem atacar com as patas dianteiras e dar coices com elas de lado, ou escoicear para trás com as traseiras. Um desses coices pode partir a gente no meio feito um galho seco. Ensiná-la a aceitar a peia e os entravões[4] não foi fácil. Aliás, era algo que podia me causar úlceras e até me matar, e exigia uma paciência e uma valentia infinitas, nenhuma das quais eu possuía naturalmente, mas não tinha escolha. Para acalmá-la eu precisava atá-la a uma árvore, de cabresto, e lhe dar ração nutritiva e muito cara, enquanto a escovava, pegava-lhe nas pernas, tocava música alta em um gravador e a acostumava a sentir coisas em torno de suas patas e nas suas costas, falando, falando, falando o tempo todo. Quando ela usava aquelas pernas terríveis para dar um coice, eu usava um chicote. Ela logo aprendeu que escoicear não a levava a lugar algum e que era melhor se comportar bem, mesmo que esse bom comportamento não fosse sincero.

Um dia, deixei-a amarrada na árvore diante da casa de Basso e levei a Kate até a fazenda do Kurt para lavar a ferida dela com a mangueira. Quando voltei, a Zeleika havia sumido, e a árvore também, uma muda de eucalipto de mais ou menos cinco metros de altura e trinta centímetros de diâmetro – ela tinha sido completamente arrancada. Zelly não gostava de ficar longe da Kate.

Esta mania em particular é a mais difícil de superar durante o treinamento. Os camelos detestam se separar de seus companheiros e fazem de tudo, aplicam qualquer golpe sujo, fazem qualquer trapaça para voltar para casa. É muito fácil levá-los a algum lugar em grupo, mas conseguir tirar um animal sozinho de algum lugar é um problema e um duelo mental. Isto é compreensível porque eles andam em cáfilas e, para eles, estar em companhia de outros representa segurança. É muito ameaçador para um camelo ficar sozinho, especialmente com um maníaco nas costas.

Como os pescoços dos camelos são muito fortes, o freio do nariz é essencial para um animal de montaria. É quase impossível controlá-los apenas com o cabresto, a menos que a pessoa tenha uma força sobre-humana. Eles não po-

---

[4] Cordas atadas à peia usadas na contenção de grandes animais. (N.T.)

dem receber um bridão, como os cavalos, porque são ruminantes. A única alternativa é uma corda amarrada em torno da mandíbula que eu às vezes usava no treinamento antes de a ferida do nariz se curar, mas que cortava o delicado lábio inferior da Zeleika. Portanto, o método do freio no nariz é o melhor. Os camelos em geral levam um só, que entra por uma narina e sai pela outra. Ata-se a esse freio, que é uma espécie de cavilha, um barbante forte o suficiente para causar dor quando é retesado, mas não tão forte que não se rompa antes de o freio passar pela carne e se soltar. Este cordão é amarrado na extremidade externa da cavilha, depois se divide sob o queixo e se usa como uma rédea. Depois que a ferida do nariz se cura, este método não causa mais desconforto do que um bridão a um cavalo.

Eu havia aprendido a colocar uma cavilha no nariz de um camelo tanto com Kurt como com Sallay, e cada um deles tinha um método totalmente diferente do outro. Sallay furava a carne diretamente de dentro para fora, com uma agulha de acácia, depois enfiava a cavilha de madeira no buraco e passava querosene e óleo na ferida. O método do Kurt era mais sofisticado, senão melhor. Ele marcava o lugar da cavilha no nariz com uma caneta hidrográfica, abria um buraquinho na carne com um furador de couro, alargava o buraco com um espeto de açougueiro metido de dentro até a bainha, e depois disso inseria a cavilha, a qual, aliás, se parece mais com um pênis de madeira bem pequeno. Ele depois cuidadosamente tratava da ferida todos os dias, durante até dois meses, colocando antisséptico diluído e pó antibiótico. Eu tinha feito essa operação brutal em um dos camelos jovens do Kurt, mas detestei aquilo. Fiquei de estômago embrulhado. Porém, o nariz da Zelly estava tão infeccionado agora que, apesar da limpeza constante, achei que talvez houvesse farpas de madeira dentro dele, impedindo que se curasse. Portanto, para nosso horror mútuo, eu a amarrei, cortei a cavilha com cortadores de parafuso e inspecionei a ferida totalmente. Descobri que a cavilha tinha mesmo se partido ao longo do eixo e estava abrindo o ferimento ao girar. Precisei fazer outra cavilha e inseri-la naquela carne já tão judiada. Nunca entenderei como os animais nos perdoam por fazermos o que fazemos com eles.

Sallay veio visitar-me um dia para ver como eu estava me saindo. Eu o levei até Zelly e ele a examinou, comentando que ela parecia estar muito bem e muito tranquila. Depois, ele recuou um minuto, esfregou o queixo, pensativo, e me lançou um olhar de soslaio.

– Sabe o que eu acho, menina?

– O que você acha, Sallay?

Ele passou suas mãos habilidosas na barriga dela outra vez.

– Acho que sua camela está prenha.

– O quê? Prenha? – berrei. – Mas isto é fantástico! Não, espera aí, fantástico, nada. E se ela tiver o filhote durante a viagem?

Sallay riu e me deu tapinhas no ombro.

– Creia-me, ter um filhote durante sua viagem será o que menos lhe dará problemas. Quando ele nascer é só colocá-lo num saco, pendurá-lo nas costas da mãe, e dentro de alguns dias ele já estará seguindo todos os outros. Aliás, seria ótimo para você pois poderia pendurar o filhote à noite, em algum galho, e assim teria certeza de que a mãe não se afastaria muito. Isto pode resolver um de seus principais problemas, né? Ora, espero que ela esteja mesmo prenha, será benéfico para você. Também será um filhotinho bonito, se o pai for mesmo o macho preto com o qual vi que ela estava andando ultimamente.

A essa altura eu já sabia que precisava decidir logo o que fazer com a Kate. Ela estava com septicemia, o que havia levado a infecção até o joelho dela; tinha perdido metade do peso; e agora seus rugidos haviam se transformados em lamentos de uma senhora idosa, frágil e lamentável. Eu estava cuidando dela três ou quatro vezes por dia, com uma mangueira que eu usava de um lado do joelho dela para extrair um arco de pus rosado, que saía do outro lado. Eu estava adiando o dia de matá-la por dois motivos: um era que eu simplesmente não podia acreditar que um simples corte pudesse matar um camelo, e o outro era que depois que a Kate se fosse eu não teria nenhuma esperança de começar a viagem e voltaria praticamente à estaca zero. Terminei decidindo que precisava acabar com o sofrimento da coitada. Senti-me horrivelmente culpada. Ela era mesmo velha demais para aturar visitas aos veterinários e selas, e a separação do seu companheiro, que havia ficado em Alcoota. Acho que o que aconteceu com Kate foi que ela definhou e perdeu a vontade de viver. Antes, eu havia pensado muito em mandá-la de volta, mas agora era tarde demais. Porém, eu estava determinada a não voltar atrás por fraqueza. Precisava fazer aquilo e até afiei minhas facas a sangue frio, para poder depois aproveitar a sua bela pelagem e curtir o couro dela. Eu nunca tinha usado meu fuzil e estava com mais medo de errar do que de matá-la, porque já tinha conseguido me convencer de que era necessário. Jenny, que estava passando cada vez mais tempo comigo na casa de Basso, e que estava se tornando uma amiga indispensável, se ofereceu para ficar comigo naquele dia.

– Não, Jen, está tudo tranquilo. Eu dou conta, mas se você quiser vir comigo não tem problema, pode vir, sim.

Ela veio. Eu estava suando frio de nervosismo. O dia estava me parecendo irreal e desbotado enquanto caminhávamos pelas colinas. Foi só quando chegamos até o lugar onde Kate estava que percebi a força com que eu estava apertando a mão da Jenny. Fiz a Kate sentar-se em uma aluvião, apontei o meu fuzil para a cabeça dela, imaginei se por castigo divino a bala iria ricochetear e me atingir, e apertei o gatilho. Lembro-me do barulho que ela fez ao tombar no solo com um baque, mas devo ter fechado os olhos. Eu não estava esperando a onda momentânea de histeria que me dominou depois. Jen praticamente me carregou para casa, fez um chá para mim, depois precisou sair para ir ao trabalho. Fiquei muito abalada. Nunca havia matado nada que tivesse personalidade. Estava me sentindo uma verdadeira assassina. A ideia de arrancar o couro da Kate era impensável. Ao voltar lá eu só consegui olhar fixamente a carcaça dela, imaginando se teria mesmo sido correto fazer aquilo. E fiquei nisso. Não tinha mais a Kate e não iria mais fazer a travessia do deserto. O destino de novo. E todo aquele tempo e todo aquele dinheiro e toda a energia, dedicação e cuidado haviam sido em vão. Dezoito meses tinham ido por água abaixo, para nada.

4

MINHA DEPRESSÃO AUMENTOU DEPOIS QUE MATEI A KATE, com o pavor cada vez maior que passei a sentir do Kurt. Ele parecia estar tão descontrolado, tão à beira de um colapso nervoso, que eu acreditava que ele seria capaz de matar, se não a mim e à Gladdy, pelo menos os meus animais. Então precisei dançar conforme a música dele. Precisei deixá-lo crer que eu não era uma ameaça e que não valia a pena se preocupar comigo. Ele pensava que eu e Gladdy estávamos tramando algo, mas nunca dizia isso às claras; vivia remoendo essa ideia, maquinando formas e meios de frustrar os planos que ele pensava que nós estávamos fazendo.

Esse medo debilitante, esse reconhecimento do total potencial de ódio que Kurt sentia por mim, além do conhecimento de que ele poderia me prejudicar, e me prejudicaria muito se eu o desagradasse muito, foi o catalisador que transformou minha vaga depressão e sensação de derrota em uma realidade avassaladora. Os Kurts deste mundo sempre vencem, pois não há como enfrentá-los, como se proteger deles. E quando percebi isto, sofri um colapso. Tudo que eu andava fazendo ou pensando era sem sentido, era trivial, diante da existência do Kurt.

O medo era como um fungo que cresceu lentamente em mim e me derrotou nas semanas seguintes. Afundei, afundei, afundei sem parar até aquele estado que eu já tinha me esquecido há muito que existia. Eu ficava horas e horas parada olhando pela janela da cozinha, incapaz de agir. Pegava objetos, olhava fixamente para eles, virava-os nas mãos, depois os recolocava no lugar e voltava à janela. Dormia demais, comia demais. O cansaço me dominava. Ficava esperando ouvir o som de um carro, uma voz, qualquer coisa. E tentava me despertar, me esbofetear, mas a energia e a força que eu achava tão fáceis de acessar antes haviam desaparecido por causa do medo que eu sentia.

No entanto, eu saía dessa melancolia abruptamente no momento em que chegava um amigo. Eu tentava falar sobre o assunto, mas a linguagem para descrever esse desânimo pertencia àquele sentimento, portanto, em vez disso, eu só brincava. Porém, eu queria desesperadamente que eles me entendessem. Eles eram prova que razão e sanidade ainda existiam, e eu me apegava a eles como se estivesse me afogando.

Kurt viajou, para tirar umas férias, e Gladdy decidiu ir embora enquanto podia. Fiquei feliz por ela, mas só eu sabia o quanto ia sentir a falta dela, e estava com medo de ficar ali sozinha, sem Gladdy porém com Kurt. Certa noite, estava com ela, como frequentemente acontecia ultimamente quando Kurt estava fora, e o fantasma da Kate ainda estava morando no meu quarto da casa de Basso. Nós duas tínhamos ido para a cama horas antes, mas eu não conseguia pegar no sono. Estava outra vez me sentindo assaltada por uma sensação de fracasso. Não só por causa da viagem que eu não iria fazer; era uma espécie de fracasso pessoal, a absoluta impossibilidade de vencer contra a força bruta e a dominação. Eu estava me preocupando sem parar, tentando buscar uma solução, impossível naquele estado mental por causa de sua própria natureza. E aí pensei, naturalmente, na saída perfeita: o suicídio. Vejam bem, essa não foi aquela síndrome comum tipo bate-no-peito, nascemos-para-sofrer-e-morrer; foi uma coisa nova. Foi uma decisão fria, racional, desprovida de emoção. E imagino agora se é assim que as pessoas em geral acabam chegando a esse ponto. Friamente. Na realidade, era muito simples. Eu sairia andando pelo deserto, me sentaria em algum lugar e calmamente daria um tiro na cabeça. Sim, isso funcionaria às mil maravilhas. Sem problemas, sem confusão. Só uma saída, tranquila e natural. Por que perder a vida era melhor do que viver pela metade. Eu estava planejando tudo, o melhor lugar, a melhor hora, quando subitamente a Gladdy sentou-se na cama, diante de mim, e disse: "Rob, você está bem? Quer uma xícara de café?" Foi o mesmo que um balde de água gelada jogado numa pessoa histérica, me despertando para o horror daquilo que eu estava pensando em fazer, as dimensões reais daquela decisão. Eu nunca havia chegado a esse ponto antes, e acho que nunca vou ter que chegar outra vez. Então, à minha maneira trêmula, pensei em outra solução naquela noite.

Gladdy partiu alguns dias depois. Ela me deixou o seu cachorro velho, o Blue, um cão pastor que ela tinha salvo da carrocinha algumas semanas antes. Quando nos despedimos com um abraço, ela me disse:

– Sabe, no momento em que vi você, soube que ia desempenhar um papel importante na minha vida. Estranho, né?

Kurt voltou pouco depois e sua vingança foi inigualável. Ele agora me mantinha tão aterrorizada que eu dormia com uma machadinha debaixo do travesseiro. Ele continuou tentando vender a casa, ou pelo menos me deu essa impressão. Meu cunhado, um homem dono de mais dinheiro do que juízo e com mais coração do que dinheiro, ouviu falar nisso e, para minha completa surpresa, ligou para o Kurt e ofereceu-se para comprar a casa para mim. A princípio isso parecia a resposta para todos os meus problemas. Depois percebi que era uma ideia maluca. Talvez não conseguíssemos revendê-la e eu poderia ficar empacada ali durante anos tomando conta dela. Porém, se eu pudesse manter o Kurt em suspenso até a Gladdy conseguir se recuperar o suficiente para falar com um advogado, seria excelente. Portanto, comecei a jogar uma espécie de jogo de gato e rato com meu torturador. Para convencê-lo de que eu tinha todas as intenções de comprar a casa, eu precisava passar a maior parte do meu tempo ali, fingindo estar me preparando para tomar posse do lugar. Não havia mais limites agora. Lembro-me que o Kurt veio até o meu quarto em Basso uma manhã, por volta das seis, arrancou todas as cobertas e lençóis da minha cama, me tirou da cama à força e berrou que se eu ficasse dormindo até tarde quando eu estivesse na fazenda dele, nada valeria a pena. O brilho homicida estava sempre presente nos seus olhos durante aquelas semanas. Nós estávamos travando uma guerra tácita, ambos fazendo nossas jogadas, desesperados para vencer. Ele estava me obrigando a treinar o camelo branco novo, o Bubby, sem a ajuda de um freio no nariz nem de sela, algo que eu nunca faria antigamente. Isto significava que o bicho me jogava no chão pelo menos três vezes ao dia, e meus nervos estavam à flor da pele. A tensão de fazer isso, somada à tensão de jogar um jogo muito perigoso estava cobrando seu preço.

Então, certa manhã, acordei e vi que ele havia desaparecido durante a noite, como numa nuvem de fumaça, igual a um gênio, após vender a casa secretamente para um fazendeiro pela metade do preço, levando todo o dinheiro. Ele disse aos compradores que, comprando a casa, eles teriam direito a meus serviços, e eu ensinaria a eles tudo que precisassem saber sobre camelos. Eles não sabiam bulhufas. Então fui falar com eles.

– Olha só – expliquei – Ele não tinha o menor direito de vender meus serviços a vocês com a casa, mas se vocês estiverem dispostos a me ceder os dois camelos que eu quero, certamente lhes ensinarei tudo que sei.

Eles ficaram tão confusos que cheguei a sentir dó. Não sabiam quem estava enganando quem, nem em quem confiar. Resolveram concordar, de má vontade, mas ficaram adiando a assinatura do contrato. Eu sabia exatamente quais eram os dois camelos que eu queria, a Biddy e a Misch-Misch, duas fêmeas, porque os machos eram problemáticos, já que ficavam muito perigosos durante a estação de reprodução no inverno. Uma vez mais, eu estava ligada à fazenda e começando a acreditar que esse processo de tentar negociar camelos com gente que não queria negociar comigo não iria ter mais fim. Fiz a besteira de ensinar a eles o suficiente sobre o manejo de camelos até eles acharem que não precisavam mais de mim, depois, previsivelmente, resolveram dar para trás no nosso acordo, me oferecendo dinheiro pelo meu trabalho e me mandando embora. "Não tem nada, não", pensei, "espera só acontecer alguma coisa errada, seus safados, que aí vamos ver quem é que virá suplicar a ajuda de quem." E quando a tal coisa errada aconteceu, aquele meu grande golpe de sorte, foi uma verdadeira sucessão de presentes do destino que compensou todas as decepções anteriores. O meu querido Dookie, o animal mais dócil deste mundo, resolveu rodar a baiana e causou um susto danado ao seu novo dono.

Felizmente eu estava presente. Eu havia passado a maior parte daquele dia na fazenda, debatendo contratos e dinheiro entre outras coisas, e assistindo tranquilamente enquanto o homem cometia toda a espécie de erros. Meu coração endureceu-se. "Ah, ah", ri comigo mesma, "ou assina, ou vai ver só."

Porém, quando chegou a hora de peiar os camelos e levá-los para pastar à noite, senti que precisava lhe mostrar como fazer isso direito, para o bem dos camelos. Se ele deixasse as peias muito frouxas, elas deslizariam sobre os jarretes, podendo lesionar as pernas dos animais. Primeiro eu trouxe o dócil e tranquilo Dookie.

– Olha só, está vendo, passa naquele buraco ali e tente não deixar a peia muito frouxa para não ela passar sobre esta saliência aqui, entendeu?

– Hummm, estou vendo sim.

Soltei o macho e me virei para ir buscar os outros camelos. Então ouvi um som estranho de tremor, e espiei, virando a cabeça para trás, devagar. Fiquei paralisada. E também vi a cara que o homem fez. Ele empalideceu a ponto de parecer que o sangue havia descido todo para as suas botas. Dookie tinha se transformado totalmente. Estava partindo para cima de mim com um brilho igual ao do Kurt no olhar, e os seus olhos se reviravam como bolinhas de gude girando. Dookie estava produzindo uns sons borbulhantes, soltando espuma pelo lado da boca. Estava tentando soltar pedras do chão, completamente descontrolado. Eu tinha me colocado entre ele e suas amigas e, pela primeira vez na curta vida, ele estava sentindo os impulsos incontroláveis de um macho no cio. Ele começou a balançar loucamente a cabeça para todos os lados como um chicote. Estava tentando galopar com as peias nas pernas mesmo. Ia tentar me derrubar, sentar-se em cima de mim e me esmagar até espremer todo o meu sangue do corpo e me matar.

– Dookie! – disse eu, recuando. – Calma, Dookie, sou eu! – falei, boquiaberta, enquanto tentava correr direto para o portão. Pulei o portão de um metro e meio de altura, como o Popeye após comer uma lata de espinafre. Dookie ignorou completamente o homem, que ainda estava paralisado, encolhido contra o muro de pedras, do lado de dentro da cerca. Dookie queria era me pegar.

– Saia daí! – gritei para o homem, enquanto o Dookie tentava morder meu pescoço para me decapitar. – Pelo amor de Deus, cara, pega o chicote, pega a peia de corrente, pega o aguilhão elétrico! – Eu berrava como uma maníaca, enquanto o Dookie estava me segurando, me prendendo ao lado do portão com o pescoço curvado, tentando me achatar para transformar-me numa réplica de papelão. Ele estava encostado na cerca agora, tentando derrubá-la para poder me alcançar. Era inacreditável. Só podia ser um pesadelo do qual eu acordaria berrando a qualquer momento. O meu Dookie estava parecendo o próprio Médico e o Monstro, um assassino, um camelo muito muito, mas muito doido mesmo. O homem então, chocado, acordou e finalmente fez alguma coisa. Trouxe todos os seus instrumentos de tortura. Um aguilhão de gado elétrico causa um choque de milhares de volts, e eu o apertei contra os lábios agressivos do Dookie enquanto acertava a parte de trás do pescoço dele com a peia de corrente, com tanta força quanto podia. Eu mal conseguia escutar meus próprios gemidos no meio de toda aquela mixórdia. O Dookie, mesmo, não sentia nada. Era como um moinho cheio de dentes. Afastei-me do portão um segundo, e aí tudo ficou claro como água. Corri para pegar umas cordas, uma tábua e uma barra de ferro de seis quilos. Mais ou menos a uma distância de um metro e meio do outro lado da cerca, ao lado do Dookie, ficava um eucalipto. Andei pelo meu lado da cerca até me alinhar com a árvore. O Dookie me seguiu, urrando, bufando e se debatendo. Abaixei-me até a altura das pernas dianteiras dele, joguei a corda de modo que ela passasse pela peia, pulei a cerca e, como um relâmpago, mas um relâmpago super-rápido mesmo, puxei a corda e a enrolei no tronco da árvore, puxando com toda a minha força. Eu o havia amarrado à árvore pelas pernas e fiquei torcendo para ele não se soltar. Depois comecei a bater na parte de trás do pescoço daquela criatura com a tábua até ela se partir, e aí passei a bater nele com a barra de ferro. Ele caía, semiconsciente, depois voltava a atacar. Eu estava possuída da força sobre-humana que a gente só adquire quando está em pânico extremo, com a adrenalina sendo bombeada na corrente sanguínea a mil, lutando pela própria sobrevivência. De repente, o Dookie se sentou, com estrondo, sacudiu a cabeça várias vezes, e continuou sentado, rangendo silenciosamente os dentes.

Esperei um momento, com a barra erguida.

– Você está bem, Dookie? – murmurei. Depois me aproximei da sua cabeça. Nenhuma reação. – Dookie, agora vou passar esta corda pelo seu nariz, mas se você tentar me morder de novo, juro que te mato. – Dookie me olhou, com aqueles seus olhos adornados por longos cílios graciosos. Passei a corda pelo buraco da narina dele, pedi-lhe para se erguer, curvei-me e desamarrei a corda, tirei a peia dele e o levei de volta para o pátio onde ele costumava ficar. Ele veio dócil como um cordeirinho, mancando ligeiramente.

Voltei até onde estava o homem.

– Pois é, né, ah, ah, ah, os machos são assim mesmo – disse eu, tentando obrigar a cor a voltar às minhas faces. Estava banhada em suor e tremendo feito uma folha na ventania. O sujeito ainda estava de queixo caído, pasmado. Nós entramos apoiados um no outro e tomamos uma boa dose de conhaque.

– Os... hã... os machos sempre se comportam dessa maneira? – indagou ele.

– Ah, porra, claaaaro, se comportam assim, o tempo todo – respondi, começando a ver uma luz no fim do túnel. – Rapaz, os machos atacam assim toda hora. – Eu tinha conseguido convencê-lo, já sabia o que ia acontecer. Estava sem poder quase me conter, de tanta felicidade. Tentei fazer uma cara de quem está sentindo uma preocupação fraternal. – É, você precisa proteger seus filhos, mantê-los longe desses machos, com certeza.

Às nove horas eu já estava correndo pelo leito seco do rio para casa, gritando, dando urros, pulando e rindo histericamente. Ele tinha me vendido os dois machos por 700 dólares, uma quantia que eu não tinha, mas ia pedir emprestada. Eu não teria escolhido aqueles dois, mas não estava em condições de olhar os dentes de camelo dado. Dookie, o rei dos reis, e o Bub, aquele incorrigível brincalhão, eram meus. Eu tinha conseguido meus três camelos.

* * *

Essa milagrosa reviravolta descortinou para mim um panorama totalmente novo de tribulações. Para começar, por mais longe que eu levasse o Dookie no campo aberto, com a peia, ele fazia uma força enorme para voltar à fazenda e aterrorizar todos por lá. Ele era inofensivo quando peado com entravões, e os donos da fazenda não podiam me processar, nem nada, mas eu sabia que eles estavam se sentindo ameaçados e me senti mal por eles. Eu amarrava o meu camelo durante o dia e o deixava sair à noite para pastar com Bub e Zelly, a quilômetros de distância, na serra, mas com os pés presos por correntes; às seis da manhã eu tentava chegar até ele antes de seus donos anteriores. O homem se recusava a ouvir a voz da razão. Eu o peguei duas vezes perseguindo o Dookie à toda de carro, amedrontando o animal e deixando-o mais agressivo do que antes, possivelmente também danificando-lhe as pernas peiadas a ponto de não ter cura. Um dia o homem caiu em cima de mim, furioso.

– Você fica aí só flanando, sem fazer nada, enquanto eu preciso ganhar dinheiro às custas dessas porcarias desses animais – disse ele. – Estou lhe avisando, se esse macho se aproximar da minha fazenda de novo, eu o mato.

Isso me deixou fula da vida porque, afinal de contas, eu tinha ensinado àquele idiota tudo que ele sabia, e se ele tivesse me respeitado, estaria disposta a lhe ensinar um pouco mais. Ele certamente não tinha saído perdendo no nosso trato.

– E se alguma coisa acontecer com o meu Dookie, meu amigo, você vai acordar um dia e descobrir que todos os seus camelos sumiram. Que eles foram tirar umas férias no deserto. – Retrucar com outra ameaça quando alguém me ameaçava era uma coisa que eu fazia muito bem agora, muito embora secretamente, e sentindo uma ponta de culpa, eu achasse que ele estava certo.

Essa mentalidade de fazendeira beligerante tinha se desenvolvido ao longo dos meses, agora anos, até que passou a orientar minha atitude para com o mundo ao meu redor. Eu era uma feminista daquelas dominadoras, um produto da fronteira. E havia razões muito boas para isso.

Fullarton tinha feito uma visitinha a mim para sugerir que a cidade não era grande o suficiente para dois cameleiros, caso eu estivesse decidindo começar esse tipo de empresa.

Certa ocasião, algumas pessoas da cidade vieram dar uma olhada na minha casa na esperança de comprá-la antes que o Conselho das Terras Aborígenes pudesse apossar-se dela para os negros. Eles passaram direto pelo meu quarto, como se eu não existisse, sem nem mesmo me cumprimentar nem pedir permissão. Fiquei furiosa e lhes disse para saírem da minha casa, e da próxima vez que viessem terem a civilidade de pedir permissão antes de visitá-la e tirar fotos. Eles se invocaram e gritaram que iam solicitar ao departamento de vigilância sanitária que me expulsasse de lá.

Ocasionalmente, eu também precisava aturar visitas fortuitas da polícia. "Só viemos ver como você está", diziam eles, enquanto se punham à vontade e davam buscas nos aposentos, procurando sei lá o quê. Coquetéis molotov? Heroína? Sei lá. Uns dois deles até ameaçaram me impedir de fazer a viagem. "Você não tem chance alguma, sabia? Até homens morreram no deserto, por que você contaria com os peões de fazenda e conosco para salvá-la?"

A essa altura do campeonato a Julie, uma amiga minha, estava morando comigo. Nós tínhamos começado a lavar vidraças na cidade para ganhar dinheiro e íamos para o trabalho de bicicleta, com esfregões, rodinhos e recipientes com álcool. Jenny depois se uniu a nós. Agora que o Kurt já havia desaparecido eu não precisava me preocupar com a segurança das minhas amigas, e estava começando a entender que ficar sozinha às vezes era horrivelmente tedioso e que eu precisava de gente – ou melhor, *queria* estar rodeada de gente.

A vida estava mudando para mim. Estava sendo amaciada e mudando de perspectiva graças aos meus amigos; aliás, as coisas agora andavam tão confortáveis que eu já havia quase me esquecido da viagem. Antes eu vivia como uma selvagem pobre na casa de Basso. Comia arroz integral, que sempre detestei, e legumes de minha miserável hortinha, e aí, à noite, depois do trabalho, a Diggity, o Blue e eu atacávamos os restos de carne fria que os cozinheiros do restaurante me davam, disputando os pedaços melhores. Mas agora que meus amigos estavam presentes, havia um motivo para ser mais civilizada, mais acessível, mais agradável. Jen era uma excelente jardineira, o Toly tinha um jeito incrível para consertar tudo e Julie era uma cozinheira fantástica. Vivíamos quase como reis. Eles adoravam a casa de Basso tanto quanto eu, e cada uma deles lhe acrescentava uma dimensão que a tornava mais parecida com um lar. A princípio foi ligeiramente difícil para mim aceitar isso. Quando se está acostumado a ser a rainha, é duro aceitar que a democracia substitua a monarquia.

Percebi como era profunda a minha resistência à mudança quando estávamos sentados tomando chá uma tarde no quintal dos fundos, perto da horta. Alguns *hippies* itinerantes chegaram. Eles haviam ouvido falar neste lugar ao sul da cidade e tinham vindo passar uns dias aqui. Eu imediatamente me indignei. Disse-lhes que não podiam ficar. E depois que eles se foram, voltei-me para os outros e comentei: "Como eles se atrevem a presumir que podem ir invadindo assim a propriedade particular de alguém para ficar por uns tempos, sem pedir licença, bando de maconheiros chatos, insípidos, tocadores de flauta doce, leitores de *Fernão Capelo Gaivota*, comedores de sanduíche e arroz integral. Mas que coisa!"

Jenny e Toly me olharam de soslaio, com as sobrancelhas ligeiramente erguidas, e nada disseram. Mas as aparências às vezes falam mais alto que as palavras, e eu pude ver que eles talvez estivessem pensando algo tipo "Mas que solteirona mais amarga, intolerante, hipócrita você virou, você se transformou naquilo que mais detesta."

Portanto, refleti sobre esse lance algum tempo. Tentei descobrir a raiz dessa maldade em mim, fora as coisas óbvias, como precisar lutar, pelo menos em Alice Springs, usando fogo contra fogo. Eu vivia cercada por gente que, por algum motivo, considerava minha presença uma ameaça. E se não tivesse sido capaz de responder à altura às suas agressões, estaria de volta à costa leste com o rabo entre as pernas. Para muita gente do Outback australiano, o efeito de quase total isolamento combinado com a batalha geral contra a terra é tão grande que, quando chega a hora de receber o prêmio, essas pessoas sentem a necessidade de construir uma fortaleza psicológica em torno do conhecimento e das propriedades que eles suaram para obter. Esse individualismo ferozmente independente era algo semelhante ao que eu sentia agora, uma rigidez, uma incapacidade para incorporar gente nova que não tinha compartilhado das mesmas experiências. Compreendi uma faceta de Alice Springs e, naquele momento, a aceitei.

Ao longo das semanas, após Gladdy ter partido, o Blue havia conseguido se imiscuir não só no meu coração, mas também no da Diggity. Ele era muito charmosinho, o tipo de cachorro do qual até os cachorros gostam. Suas preocupações precípuas eram comer e dormir; e, depois, em ordem de preferência, vinham a perseguição a cadelas no cio e a luta contra os machos do acampamento. A princípio, tanto Dig quanto eu mandamos ele dormir lá fora, mas gradativamente cedemos, até que Blue estava roncando, coçando-se e se aconchegando conosco na nossa cama, nas noites geladas do deserto. Ele sabia muito bem o que era a vida. Sabia o que era importante e o que não era. Aquela sua necessidade de lutar parou de repente, um dia, quando ele quase foi morto por um bando de cães furiosos do acampamento. Ele passou uma semana lambendo suas feridas, depois, com a sabedoria admirável de um cão que viveu muito e passou por muita coisa, se aposentou, assumindo sua velhice respeitável e graciosamente.

Despertei certa manhã bem cedo e o encontrei moribundo, na varanda dos fundos. Tinha se envenenado com estricnina. Quando consegui me acalmar, ele já havia morrido. Chorei enquanto o enterrava. O meu querido e velho Blue não merecia um fim assim tão cruel. Comecei a pensar, acima de tudo, em duas coisas: quem seria o safado que teria feito uma coisa daquelas, e que, graças a Deus, não havia sido a Diggity. Depois descobri que era muito comum os cachorros se envenenarem assim em Alice Springs. Algum desconhecido já andava fazendo aquilo fazia vinte anos, e a polícia ainda não tinha pistas. Se eu já não morasse há tanto tempo ali, provavelmente teria me surpreendido muito. Mas como eu já sabia como eram as coisas, suspirei e pensei: claro, o que mais se poderia esperar de um fim de mundo daqueles?

Era outra vez meados do verão, o final do ano, e meu quarto na Basso, que no inverno tinha sido geladíssimo, agora estava um verdadeiro forno. Eram, na realidade, uma série de aposentos semelhantes a grutas, todos de pedra, com janelas e portas com arcos, palha espalhada sobre o chão de cimento e praticamente sem mobília. Era o refúgio das maiores baratas que eu já tinha combatido na vida. Eram intrépidas e se empinavam quando eu as enfrentava. Elas me enganavam. Quando eu entrava à noite, com a minha vela em punho, elas corriam, voltando para seus diversos buracos com um ruído que me dava arrepios e embrulhava o estômago. Elas são a única criatura, além das sanguessugas, que simplesmente não consigo suportar. Eu espalhava quantidades enormes de inseticida, algo que não faria normalmente, mas elas adoravam aquele pó. Comiam-no, nhac, nhac, no café da manhã, no almoço e no chá, e continuavam a crescer como monstros mutantes.

E, além disso, havia as cobras. A casa de Basso abrigava essas criaturas peculiares, que se acasalavam, tinham crias e morriam ali, recusando-se a ser removidas pelos seres humanos. Embora fossem fatais, elas não me incomodavam tanto quanto as baratas; eu até gostava delas, de uma forma respeitosa e distante, agindo sempre baseada na crença de que se a gente as deixasse em paz, elas também nos deixariam em paz. Só que a Diggity as detestava profundamente. Eu me preocupava com a minha cadela, porque ela perseguia as cobras e tentava mordê-las, e embora fosse muito boa nisso, bastaria uma picada para matá-la. Certa noite eu estava suando na minha caverninha, lendo um livro à luz de uma vela, quando a Diggity começou a soltar seu rosnado de cobra, um sinal comportamental quase inconfundível. De baixo da minha cama saiu uma cobrinha marrom ocidental[1] rumo ao mundo lá fora para cuidar de sua vida. Ela não me deu muita bola, nem eu a ela, de modo que logo apaguei minha vela e fui dormir. Mas em algum ponto da noite, Diggity me acordou uma vez mais, rígida a meu lado, os pelos do pescoço eriçados como os de um javali e mostrando os dentes, a grunhir. Aos pés da cama, em cima do meu lençol, havia outra cobra, cochilando. Dig a espantou. Comecei a sentir a pele arrepiar-se toda, e fiquei morrendo de medo de pisar em uma cobra enquanto me levantava para bloquear a porta. Levei algumas horas para voltar a adormecer. Despertei mais ou menos às dez, e então vi a Diggity a ponto de pular em cima de uma serpente imensa que estava entrando, a deslizar, embaixo da minha cama. Três em uma só noite era simplesmente demais. Tapei todos os possíveis buracos que pudessem permitir a entrada de cobras nas minhas paredes, mas passei várias semanas sem conseguir dormir direito.

Continua-se a aprender coisas na vida, as quais mais tarde serão esquecidas. E eu já deveria saber, àquela altura, que o orgulho sempre vem antes da queda. Eu estava começando a me sentir meio atrevida demais. Estava começando a sentir que estava por cima da carne seca, toda convencida, me tornando complacente. A vida era boa e abundante. Nada mais poderia dar errado, as estatísticas não indicavam isso. Eu havia sofrido várias contrariedades. Mas agora meus amigos me rodeavam. Eu não corria perigo. Depois de tudo que eu havia passado, o desconforto de não ser capaz de sair da casa de Basso nem mesmo um dia, parecia apenas um preço barato a pagar. Toly estava passando

---

[1] *Pseudonaja nuchalis*, menos venenosa que a marrom oriental, mas também muito perigosa. (N.T.)

a maioria dos seus fins de semana em nossa companhia, e todas nós o adorávamos. Ele trabalhava como professor em Utopia, uma fazenda de gado pertencente aos aborígenes, a mais de 240 quilômetros ao norte. E se ele levava a Jen para passar uns dias fora de vez em quando, e se eu nunca podia ir com eles porque precisava cuidar dos meus camelos, eu tentava ao máximo não ficar ressentida. Eles deixavam buracos enormes quando se ausentavam. Literalmente, centenas de vezes nós planejamos formas de eu poder ir a Utopia, mas sempre aparecia uma coisinha de última hora que me impedia de ir.

Uma das coisinhas que costumava acontecer era que eu talvez precisasse passar o dia inteiro procurando meus camelos. As pegadas deles se misturavam, umas com as outras, e era difícil separar as de ontem das de hoje. Havia seis ou sete direções nas quais eles iam para pastar, a maioria delas áreas rochosas, onde não era fácil seguir-lhes os rastros. Eles se retiravam para vales ocultos ou matagais densos onde eu não podia vê-los, pois se misturavam maravilhosamente bem com os tons cáqui e vermelho da paisagem. Levavam campainhas penduradas nos pescoços, mas aposto que, para não serem detectados, ficavam com os pescoços perfeitamente imóveis, duros, quando me farejavam no vento. Quando eles me viam, é claro, vinham ao meu encontro tipo "Oi, amiga, como vai? Blim blão." E também, "Por que levou tanto tempo pra vir?" e "Que bom te ver, Rob, que guloseimas tem nos bolsos?" Cheguei ao ponto de, em vez de conduzi-los para casa, simplesmente lhes remover as peias e ficar olhando-os galoparem e corcovearem até chegarem em casa, ou então eu montava em alguma corcova e pegava carona. Dookie tinha perdido todo aquele jeito bobo e machista dele por causa do calor, e os três formavam agora uma equipe inseparável. Zelly estava engordando exatamente como devia, e seu úbere estava crescendo bastante. A gestação dos camelos dura 12 meses, mas eu não fazia ideia de quando o camelinho iria nascer. Eles mantinham um relacionamento muito bem definido entre si. Zeleika era a líder, malandra, criativa, impassível, controlada. Ela era mais sabida do que os outros dois juntos em matéria de sobrevivência no sertão. Era a primeira-ministra, ao passo que Dookie era o rei titular, mas se algo inconveniente acontecesse com ele, ele era o primeiro a se esconder atrás das saias da fêmea. E Bub era apaixonado por Dookie. Dookie era o seu herói, de modo que ele era valente pra burro contanto que o traseiro do Dookie estivesse diante do seu nariz. Ele não tinha nenhum desejo de ser líder, nem capacidade para isso. Se Dookie fosse o Gordo, Bub seria certamente o seu Magro.

Foi numa dessas manhãs, depois de eu os procurar, seguindo-lhes as pistas pelo leito do rio, que aconteceu uma coisa que me fez crer que o mundo havia parado. Encontrei o Bub deitado de lado no chão. Achei que ele estivesse tomando sol, portanto me sentei ao lado da cabeça dele e disse: "*Arra* (vamos), seu preguiçoso, é hora de voltar para casa." E aí pus um doce na boca dele. (Eles gostavam de balinhas tipo delicado e longos bastões de alcaçuz.) Em vez de pular para ver que outras guloseimas eu tinha trazido comigo, ele continuou ali deitado, mascando a balinha, meio desanimado, e foi aí que percebi que havia algo terrivelmente errado. Quando o fiz levantar-se, vi que ele estava se apoiando em apenas três patas. Erguendo a quarta pata, verifiquei que a sola macia dela apresentava uma ferida, com um caco de vidro espetado nela. Kurt tinha precisado sacrificar um de seus animais com um tiro por causa de um ferimento exatamente igual àquele. Aquelas solas de patas dos camelos tinham sido feitas para andar em areia macia, não para pisar em objetos cortantes, e eram a parte mais vulnerável do animal. Dentro da almofada há uma espécie de bexiga mole e elástica; portanto, quando se aplica pressão no pé, qualquer buraco que houver na sola se alarga. É impossível manter os camelos caminhando com três pernas apenas, porque eles precisam dessa pressão para a circulação. O caco havia penetrado direto através da sola do pé e perfurado a parte superior revestida de pelos. Assim, logo de cara, pensei que ele já era. Sentei-me ali mesmo e chorei naquela margem de rio durante uma boa meia hora. Fiquei berrando, berrando sem parar. Os camelos são animais tão resistentes, pensava eu, aquilo era pura e simplesmente uma fatalidade supercruel. Certamente alguém lá em cima estava contra mim. Sacudi meu punho cerrado para o céu e continuei a chorar mais um pouco. Diggity lambeu meu rosto e Zelly e Dook se abaixaram para me dar condolências. Eu tinha apoiado a cabeçorra feia do Bub no meu colo. Ele continuou a comer os delicados, aproveitando aquela atenção e representando admiravelmente o papel de Dama das Camélias. Tratei de me recompor, removi o caco do pé dele com tanto cuidado quanto possível, e o levei devagarinho para casa. Os veterinários que eu conhecia não estavam na cidade, segundo descobri quando fui de bicicleta até a clínica; no seu lugar havia um rapazinho inexperiente. Ele veio à casa de Basso dar uma olhada em Bubby e, de uma distância de mais de um metro do camelo, declarou: "Hum, é sim, ele cortou a pata." E me deu umas injeções contra tétano para aplicar no Bub. Isto não ajudou muito. Eu tinha conhecido duas mulheres no restaurante, Kippy e Cherie, que se dedicavam a cuidar de animais em estado terminal e administravam uma clínica veterinária em Perth. Fui de bicicleta para o trabalho naquela noite e lhes contei o sucedido. Elas vieram até a minha casa no dia seguinte, o último que passariam na cidade, lancetaram a ferida de cima da pata para drená-la e receitaram água quente com permanganato de potássio. O pé precisava ser imerso em um balde contendo essa solução, sendo que eu devia massagear a ferida, limpando-a completamente. Aquelas mulheres maravilhosas restabeleceram minha esperança.

Toly e Jenny então construíram para mim um cercado enorme para camelos nos fundos da casa, com velhas estacas, arame reaproveitado e alambrado, e vários outros materiais diversos que catamos aqui e ali. O cercado ficou excelente. Eu mantinha o Bubby confinado ali, tratando sua pata três vezes por dia e rezando. O tratamento havia sido modificado com a ajuda do veterinário da cidade; agora eu inseria um conta-gotas pediátrico na parte de cima do ferimento e injetava nele um antisséptico fortíssimo. Passei algumas semanas fazendo isso, sem jamais saber se a pata estava se curando ou se lá dentro a carne estava só apodrecendo e criando mofo. Alguns dias, eu sentia esperança; noutros, eu caía na fossa de novo, choramingando que queria que Jenny, Toly, Julie ou o veterinário viessem me reanimar. Nem eu nem Bub gostávamos dessas sessões de tratamento. "Fica parado aí, seu sacaninha, senão vou cortar essa pata fora de vez." Ele aos poucos começou a melhorar. Logo a pata me pareceu curada o suficiente para que eu o deixasse sair para pastar com os outros, que andavam cercando a casa como se fossem fantasmas, metendo os pescoços compridos pela janela da cozinha, ou parados, na expectativa, os olhos arregalando-se, cobiçosos, cada vez que nos sentávamos no jardim para tomar chá. Meus amigos estavam se apaixonando por eles tanto quanto eu, embora eles me acusassem, injustamente, de estar projetando características humanas nos camelos. Nós ríamos deles durante horas. Era melhor assistir às peripécias deles do que a um filme dos irmãos Marx.

E aí, num dia de sol, aconteceu aquilo. Eles desapareceram. Sumiram como num passe de mágica. Puf. Nenhum camelo, nenhum adorável animal sem defeitos. Eles tinham me desertado, os ingratos, tratantes, volúveis, traidores e mentirosos duas caras – simplesmente deram no pé. Foram para a serra, tão rápido quanto suas pernas peadas os podiam levar. Era comum eles se distanciarem um pouco, mas desta vez a coisa foi grave. Talvez eles tivessem se entediado e estivessem em busca de aventura. Mas desconfiei que a Zeleika era a culpada. Ela tinha resolvido voltar para casa, porque já estava farta de tudo, e havia liderado os outros rumo à sua cáfila, onde não havia selas nem trabalho. Ela não era fácil de enganar, e não aceitava suborno sob forma de balinhas e afagos como os outros. Não era tão mimada quanto eles. E não havia se esquecido, nem por um minuto, do doce sabor da liberdade.

Saí, como sempre, naquela manhã com a Dig, para achar os camelos, seguindo suas pegadas. Levei uma hora para encontrá-las, e quando as achei, vi que elas estavam rumando quase para o leste, penetrando em terreno montanhoso e agreste. Continuei andando mais uns dois ou três quilômetros, achando que eles deviam estar logo ali na esquina e imaginando escutar campainhas tilintando perto de mim. Há um pequeno pássaro de bico semelhante a uma cunha naquela área que soa exatamente como uma campainha de camelo[2], e que costuma me enganar. Estava ficando muito quente; portanto, tirei a camisa, coloquei-a sob um arbusto e mandei a Dig esperar ali por mim até eu voltar, o que pensei que fosse levar só mais ou menos meia hora no máximo. Ela já estava ofegante e sedenta. Detestava ficar para trás, mas era para o seu bem e ela me obedeceu. Eu agora estava em uma região desabitada e inóspita, onde não havia nada nem ninguém, por incontáveis quilômetros. Ia vagamente imaginando o que poderia ter induzido os camelos a se distanciarem tanto assim, tão rapidamente. Mas não estava preocupada. Sabia muito bem que eu já estava quase alcançando os três, pois os excrementos deles ainda estavam úmidos. Dava para ver, pelas pegadas, que um deles tinha rompido uma tira de couro e estava arrastando uma corrente. E continuei caminhando. Caminhando. Caminhando. Atravessei o rio Todd e imergi meu corpo ardendo em brasa numa piscina fria, bebendo o máximo de água que pude. Molhei as calças e as amarrei na minha cabeça. E continuei andando. Agora ia mais devagar, pois o terreno era bastante pedregoso. E durante aquele tempo todo ia pensando: "O que houve, afinal de contas? Será que alguém estava perseguindo os três? O que pode ter acontecido, meu Deus?" Andei quase cinquenta quilômetros naquele dia, iludida pela ideia de que iria levar só mais um minuto para encontrá-los, mas não ouvia nada a não ser campainhas fantasmas tilintando dentro da minha própria cabeça, e nada dos camelos. Voltei tarde da noite,

---

[2] *Psophodes occidentalis*, ou "bico-de-cunha", que em português europeu também se chama "pássaro-chicote". (N.T.)

encontrando a coitada da Diggity quase morta de medo, ainda sob o arbusto, com a língua rosada seca feito papel, e vi uma fileira de pegadas de cachorro estendendo-se cem metros na direção da casa e cem metros na minha direção. Mas mesmo assim ela havia ficado, criatura fiel que era, apesar do que deve ter sido uma ansiedade insuportável e uma sede igualmente intolerável. Ela ficou tão aliviada ao me ver que quase virou do avesso.

No dia seguinte, saí melhor preparada. Cheguei ao ponto onde havia chegado no dia anterior, rapidamente, pois ficava apenas a uns doze quilômetros e meio pela rota mais curta, e descobri que as pegadas desapareciam uns dois ou três quilômetros depois, ao começar um terreno íngreme e pedregoso. Fui para casa e telefonei para todos os fazendeiros que havia naquela direção. Não, eles não tinham visto nenhum camelo; se vissem esses animais nas suas terras, costumavam atirar neles. Mas iam ficar de olho, caso os meus camelos passassem pela fazenda.

Então encontrei umas pessoas generosas na cidade que tinham um aviãozinho e que me ofereceram o aparelho para que eu pudesse procurar os camelos do alto. Julie veio comigo. Eu achava que sabia vagamente onde os camelos deviam estar, mas depois me dei conta de que se eles podiam chegar lá num dia, poderiam ter ido sete vezes mais longe, em qualquer direção, na semana que havia transcorrido. Fiquei desanimada. Voamos num padrão de grelha, a uma altitude muito menor do que a permitida, durante mais ou menos uma hora. Nada.

– Ali estão eles – berrei, quase estrangulando o copiloto por trás.

– Não, esses são burros.

– Ah, tá...

E quando voltei a me sentar, fazendo força para enxergar algo pelas janelas do avião, algo subiu à tona dentro de mim, uma coisa que estava enterrada desde o momento em que eu havia decidido fazer a minha viagem, mais de dois anos antes. Eu não precisava concretizá-la. Perder os camelos era a desculpa perfeita. Eu poderia só fazer as malas dizendo; "Ah, o que se vai fazer, eu dei tudo que podia." E aí iria para casa, livre desta obsessão, desta compulsão. Eu nunca havia realmente pensado em fazê-la, naturalmente. Eu tinha me induzido a acreditar que iria viajar, mas ninguém seria louco o bastante para fazer uma coisa dessas. Era perigoso. Agora, até mesmo meus camelos estavam felizes, tudo poderia simplesmente terminar e pronto.

E foi aí que reconheci o processo pelo qual eu sempre havia tentado fazer coisas difíceis. Eu simplesmente não me permitia pensar nas consequências, só fechava os olhos, pulava e, antes mesmo de saber onde estava, via que era impossível voltar atrás. Eu era basicamente uma terrível covarde, sabia isso sobre mim mesma. A única forma possível de eu superar isto era me iludir seguindo aquele outro lado meu, que vivia sonhando e fantasiando, e que era terrivelmente preguiçoso e antipático. Só paixão, sem juízo, sem ordem, sem instinto de autopreservação. Era isto que eu havia feito, e agora aquele meu lado covarde havia descoberto uma ponte que ainda não tinha sido queimada para voltar ao passado. Como Renata Adler afirma em *Speedboat*:

> "Acho que quando a gente está mesmo empacada, quando já está parada no mesmo lugar durante tempo demais, a gente lança uma granada exatamente no ponto onde a gente está e pula, rezando. É o impulso do último recurso."

Sim, exatamente, só agora, depois de todo aquele tempo, eu havia descoberto que a granada não era de verdade e que eu poderia pular e cair exatamente no mesmo lugar onde estava antes, que era seguro. O mais penoso era que aqueles dois lados meus estavam agora lutando um contra o outro. Eu queria desesperadamente encontrar aqueles camelos e, ao mesmo tempo, queria desesperadamente jamais encontrá-los.

O piloto me fez voltar ao dilema presente.

– Bem, o que você quer fazer? Devemos desistir?

Eu teria respondido que sim, mas Julie nos convenceu a dar mais uma volta.

E, naquela volta final, nós os encontramos. Julie os viu, nós tomamos nota da posição em que estavam, e voltamos à pista de aterrissagem. E foi nesse ponto que todos os meus lados díspares se conciliaram e concordaram em fazer a viagem.

Embora parecesse relativamente fácil determinar a posição dos camelos de cima, uma vez no chão, cercada por uma imensidade de pequenos riachos, morros e aluviões que eu não tinha notado do avião, encontrar os animais se tornou bem mais difícil. Jenny e Toly vieram comigo. Fomos no velho Toyota cansado de guerra tão longe quanto nos foi possível naquele terreno pedregoso, depois partimos a pé com os cães, que imediatamente dispararam, atrás de lagartixas e lagartas. Esse desejo da Diggity de caçar tudo exceto os camelos era sempre motivo de desentendimentos entre nós. Eu andava tentando treiná-la para me ajudar a localizar os camelos, mas ela não estava nem um pouco interessada. Os animais nos quais ela era fissurada mesmo eram os cangurus e os coelhos, que ela perseguia durante horas sem fim, pulando sobre moitas de capim *spinifex*[1], a cabeça virando para um lado e para outro em pleno ar, como Nureyev. Ela ficava linda assim, fazendo isso, mas nunca chegou a capturar nada.

Eu havia decidido usar atalhos, através de tantos riachos secos e aluviões, na esperança de encontrar a trilha dos camelos mais facilmente. Escalamos um morro para ver se podíamos vê-los, mas não vimos nada a não ser os arbustos verde-oliva de acácia kempeana[2], e quilômetros de pedras vermelhas quebradas e poeira. Eu queria descer uma outra encosta do morro para encontrar outro leito de riacho, portanto descemos, tropeçando ao longo das curvas dos esporões, onde era mais fácil passar. O sol estava quase diretamente acima das nossas cabeças. Só que quando chegamos ao pé do morro e entramos nesse novo riacho que eu achava que nos levaria até as terras da baixada adiante,

---

[1] *Spinifex* é uma espécie de capim nativo da Austrália, do gênero *Triodia*, que cresce em regiões costeiras e também nas áridas. (N.T.)
[2] Das 1.300 espécies de acácia, uma árvore que também existe no Brasil, 960 são australianas. (N.T.)

algo muito peculiar aconteceu. Havia pegadas humanas recentes subindo o riacho na direção oposta. Todos paramos em choque. Durante um milésimo de segundo, pensei: "Quem é que poderia estar aqui onde judas perdeu as botas, andando por esse exato riacho, num dia de verão ao meio dia?" Então, percebendo que essas eram nossas próprias pegadas e que tínhamos voltado ao mesmo lugar, senti-me como quem leva uma porrada na nuca. Sentei-me no chão. Parecia que parafusos, fumaça e faíscas iriam sair dos meus ouvidos a qualquer momento. Onde ficavam o norte, o sul, o leste e o oeste? Onde eles tinham ido parar? Apenas segundos antes eu tinha certeza de que sabia onde eles ficavam. Atrás de mim, meus amigos, sem nem se esforçar muito para disfarçar, abafavam o riso, cutucando-se mutuamente.

Foi uma boa lição, talvez, mas que me deu calafrios até a medula. Comecei a me ver transformada em uma carcaça torrada, douradinha e crocante, caída em alguma vala no meio do deserto, ou voltando a Alice Springs após meses vagando pelo agreste, pensando que estava em Wiluna. Alguém tinha acabado de me dar um prospecto médico sobre os sintomas de morte por desidratação (um presente sensível, muito bem pensado, segundo pensei, e sempre bom de se ter à mão), e me pareceu que aquela era a maneira mais horrível de morrer, pior ainda que tortura física em masmorras medievais. Eu não queria morrer desidratada, nunca na minha vida. Percebia que havia confiado demais na minha habilidade de seguir pistas ou em Diggity para voltar para casa antes, em vez de praticar como guardar direções mentalmente. Eu definitivamente ia precisar aprender isso, além de muitos outros mecanismos de sobrevivência.

Quando finalmente encontramos os camelos, eles demonstraram culpa, vergonha e uma vontade imensa de voltar para casa. Tinham perdido a maior parte das correias de suas peias, duas campainhas e passado dois ou três dias acompanhando uma cerca que eles descobriram que estava entre eles e a direção onde ficava a casa de Basso. Os camelos gostam de ficar em casa. Quando se acostumam em um lugar ou área, pode-se ter 99% de certeza de que eles sempre vão tentar voltar a ela. Dookie e Bub obviamente haviam resolvido abandonar a Zelly, a qual não iria continuar sozinha. Eles ficaram me cercando como moscas, encabulados, olhando envergonhados para o chão, ou timidamente atrás de seus cílios longos e elegantes, agindo como se estivessem se desculpando, cheios de remorso. Em seguida, montei nas costas de um deles e os levei de volta. A pata do Bub estava quase completamente curada.

Agora que a viagem ia se concretizar, que eu sabia que ela ia mesmo acontecer, fiquei horrorizada diante do trabalhão que os preparativos iriam me dar. E não fazia a menor ideia de como conseguir o dinheiro para comprar equipamentos e tudo o mais. Os camelos tomavam tanto o meu tempo que era impossível encontrar um horário no qual eu pudesse ter um outro emprego na cidade. Eu poderia pedir dinheiro emprestado à minha família ou aos meus amigos, mas decidi não fazer isso. Eu sempre tinha sido pobre, sempre havia me sustentado com muito pouco, e se eu pedisse dinheiro emprestado poderia levar anos para pagar o empréstimo. Além do mais, eu detestava ter dívidas e parecia injusto pedir aos meus parentes para doar dinheiro para um projeto que, segundo eu sabia, já estava deixando minha família de cabelos brancos. E, além do mais, queria fazer tudo sozinha, sem interferência de terceiros nem ajuda. Queria que fosse um gesto de pura independência.

Enquanto eu estava sentada na casa da Basso, me preocupando com tudo isso e roendo as unhas até quase o cotovelo, um rapaz, um fotógrafo, chegou com um amigo meu. Ele tirou algumas fotos nossas e dos camelos, mas, para um evento que teria consequências tão enormes depois, aquele encontro marcou tão pouco que eu já havia me esquecido dele no dia seguinte.

Mas o Rick voltou, desta vez para jantar, com um grupo de pessoas da cidade. E uma vez mais eu estava tão preocupada com outras coisas que me lembro apenas de alguns detalhes. Ele era um rapaz muito simpático, parecido com o Jimmy Olsen[3], um desses fotojornalistas amorais e imaturos que vivem viajando de um lugar complicado para o outro do planeta sem nunca ter tempo para ver onde estão ou se deixar influenciar pelos costumes locais. Ele tinha as mãos mais bonitas que eu já havia visto, dedos longos que se afinavam nas pontas, e que seguravam as câmeras como se fossem patas de sapo; e me lembro vagamente de algumas discussões tépidas sobre a moralidade e a justificativa de se tirarem fotos manjadas de aborígenes no leito seco do riacho para a revista *Time* quando não se sabia absolutamente nada sobre eles, e não se queria saber. Ah, e claro, eu me lembro que ele ficava me olhando muito, fixamente, como se eu fosse meio perturbada. Só me lembro dessas coisinhas e de nada mais.

Ele também me convenceu a escrever uma carta para a *National Geographic*, pedindo-lhes patrocínio para a viagem. Eu havia tentado isso, anos antes, mas

---

[3] Fotojornalista que trabalhava no mesmo jornal de Clark Kent, o Super-Homem. (N.T.)

só recebi uma recusa educada. Porém, quando os meus convidados saíram, naquela noite, escrevi o que, já meio tocada por causa da bebida, considerei uma carta brilhante; depois, esqueci o assunto.

Antes de ir para Alice Springs, eu nunca havia pegado num martelo, nunca tinha trocado uma lâmpada, costurado um vestido, emendado uma meia, trocado um pneu nem usado uma chave de fenda. Eu nunca, em toda a minha vida, havia feito nada que exigisse destreza manual, paciência, nem um senso de planejamento funcional. E no entanto aqui estava eu, tendo que resolver o problema de desenhar e confeccionar um jogo completo de embornais para carregar minha bagagem, sem mencionar as selas. Eu logo iria descobrir que o método conhecido como tentativa e erro era uma forma totalmente errada de aprender como fazer algo. Não podia me dar ao luxo de desperdiçar materiais nem de perder aquele tempo e a minha sanidade mental. Eu ainda não tinha nem um tostão no bolso, ainda estava economizando tudo que podia para comprar artigos de primeira necessidade, de modo que até um rebite arruinado doía onde era pior: no meu bolso. Tive que soldar uma armação para a sela da Zeleika que coubesse nela, depois fazer três calços de couro cheios de palha de cevada e prendê-los à armação. Precisava de barrigueiras, peitorais, rabichos e várias barras e ganchos adicionais nos quais pendurar minha bagagem. As outras duas selas precisavam ser redesenhadas, e, além de tudo isso, eu ainda precisava providenciar seis embornais de lona, quatro de couro, cantis para água, colchonetes, coberturas especialmente criadas para a bagagem que pudessem se prender a tudo, porta-mapas e mais coisas ainda em que pensar. Aquela imensa quantidade de apetrechos me deixou desesperada e desorientada. Felizmente Toly me salvou. Ele tinha um dom natural para fazer as coisas funcionarem. Como eu invejava aquela inteligência dele! Eu passava horas e horas sentada ao ar livre, manuseando pedaços de lona, redes, couro e rebites de cobre e plástico, entre outras coisas, resmungando e muitas vezes gritando de frustração e jogando as coisas para todos os lados, numa fúria cega, por constatar minha incompetência e a minha impaciência. Toly me disse um dia, após um desses meus ataques que terminou em choro de menina mimada, molhando o ombro da camisa dele: "Rob, o segredo dessa arte é que você precisa aprender a amar os rebites."

De todas as coisas que eu tive de fazer antes e depois dessa viagem, essa lição de fazer e consertar coisas foi a mais torturante. Foi um processo vagaroso e agonizante, mas gradativamente as névoas da ignorância e da falta de jeito se dissiparam. Comecei a ver as máquinas sem perder instantaneamente o interesse e a aprender como funcionavam. Esse mundo desconhecido da maquinaria para as mulheres, das ferramentas e similares, começou a fazer sentido para mim. Fazer aquilo continuou sendo demorado, chato e detalhado, e me causando úlceras, mas não era mais completamente incompreensível. Agradeço ao Toly por isso. Se eu nunca aprendi a amar os rebites, pelo menos aprendi a tolerá-los.

As muitas e várias pressões sobre mim estavam começando a se manifestar sob forma de momentos de irritabilidade excessiva, desespero, reclamação e aflição. Jen e Toly achavam que eu talvez fosse ter uma crise se não saísse um pouco, e terminaram me convencendo a tirar uma semana de férias. Levaram uns dias para me mostrar que isto era possível, e que os camelos não necessariamente morreriam só porque eu não estava presente para cuidar deles. Pusemos a Zeleika no cercado; Jen e Toly sairiam todos os dias enquanto eu estava fora para pegar ração para ela, e assim me tranquilizaram, fazendo-me crer que eu não tinha nada com que me preocupar. Mas não é que, depois de eu ter passado todo aquele tempo com eles sem nem mesmo tirar um dia de folga, a Zeleika resolveu dar à luz exatamente na minha semana de férias? Ao receber o telegrama, voltei imediatamente para Alice, como se estivesse sendo perseguida por um enxame de vespas, e lá encontrei um camelinho fofíssimo, muito bonitinho, preto, magricela e de pernas finas, adorável, seguindo meio cambaleante a sua mãe, que teimosamente se recusava a deixar qualquer pessoa chegar perto dele. Levei um dia ou dois convencendo a Zelly de que eu não iria causar mal a seu primogênito; demorei um pouco mais para convencer o Golias. Ele tinha a inteligência da sua mãe e a beleza do pai, e havia nascido com uma personalidade bem difícil: atrevido, metido, egocêntrico, exigente, petulante, arrogante, mimado e encantador. Ele terminou me aceitando o suficiente para que eu puder colocar na sua cabeça, permanentemente, o cabresto que a Jen tinha feito para ele. E daquele dia em diante comecei a pegar nas suas pernas, fazer-lhe cócegas no corpo inteiro, colocar retalhos de pano nas suas costas e amarrá-lo, durante apenas dez minutos de cada vez, a uma árvore no quintal. Deixava a Zelly ir pastar e mantinha o camelinho em casa; era uma decisão perfeita para todos a não ser o Golias, que berrava a plenos pulmões até a mãe voltar para alimentá-lo.

Tudo parecia estar se resolvendo num ritmo incrivelmente rápido, embora errático. Os dois machos precisaram ser castrados porque eu ia viajar no inverno, e não estava nem um pouco a fim de aturar outro ataque de loucura nem do Dookie nem do Bub. Eu havia decidido partir em março, no início do outono. Como parecia que o Conselho de Demarcação de Terras iria terminar encampando a casa de Basso, e como Jenny e Toly precisavam voltar para Utopia, nós planejamos uma viagem experimental até lá com os camelos e a carga em janeiro, que já seria o mês seguinte. Sallay castrou os machos para mim. Fez isso sem anestesia, algo que me deixou tremendo e torcendo as mãos de tanta pena que fiquei dos camelos, pela dor que sentiram. Eles foram amarrados com cordas, como frangos depenados, e depois rolados para cima, de pernas para o ar, e aí foi só um corte, outro corte, um urro, outro urro, e a operação cruel terminou. Duas semanas depois ficou evidente que Dookie estava às portas da morte, em consequência de uma infecção. Chamei meu amigo veterinário, o qual veio remover os imensos caroços cheios de pus. Nós anestesiamos o camelo, como havíamos feito com Kate, esperamos até ele ficar inconsciente, depois o veterinário me mostrou o que fazer. Ele puxou para fora os túbulos seminíferos, agora inchados a ponto de parecerem mandiocas, e os cortou o mais alto que pôde. Dookie acordou imediatamente devido à dor. Depois vieram as intermináveis injeções de terramicina. O veterinário concordou comigo quanto à viagem a Utopia, afirmando que a caminhada ajudaria os cortes a drenar; aí começamos os preparativos para valer.

Nem os camelos nem eu tínhamos experiência de preparação e distribuição de carga, nem de fazer viagens longas. Meu pânico e irritabilidade atingiram níveis absurdos. O tempo não ajudou. Fazia quase 55 graus centígrados ao sol. Os arreios nos quais eu havia trabalhado tanto, com um cuidado que chegava a ser fetichista, me pareceram, à luz cruel da praticidade, ridículos. Eu estava dizendo besteiras sem parar, na hora em que finalmente resolvemos partir. Nós havíamos planejado a partida para as seis da manhã, quando ainda era possível respirar o ar sem incendiar os pulmões como se fossem pontas de cigarro acesas. Às onze eu ainda estava dando voltas feito a proverbial galinha decepada, e Toly e Jenny revezavam-se tentando me acalmar e, ao mesmo tempo, ficando bem longe de mim para não me confundir ainda mais. No fim, tudo me pareceu estar correto. As selas estavam colocadas nos camelos, com pelegos e mantas para acolchoar, tudo bem bonitinho. A bagagem estava distribuída de maneira uniforme e parecia relativamente fácil de manusear.

Amarrei os animais, que agora já estavam extremamente nervosos, todos juntos, e entrei para tomar uma xícara de chá antes de partir e dar uma olhada final na casa de Basso, aquele meu cantinho querido. Ada estava conosco, chorando, o que não melhorou a minha autoconfiança.

– Ah, minha filha, por favor não vá, fique aqui com a gente. Você vai morrer lá, naquele deserto, com certeza.

Uma comoção começou entre os camelos lá fora, e eu, me desvencilhando do abraço da Ada, parti como uma bala e vi, horrorizada, que os três animais estavam todos embaraçados uns nos outros e tão apavorados que chegavam a estar descontrolados. Foi um desastre total. Cordas, cabeças de camelo, pedaços de embornais rompidos, tudo se misturava, formando um nó cego. Levei uma boa meia hora para resolver aquela parada. Por fim, já estávamos prontos partir, e depois de abraçarmos a Ada, acenamos para ela, confiantes, ao pegarmos a estrada sob o sol escaldante.

Dentro de três horas, já estávamos de volta. Zeleika havia tropeçado e quase puxado a sela das costas do Dookie, que ia diante dela, sendo que dois dos embornais de lona tinham se rasgado porque eu não havia me lembrado de reforçar as alças deles com couro por dentro. Passei outro dia inteiro trabalhando na maneira de amarrar os animais; a resposta foi usar uma corda que ia do pescoço do animal da frente até o cabresto do animal que o seguia, passando pela barrigueira, e apenas uma corda atada ao freio do nariz e amarrada à sela do camelo da frente, para evitar que eles ficassem para trás. Assim resolvi o problema. Os embornais de lona, Toly me ajudou a consertar. E voltamos a partir uma vez mais, acenando confiantes para Ada, que voltou a chorar.

Levamos oito dias indescritivelmente infernais para chegarmos a Utopia, que ficava a 240 quilômetros de distância, debaixo de um sol de verão violento e enlouquecedor. A estrada que saída de Alice era estreita, sinuosa e perigosa, percorrida por imensos caminhões a alta velocidade, e se havia algo que os camelos detestavam era qualquer coisa móvel que fosse maior do que eles. Então decidi pegar um atalho pelo campo e sair na estrada mais adiante, num trecho onde ela não era mais tão diabolicamente perigosa. Ótimo. Só que, para isso, íamos ter que penetrar num matagal denso, escalar escarpas pedregosas, tropeçar sobre imensos rochedos e suar, nos esforçar e entrar em pânico. Se Jenny e Toly permaneceram irritantemente calmos e plácidos, foi apenas porque não compreendiam totalmente como era improvável que chegássemos ao nosso destino. Nem como era fácil ser surpreendido pelos eventos mais cataclísmicos. Para meu completo espanto, e para regozijo deles, que cantaram vitória, conseguimos percorrer ilesos 27 quilômetros naquele dia. Esta pequena vitória não aliviou em nada o meu pessimismo. Ainda tínhamos muita estrada pela frente.

No dia seguinte, ficou claro que duas das selas iam ter que sofrer alterações drásticas. O ombro do Dookie estava branco de tanto ser friccionado, e um dos calços da sela da Zelly ficava escorregando e caindo o tempo todo. Ela estava muito magrinha naquela altura, e estressada a ponto de estar quase ficando esquelética. Eu não sabia que nosso método de viajar estava sendo extremamente difícil de suportar para os camelos. Estávamos nos levantando às quatro da manhã, viajando até as dez, descansando na sombra até as quatro e depois continuando até as oito da noite. Isto não só estava cansando os camelos, como também lhes negando o horário preferido deles para pastar. Eles não estavam acostumados a ficar sem beber água, e estavam bebendo quinze litros por dia, ou mais, se lhes dessem. Eu estava começando a pensar que todas aquelas histórias sobre animais do deserto eram só invencionices absurdas. Jenny e Toly revezavam-se ao volante do Toyota, que vinha fechando a procissão. Nós não teríamos conseguido terminar a viagem sem aquele veículo. Pus a sela do Dookie no carro, e ele passou o resto da viagem sem ela.

Viver nervosa e esperando a todo momento causar uma catástrofe horrível é uma coisa, mas fazer isso em um calor de quase 55 graus é outra muito diferente. O inferno deve ser muito parecido com isso. Às nove horas o calor era tão incrível, tão avassalador, que chegava a afetar um pouco a cabeça da gente, mas nós continuávamos religiosamente até as dez. Então começávamos a procurar um lugar onde descansar, em geral alguma tubulação de drenagem de cimento ao lado de uma estrada asfaltada derretida e brilhante, e ali ficávamos, ofegantes, durante as horas de descanso programadas, com toalhas molhadas sobre os corpos em brasa, chupando laranjas e bebendo água morna dos nossos cantis. Não dá para esquecer isso facilmente. Toly e Jenny foram maravilhosos. Eles não reclamaram nem uma só vez (provavelmente porque nem sequer lhes restavam forças para reclamar), e para meu constante assombro, pareciam estar até se divertindo.

Chegamos a Utopia e ouvimos as vozes de crianças gritando e centenas de cães de acampamento magros e sarnentos uivando. A última parte da viagem tinha sido quase agradável, caminhando ao longo de rios largos de areia branca à sombra de eucaliptos altos que nos proporcionavam sombra, e mergulhando nossos corpos já grelhados em tanques cheios de água de poços artesianos. A viagem tinha revelado tudo que havia de errado com as selas, com os arreios, as bagagens e comigo, embora de uma forma bem dura, e como tal, foi providencial. O trabalho de regulagem e remodelagem dos arreios seria imenso, eu sabia, mas não impossível.

Passei várias semanas em Utopia, uma linda e abundante fazenda de gado de 440 quilômetros quadrados que havia sido cedida aos povos aborígenes pelo governo trabalhista, que era mais generoso. Ao contrário dos relatos negativos da imprensa, os aborígenes estavam administrando muito bem as terras, embora nenhum deles pudesse esperar enriquecer, porque o lucro precisava ser dividido entre 400 pessoas. Havia meia dúzia de brancos por lá também, a maioria professores ou funcionários da área de saúde. Era uma das comunidades de aborígenes mais bem-sucedidas do Território. As terras eram planas, revestidas de matagal alto em alguns pontos, continham vários lagos e eram banhadas pelo rio Sandover, cujo leito de areia branca enorme se transformava em torrente avermelhada e furiosa na estação das chuvas.

Passei aquele tempo morando em duas fornalhas prateadas, as quais, brincando, chamávamos de traileres, com Jenny e Toly. Repeti o fiasco das semanas anteriores, só que a um nível mais alto e refinado de desespero que era praticamente pânico. Trabalhei e manuseei aquelas selas até considerá-las perfeitas ou inúteis. Perdi camelos, procurei-os e os reencontrei. Pratiquei como deveria segurar minha bússola super sofisticada quando ninguém estava perto para ver. Olhava os mapas topográficos, desorientada, tentando não pensar em certos panfletos informativos médicos. Fazia listas de listas de listas, e depois voltava ao início e refazia tudo. E se eu fizesse algo que não estivesse numa lista, imediatamente adicionava aquilo à lista e riscava o item, com a sensação de ter, finalmente, terminado algo. Entrei sonâmbula no quarto da Jenny e do Toly uma noite e lhes perguntei se eles achavam que tudo iria dar certo.

Também fui acusada por um político visitante de ser uma individualista burguesa. "Ai, meu Deus, tudo menos uma individualista burguesa!", pensei, escondida no meu quarto, me olhando pensativa no espelho e roendo as unhas. Para alguém que tinha se associado à esquerda durante anos, isto era o equivalente, em termos políticos, de ter uma doença venérea. Eu nunca havia sido muito envolvida com política, mesmo no auge dos anos 1960, embora tivesse tentado. Faltavam-me os ingredientes essenciais para isso. Coragem e convicção. Isto tinha me deixado com uma vaga sensação de culpa, proveniente daquele tempo em que as pessoas (inclusive eu mesma) levavam faixas dizendo que quem não fizesse parte da solução faria parte do problema.

Tive uma longa sessão diante do espelho naquela tarde, procurando descobrir se eu era uma individualista burguesa ou não. Quem sabe se eu tivesse trazido comigo um grupo e fizesse uma viagem comunitária de camelo, teria sido aprovada... Não, isso teria sido meramente liberalismo, não teria? Revisionismo, no máximo. Deus me livre. Se eu ficasse o bicho me comia, se corresse o bicho me pegava.

Bom, então, muito bem, o que é um individualista? Seria eu uma individualista por crer que podia assumir o controle da minha própria vida? Se fosse isso, então sim, eu definitivamente era uma. E a definição da outra palavra, "burguesa"? "Uma pessoa que prefere a segurança, o conforto, a ilusão, aos riscos e aventuras da revolução." Ora, eu supunha que tudo dependia da definição de revolução. E do que se considerasse seguro e confortável. Pelo menos em parte a revolução tinha virado uma luta para encontrar a solução para a própria natureza de nossa loucura coletiva. Isso, porém, estava muito próximo da neurose e da paranoia, as quais, como todos sabiam, eram coisa de burguês.

Essa minha fixação em definir se eu era a mocinha ou a bandida gradativamente desapareceu durante a semana, enquanto eu observava, de antenas bem esticadas, o desempenho do meu amigo marxista. Ele era incrivelmente inteligente, com um cérebro do dobro do tamanho e do peso de uma abóbora. Eu o achava atraente e ao mesmo tempo assustador. Sentia uma inveja profunda do Q.I. dele, e daquele seu jeito de usar aquela sua tradicional linguagem masculina de político intelectual para vencer qualquer discussão e irradiar em torno de si uma aura impenetrável de dominação e poder. Ele via qualquer incursão no mórbido universo interior como, tradicionalmente pelo menos, própria das mulheres. Achava que interiorização era contraproducente.

Naturalmente, foi aí que entendi: qualquer coisa que cheirasse a conflito mental, qualquer confissão de fraqueza que pudesse ser denominada "indulgência" seria burguesa, reacionária, antipolítica. Talvez fosse essa a razão pela qual (uma coisa que eu havia testemunhado inúmeras vezes e uma ideia que me maravilhava) muitos homens politicamente orientados (ou seja, racionais, espertos, articulados, intelectuais, competentes, dedicados, revolucionários, verbalmente agressivos) achavam tão duro enfrentar, admitir ou conciliar-se com seu próprio machismo. Até porque isso envolvia a dolorosa autoindulgência de voltar-se para dentro de si mesmo, ou de reconhecer em si mesmo o inimigo. Embora eu soubesse que é essencial para as mulheres saber expressar-se politicamente, também acreditava que podia ser uma boa ideia os homens entenderem e usarem o que vinha sendo considerada até agora a linguagem perceptiva comumente atribuída às mulheres.

No fim, os planos do meu amigo para Utopia em parte vingaram, em parte não; os sucessos aconteceram porque muitas de suas ideias de mudança social eram brilhantes e aplicáveis; os fracassos, porque ele abordava o povo aborígene e sua situação com um zelo de missionário e permitia que seus ideais políticos de transformar Utopia em uma utopia superassem uma percepção real do que estava realmente acontecendo ali, e do que as pessoas realmente queriam e do que elas realmente precisavam. Quando seu relacionamento com as pessoas ficava difícil e complexo, quando os mais velhos não confiavam nele ou paravam de gostar dele, ele deduzia que eles eram "reacionários". E por causa dessa forma meio agressiva de se expressar, ele deixou de obter informações valiosas que poderiam ter-lhe sido dadas por, especificamente, Jenny, que em geral ficava totalmente calada quando ele estava na sala falando sobre o futuro dos negros de Utopia. Ele a fazia sentir-se uma babaca incoerente, e por isso nosso amigo nunca soube que riqueza de experiências e ideias ela poderia ter lhe transmitido.

Ele partiu meses depois, sentindo-se derrotado, e me escreveu uma longa carta dizendo-me que por fim entendia o que eu estava fazendo, e que se sentar em uma duna em algum lugar contemplando meu próprio umbigo não era tão ruim, afinal de contas. Mas não era isso que eu estava fazendo. Uma vez mais, tive aquela sensação horrível, sub-reptícia, de que eu estava querendo abocanhar mais do que eu era capaz de comer. Por que é que essa minha viagem estava mexendo com a cabeça de tanta gente, a ponto de todos acharem que precisavam se manifestar a favor ou contra ela? Se eu tivesse ficado em casa, estudando sem grande convicção ou trabalhando em algum cassino, ou bebendo no Bar Royal Exchange e falando de política, isso teria sido perfeitamente aceitável. Eu não teria sofrido todas essas projeções estupendas. Até ali, as pessoas haviam dito que eu queria cometer suicídio, que queria me penitenciar pela morte da minha mãe, que eu queria provar que uma mulher poderia atravessar um deserto, que eu queria publicidade. Alguns me suplicaram para que eu os deixasse vir comigo; alguns se sentiam ameaçados, enciumados ou inspirados;

alguns achavam que era alguma piada. A viagem estava começando a perder sua simplicidade.

***

Foi em Utopia que eu recebi uma passagem de volta a Sydney e um telegrama dizendo: "Claro que estamos extremamente interessados..." da *National Geographic*. Ora, todo este tempo eu tinha concebido, ou melhor, uma parte de mim havia concebido que eles iriam aceitar minha proposta. Como poderiam negar-me ajuda? Eu tinha escrito uma carta que exsudava autoconfiança superbajuladora. Naturalmente, eu precisava pegar aquele dinheiro e me mandar. Eu não tinha escolha. Precisava de cantis para água feitos à mão, uma nova sela, três pares de sandálias resistentes, sem mencionar comida e dinheiro vivo para despesas imediatas. Também sabia, por algum motivo, que isso significaria o fim da viagem conforme eu a havia concebido: sabia que não deveria fazer isso, que assim estaria me corrompendo, me vendendo ao sistema. Um erro idiota, porém inevitável. Significava que uma revista internacional ia estar interferindo – não abertamente, mas teria o direito de documentar o que acontecesse na viagem e seria, portanto, uma influência, um fator sutil e controlador sobre algo que havia começado como um gesto pessoal e particular. E isso significava que Rick teria que aparecer ocasionalmente para tirar fotos, algo que imediatamente tratei de tirar da cabeça, dizendo para mim mesma que ele só viria um ou dois dias de cada vez, e isso apenas três vezes durante a viagem. Mas eu sabia que esse fato iria alterar irrevogavelmente toda a textura do que eu queria fazer, que era ficar sozinha, testar-me, forçar os meus limites, remover da minha cabeça todos os resíduos impuros, estar desprotegida, livre de todas as muletas sociais, não ser incomodada por nenhuma interferência externa, fosse ela bem-intencionada ou não. Contudo, as decisões já haviam sido tomadas. A praticidade havia vencido. Eu tinha vendido uma parcela enorme da minha liberdade e a maior parte da integridade da viagem por quatro mil dólares. As coisas são mesmo assim.

Na noite antes de eu pegar o avião para o sul, todos nos reunimos no trailer com o fim de me preparar para a viagem. Julia, amiga de Jenny, também veio, e eu brinquei de modelo com suas roupas. Eu só tinha calças de homem, largas e velhas, sapatilhas vermelho-vivo de dez anos, saias tão ralas que se podia cuspir através do tecido delas, sarongues com buracos em lugares inconvenientes, tênis gastos caindo aos pedaços e uns dois vestidos manchados com todo tipo de excremento de camelo. Concordamos que chegar em um hotel chique para uma conferência com os mandachuvas da *National Geographic* vestida assim seria um pouco de autenticidade demais. Eles talvez acabassem decidindo que não deviam apostar em mim, que eu era biruta demais. Portanto, me empetequei toda, pus *jeans* apertadinhos e botas de saltos altos, bem patricinha. Aquilo não melhorou minha autoconfiança. Apanhei todos os meus mapas, meti-os debaixo do braço, de um jeito impressionante e eficiente, para parecer competente e segura do que estava fazendo, depois percebi que não saberia dizer muita coisa sobre a região que eu ia atravessar, se eles me fizessem alguma pergunta embaraçosa. Acabei decidindo que ia fingir que sabia.

Sofri muito durante o ensaio geral antes da entrevista. Meus amigos batiam com a mão na testa e gemiam de frustração. Eu não tinha nem mesmo planejado o itinerário de maneira coerente ainda. Por isso sofri aquele terror doentio de quem está para prestar um exame, ficando com as palmas das mãos suadas e tudo durante todo o voo para Sydney e durante as duas horas com Rick, até o momento em que entrei no bar para conhecer os tais americanos extraordinários que iam me dar dinheiro em troca de nada; e nessa hora, de repente, virei uma candidata tranquila, supersimpática, tudo-em-cima, talvez-vocês-se-deem-bem-em-77.[4] A entrevista durou quinze minutos, e depois todos concordaram que a ideia era fascinante, que eu obviamente sabia muito sobre a região e que, sim, a *Geographic* ia me mandar o cheque em breve; e em seguida: "estamos encantados em conhecê-la, minha querida, esperamos vê-la logo em Washington quando você vier para escrever a história da viagem, e que livro maravilhoso essa viagem daria, já pensou em escrever um livro, querida? E boa sorte, até mais ver."

– Rick, você está falando sério, eles realmente concordaram em pagar a viagem?

– Sim, eles concordaram.

– Rick, você está mesmo me dizendo que é assim fácil?

(Risadas)

– Você se saiu muitíssimo bem. Se saiu mesmo. Você não deu a menor impressão de estar com medo.

---

[4] A viagem de Robyn começou em 1977. (N.T.)

Soltei gargalhadas histéricas durante mais ou menos umas duas horas. Estava numa felicidade a toda prova. Criei asas, metaforicamente falando. A minha jornada ia acontecer mesmo. Soltava assobios e gritinhos de triunfo, dando tapas nas costas do Rick. Bebi margaritas e dei gorjetas aos garçons. Dei sorrisos radiantes aos ascensoristas. Surpreendi as camareiras do hotel com meus "olás" entusiásticos. Saltitei pela King's Cross como se o mundo fosse meu. E aí, pouco a pouco, fui esvaziando. Como um pneu de bicicleta com um vazamento bem pequeno.

O que eu tinha feito?

Rick ficou boquiaberto diante da minha mudança de humor, das alturas estonteantes do sucesso retumbante para os abismos profundos de uma dúvida detestável e da autodepreciação, em apenas uma hora. Rick tentou me consolar, tentou me aplacar, tentou racionalizar. Mas como eu podia lhe dizer que ele fazia parte do problema? Que era muito bom conversar com ele, e tal, mas eu não queria nem ele nem suas Nikons nem suas ideias irremediavelmente românticas, comigo, em minha viagem. Eu sou capaz de lidar perfeitamente com gente safada, mas gente simpática sempre me deixava confusa. Como é que se diz a uma pessoa legal que a gente gostaria que ela morresse, que nunca tivesse nascido, que deseja que ela vá para algum buraco e deixe de respirar? Não, isso não — meramente que a gente deseja que o destino nunca tivesse feito a gente se conhecer. Agora, lembrando-me de como eram as coisas, acho que nunca deveria ter me permitido ver o Rick como um ser humano, mas sempre como uma máquina necessária, sem sentimentos, uma câmera, apenas. Só que não foi isso que eu fiz. O Rick fazia parte integrante e inevitável da minha viagem, sim, e me censurei por ter deixado isso acontecer. Eu devia ter lhe explicado quais eram os meus limites logo de cara. Devia ter dito: "Rick, você pode vir três vezes e passar uns três ou quatro dias seguidos comigo, só que quero que você se envolva o menos possível, e pronto." Mas, como sempre, deixei as coisas seguirem seu curso natural. Permiti que minha cabeça e a minha vontade adiassem até amanhã o que eu deveria ter feito hoje, e não disse nada.

Rick não havia acompanhado os preparativos, não compreendia o que tinha se passado antes, não percebia que eu era um ser humano tão frágil quanto qualquer outro, não entendia por que eu queria fazer aquela viagem e, portanto, passou a projetar suas próprias necessidades emocionais na viagem. Ele se deixou influenciar pelo lado romântico daquilo tudo, pela magia, um efeito colateral com o qual eu não contava, mas que eu tinha visto em muita gente, até mesmo nos meus amigos mais chegados. E o Rick queria registrar esse grandioso evento, a minha jornada, do início até o fim. Meu erro ao escolher o Rick ficou claro para mim. Eu devia ter escolhido algum fotógrafo bem insensível com o qual eu pudesse ser malvada, violenta e cruel sem sentir dor na consciência. O Rick tinha uma característica especial, que era sua ingenuidade, além de sua costumeira amabilidade. Ele tinha uma fragilidade, uma espécie de doçura misturada com introversão e uma capacidade de percepção rara nos homens e praticamente única em fotógrafos bem-sucedidos. Eu gostava dele. Além disso, percebi que ele, praticamente, precisava daquela viagem tanto quanto eu. E isso seria um fardo a carregar para mim. Em vez de me afastar de todas as responsabilidades para com as pessoas, eu ia obviamente assumir uma responsabilidade muito pesada. E me senti como se estivesse sendo roubada.

Voltei à Alice de avião, cheia de emoções conflitantes. Será que eu estava sendo exigente demais quanto à viagem? Por que não compartilhá-la com outras pessoas? Seria eu uma criancinha egoísta e imatura? Será que eu não era mesmo uma individualista burguesa? De repente, tive a impressão de que aquela viagem pertencia a todo mundo menos a mim. Não liga, não, disse eu comigo mesma, quando você sair de Alice Springs tudo isso vai acabar. Não vai mais precisar pensar nos seus entes queridos, não vai haver mais vínculos, não vai precisar cumprir mais nenhum dever, não vai haver mais ninguém precisando de você, não haverá mais complicações, não haverá mais política, vai ser só você e o deserto, minha cara. E então eu empurrava tudo que estava sentindo para os recessos escuros da minha mente, para que tudo apodrecesse por lá e se espalhasse como toxina botulínica.

Voltei para casa e vi que estava acontecendo uma inundação monumental. Os 240 quilômetros até Utopia tinham virado um rio vermelho e torrencial, e tentei duas vezes chegar até lá em carros de tração nas quatro rodas.

Terminei conseguindo, caminhando os últimos nove quilômetros e meio com água até as coxas. Quando chove por lá, chove para valer. Os camelos haviam desaparecido de novo, e como tudo estava molhado ninguém havia conseguido encontrá-los. Aguardamos uns dias, e depois de procurá-los com o carro, nós os encontramos em cima de um morro, bem no alto, assustadíssimos e desvairados. Os camelos não conseguem andar na lama. Os pés deles não foram feitos para isso. Eles se atolam, sem conseguir sair, ou suas patas escorregam e os fazem cair e quebrar a bacia. Condições assim sempre os deixam preocupados. Além disso, eles estavam longe de casa e, na hora do pânico, creio que sentiram mais saudades de casa ainda. Estavam rumando para o sul, na direção de Alice Springs.

O cheque chegou. Marquei uma data para a partida. Encomendei uma sela afegã tradicional ao Sallay. Comprei equipamentos e comida. Aluguei um caminhão para transportar os camelos de volta a Alice Springs. Meus parentes me enviaram cartas, dizendo que viriam se despedir de mim pessoalmente. As pessoas me deram presentes para eu levar na viagem, e todos, absolutamente todos, pareciam estar cada vez mais entusiasmados. Como se, subitamente, acreditássemos que era verdade, que eu ia mesmo fazer isso, após ter passado dois anos fazendo de conta que ia, ou como se nós tivéssemos feito parte de um sonho juntos e tivéssemos descoberto que o sonho era verdade ao acordar. Os preparativos tinham sido, de certo modo, a parte mais importante do evento. Desde o dia em que entrou na minha cabeça aquele pensamento: "Vou atravessar o deserto com uns camelos" até o dia em que senti que os preparativos haviam terminado, eu vinha construindo algo intangível porém mágico para mim mesma que tinha contagiado um pouco os outros; e, provavelmente, eu nunca teria a oportunidade de fazer nada tão difícil nem tão gratificante quando do aquilo de novo.

Procurei os camelos, vendo que eles haviam voltado à fazenda. O lugar tinha sido comprado por outras pessoas, que permitiram que os animais pastassem por ali uns dias. Dookie, Bub e Golias nunca tinham viajado num caminhão de transporte de gado antes, portanto foram facilmente convencidos a subir. Deixei a Zelly subir por último, sabendo que ela iria protestar, torcendo para ela desistir e acabar seguindo os outros. Soltei um suspiro de alívio depois que terminei de embarcá-los. Eu nunca tinha posto camelos num veículo, de modo que não sabia se devia amarrá-los ou não. Cobri o chão com areia e depois fiquei imaginando pernas de camelo quebradas saindo pelas grades laterais. Depois de percorrermos mais ou menos 15 quilômetros, o Dookie decidiu que não gostava de ser transportado num caminhão voando baixo pelas estradas de terra a oitenta por hora, e tentou pular dele. Epa... Durante o resto da viagem, fui sentada precariamente no teto da cabina, alternativamente dando cascudos na cabeça dele e berrando: "Uuuush, uuuuush!", acariciando seu pescoço suado e cantando alto acima do assobio do vento:

– Calma, camelinho, que tudo isto vai acabar logo, para de berrar, agora, por favor, isso, muito bem.

– AHHHHHHHHHHH! UUUUSH! UUUUUSH, SEU MISERÁVEL!

Quando chegamos em casa, as fezes deles já tinham virado água. As minhas também.

Eu tinha calculado que precisava de uma semana em Alice para tratar de todos os detalhes de última hora. Isso incluía fazer uma pilha imensa com todos os meus duzentos e tantos quilos de bagagem, ir buscar a sela do Sallay e ver se ela cabia direitinho, e comprar todos os alimentos perecíveis.

Isso também significava que eu ia passar uma semana com a minha família, que já fazia um ano que não via, e que tinha que combinar com o Rick quando e como eu me encontraria com ele no caminho, além de me despedir incontáveis vezes. Em suma, a semana iria ser extremamente movimentada.

Rick veio carregado com todos os equipamentos e acessórios possíveis e imagináveis. As pessoas de quem ele havia comprado seu Toyota com tração nas quatro rodas em Melbourne enxergaram-no quando ele ainda estava longe. "Aí, pessoal, ele tá vivo!" Eles haviam lhe vendido todas as geringonças de sobrevivência que tinham, desde um guincho do tamanho de um camelo até um bote de borracha inflável que levava meia hora para ser inflado.

– Rick... que diabo... pra quê isso aí?

– Ora, eles me disseram que podem acontecer enchentes súbitas por lá, portanto achei melhor comprá-lo. Sei lá. Nunca estive no deserto antes.

Estávamos todos na fazenda do Sallay e, depois de nos levantarmos do chão, onde rolamos convulsivamente de rir, apontando para o Rick, zoamos impiedosamente com a cara dele.

Ele também comprou para mim um rádio PX de comunicação, e um aparelho enorme e reluzente que parecia uma bicicleta de exercício cromada daquelas que os gordos usam.

– Richard, eu vou andar trinta quilômetros por dia, pra quê eu vou querer uma bicicleta dessas?

Eu não queria levar um rádio PX, e definitivamente não queria a tal bicicleta estacionária. Era para gerar eletricidade, se as baterias do rádio se esgotassem. Imagine só, eu sentada no meio do deserto, pedalando com tanta força quanto fosse possível, e dizendo "socorro" no microfone. Eu iria me sentir uma idiota.

E aí começou um bate-boca entre nós, no qual eu disse que me recusava a levar as duas máquinas, e todos os outros disseram coisas como: "Mas é preciso" ou "Se você não levar vou morrer de preocupação" ou "Ai, meu coração" ou "E se você quebrar uma perna?" ou então "Por favor, Rob, leve só para agradar a gente. Só para nos fazer sentir melhor."

Chantagem emocional.

Eu tinha pensado seriamente em levar um rádio, só que havia decidido que não seria bom levar um. Não me parecia correto. Eu não precisava dele, não queria pensar no rádio ali, me tentando, não queria aquela muleta psicológica, nem nenhum vínculo físico com o mundo exterior. Bobagem minha, acho eu, mas eu sentia isso com muita intensidade.

Terminei concordando de má vontade em levar o aparelho, mas me recusei terminantemente a levar a tal bicicleta. Depois tive ódio de mim mesma por permitir que os outros me impedissem de fazer as coisas do jeito que eu queria, fosse qual fosse o motivo. E também me zanguei porque aquele outro lado meu, o chato, prático e autopreservador, tinha me dito: "Leva, leva o rádio, sua babaca, você quer morrer lá, ou coisa assim?"

O rádio era mais um pequeno símbolo da derrota. Outra coisa que me lembrava que a viagem não era minha, afinal de contas. Acrescentei o aparelho à carga.

Enquanto isso, observava minha família. Meu pai e minha irmã. Entre nós, ao que parece, sempre tinham existido cordas e correntes invisíveis que nós tínhamos combatido, contra as quais havíamos lutado, pensado que havíamos vencido, mas que depois descobrimos que estavam tão fortes como antes. Nós éramos muito unidos, desde a morte da minha mãe, pela culpa e pela necessidade imensa de proteger-nos mutuamente, acima de tudo de nós mesmos. Nunca dizíamos isso em voz alta. Isso teria sido cruel demais, reabriria feridas antigas. E, na verdade, nós tínhamos conseguido enterrar aqueles sentimentos, escondê-los atrás de modelos de comportamento padronizados. Se alguma vez um de nós cedesse à pressão, rapidamente explicávamos isso em termos que não causassem sofrimento, que protegessem, que disfarçassem a dor. Mas agora uma certa consciência suplicava atrás dos olhos azuis e implorava reconhecimento diante dos três rostos semelhantes. Era como eletricidade. Uma necessidade de exorcizar um fantasma, suponho, antes que fosse tarde demais (ou seja, antes que eu sucumbisse no deserto). Foi doloroso. Nenhum de nós queria cometer o mesmo erro duas vezes, o de deixar muita coisa sem ser dita, de não tentar declarar o que não podia ser declarado.

Minha irmã e eu estávamos levando vidas totalmente diferentes naquela altura. Ela era casada e tinha quatro filhos. Nós, aparentemente, éramos tão diferentes quanto a água e o vinho, mas tínhamos uma intimidade que apenas duas irmãs que dividiram uma infância traumática têm. E era entre nós que a conspiração era mais forte e mais claramente declarada e aceita. A necessidade de proteger o papai. O dever. Evitar que ele sofresse a qualquer custo. É estranho que ambas de nós tenhamos passado a maior parte de nossas vidas fazendo exatamente o contrário.

E enquanto eu observava nossas reações, enquanto eu via os olhos dele se encherem de lágrimas quando ele pensava que ninguém estava olhando, ou olhar de relance para longe, constrangido, quando sabia que alguém o estava observando, senti exatamente o peso da carga emocional desta viagem. Comecei a ver quanto ela significava para ele, e quanto ela iria lhe custar. Não só porque ele estava orgulhoso (ele havia passado vinte anos na África, atravessando-a nas décadas de 1920 e 30, tal qual um explorador vitoriano; agora, ele podia dizer que eu era uma peixinha, filha de peixe). Não apenas porque ele estivesse com medo, mas porque todo sofrimento sem sentido pelo qual nossa família tinha passado talvez fosse ser de alguma forma absolvido, dissipado por esse meu gesto. Como se eu pudesse levá-lo embora em nome de todos nós.

Isto é só conjetura minha. Mas aquela hora para mim foi dolorosamente triste. Sentia-se um sofrimento no ar, embora bem disfarçado, como sempre, pelos papéis que havíamos assumido e pelos nossos padrões de comportamento, agora meio abalados, um pouco transparentes; e pelas nossas piadas.

Sallay ofereceu-se para levar os camelos de caminhão até Glen Helen, uma garganta vermelha de arenito espetacular, a 112 quilômetros de Alice. Assim eu podia evitar a estrada de asfalto, sempre cheia de turistas e curiosos. Combinei de me encontrar com ele na garagem dos caminhões ao raiar do dia, no último dia antes da viagem. Papai e eu nos levantamos às três da manhã para levar os camelos até lá. Ainda estava escuro e nós não estávamos falando muito, só apreciando o luar, os ruídos noturnos e a companhia um do outro.

Depois de mais ou menos meia hora, ele me disse:

– Sabe, Rob, eu sonhei uma coisa estranha comigo e com você ontem à noite – Eu não conseguia me lembrar de ter ouvido o papai me contar algo tão pessoal quanto um sonho antes disso. Sabia que devia estar sendo duro para ele falar disso. Passei o braço ao redor dele enquanto caminhávamos.

– Sim, o que foi?

– Ora, nós estávamos navegando juntos num lindo barco, num mar azul-turquesa tropical belíssimo, e estávamos muito felizes, indo a algum lugar. Não sei onde, mas sabia que era um lugar bonito. E, de repente, estávamos nos atolando na lama, ou melhor, num mar de lama, e você estava muito assustada. Mas eu lhe disse: não se preocupe, querida, se podemos flutuar na água, podemos flutuar na lama também."

Fiquei me perguntando se aquele sonho significava para ele o mesmo que significava para mim. Não importava, era suficiente ele ter me contado aquilo. Nós não trocamos mais quase nenhuma palavra depois disso.

A noite em Glen Helen foi perfeitamente normal. Sallay cozinhou chapatis[5], Iris nos fez rir, papai e eu fomos dar caminhadas, as crianças foram passear de carroça, minha irmã e meu cunhado, Marg e Laurie, desejaram que pudessem passar mais tempo aqui no campo, e Rick tirou fotos. Para minha completa surpresa, no minuto em que minha cabeça encostou no travesseiro eu adormeci.

Mas a aurora foi bastante diferente. Todos despertamos com sorrisos tensos e forçados que logo se desintegraram em choro disfarçado, depois aberto. Sallay colocou a bagagem e as selas nos camelos para mim, e eu não conseguia acreditar que tinha tanta coisa para levar, nem que tudo aquilo iria ficar preso ali em cima. Era absurdo. Eu estava sentindo a ansiedade e o nervosismo pressionando a parte de trás dos meus globos oculares e tocando violinos em meu estômago. Sabia que todos eles estavam com aquela sensação funesta de que nunca mais me veriam viva, e tive a certeza desanimadora que teria que mandar mensagens pelo rádio da Garganta Redbank naquele mesmo dia dizendo: "Desculpem, pisei na bola nos primeiros vinte e poucos quilômetros, venham me buscar."

Josephine abriu o berreiro, o que fez com que o Andree também abrisse, e ele fez a Marg começar a chorar, e aí o papai também começou; e todos começaram a me abraçar, a me desejar boa sorte, e a dizer coisas como "Cuidado com os machos, como eu lhe disse", que foi o Sallay quem falou, dando-me

---

[5] Pão que é uma espécie de *tortilla* ou panqueca típica da culinária indiana e asiática. (N.T.)

débeis tapinhas nas costas; e Marg me olhou bem nos olhos, dizendo: "Você sabe que te amo, não sabe?" e a Iris acenou, e depois todos acenaram: "Adeus, querida, adeus, Rob"; aí apanhei a rédea do freio do nariz com as mãos suadas e trêmulas e subi o morro andando à frente dos camelos.

***

"Eu ando, ergo, ergo o coração, os olhos, para a glória daqueles céus magníficos."[6]

Não conseguia me lembrar do resto do poema, mas as palavras me ecoavam na cabeça como uma música de propaganda comercial ou uma canção da banda Abba. Era exatamente assim que eu me sentia. Como se eu fosse feita de alguma substância fina, brilhante, aérea, musical, e no meu peito houvesse uma fonte de energia que a qualquer momento explodiria, liberando milhares de pássaros canoros.

Tudo ao meu redor era magnífico. A luz, a energia, o espaço e o sol. E eu estava caminhando na sua direção. Agora era "ou vai ou racha". Senti que estava me livrando de um grande peso que antes estava sobre as minhas costas. Senti vontade de dançar e invocar o grande espírito. As montanhas empurravam e puxavam, o vento rugia nos abismos. Eu seguia as águias que pendiam dos horizontes nublados. Sentia vontade de voar no azul ilimitado da manhã. Eu estava vendo tudo aquilo como que pela primeira vez, tudo novo e banhado em um resplendor de luz e alegria, como se a fumaça houvesse se dissipado, ou meus olhos houvessem se aberto, tanto que eu queria gritar para aquela vastidão: "Te amo, te amo, céu, ave, vento, precipício, espaço, sol, deserto, deserto, deserto!"

Clique.

– Oi, como vai? Tirei umas fotos ótimas suas acenando, na hora da despedida. – Rick estava sentado no carro, com as janelas fechadas, escutando Jackson Browne e esperando que eu contornasse a curva da estrada.

Quase havia me esquecido. Voltei à terra bruscamente, minhas emoções grandiosas despedaçando-se entre aqueles detalhes práticos desnecessários. Olhei para os camelos. A carga do Dookie estava toda torta. Zeleika estava puxando a rédea do nariz dela para ver onde estava o Golias, e o Golias estava

---

[6] Referência a um poema de Gerard Manley Hopkins, poeta inglês e padre jesuíta, certamente tirada de um dos muitos livros que Robyn costumava ler. (N.T.)

puxando a corda dele, para tentar chegar perto da mãe, o que, por sua vez, estava deslocando a sela do Bub.

Rick tirou centenas de fotos. A princípio me senti desconfortável e evitei a câmera. E se uma vozinha vaidosa dizia: "não mostra a obturação de ouro quando você sorrir", ou "Veja se não deixa aparecer o queixo duplo", ela logo era derrotada pela pura impossibilidade de sentir-se constrangida diante da quantidade cada vez maior de filme exposto. A câmera parecia onipresente. Tentei me esquecer dela. Quase consegui. Não que Rick me pedisse para fazer alguma coisa ou interferisse fisicamente, simplesmente estava ali, e a sua câmera estava registrando imagens e dando-lhes uma importância isolada, o que tornava minhas ações rígidas e calculadas, como se eu estivesse defasada em relação a mim mesma. Clique, observador. Clique, observada. E seja lá o que fosse dito a seu favor, as câmeras e o Jackson Browne simplesmente não combinavam com aquele deserto. Comecei, naquele exato momento, a me sentir dividida em relação ao Rick. Por um lado eu o via como um morcego sugador de sangue que tinha se insinuado na minha vida através de sua amabilidade, me tentando com coisas materiais. Por outro lado, também via que ele era um ser humano gentil e muito carinhoso que genuinamente queria me ajudar e que tinha se empolgado com a perspectiva de uma aventura, que queria fazer um bom trabalho e era sincero.

O dia foi esquentando e a carga do Dookie escorregando cada vez mais, de forma que passei a precisar parar constantemente para tentar ajeitá-la. Meu pescoço estalava de tanto eu olhar para trás para verificar como iam os animais. O grande espírito tinha sumido, me deixando sozinha, dependendo de meus próprios recursos. Era ou vai ou racha mesmo. Eu sabia tão pouco... Era um absurdo imaginar que ia conseguir atravessar sozinha um deserto de mais de três mil quilômetros e chegar ao oceano. Fosse aquela uma estação boa ou não, o deserto não era lugar para uma diletante. Combati esses sentimentos pensando neles como nada mais do que uma série de passos, de dias, um depois do outro, e se nada acontecesse de errado durante um deles, por que aconteceria no próximo? Lá, lá, ri lá lá.

Eu havia combinado de me encontrar com a Jenny e o Toly e alguns amigos da cidade na Garganta de Redbank. Esse seria o meu contato final com as pessoas até eu chegar a Areyonga, uma aldeia aborígene a mais de cem quilômetros dali. Eu estava exausta quando cheguei. Uma coisa é caminhar cem quilômetros, uma outra muito diferente é a gente fazer isso se sentindo tão tensa que os músculos parecem duros como cimento.

Passamos a noite e o dia seguinte inteiro naquele lugar tão belo que parecia irreal. Acampamos na areia prateada, perto da entrada da garganta repleta de água. A balsa de borracha do Rick foi utilizada para transportar os equipamentos fotográficos pela ravina de um quilômetro e meio enquanto tentávamos passar por ela a nado, na água escura, cristalina e gelada. Essa garganta tinha apenas sessenta centímetros de largura em alguns lugares, com rochedos vermelhos e negros que se erguiam abruptamente da água subindo uns trinta metros ou mais. Depois a ravina se ampliava, formando uma caverna ou uma fissura através da qual o sol lançava raios amarelados na água verde e transparente. Rick foi o único que percorreu a distância inteira, saindo nos penhascos ensolarados do outro lado. Fizemos para ele uma fogueira de galhos caídos na metade do caminho, numa das pequenas praias de uma caverna-piscina, para ele conseguir voltar sem congelar. Naquela noite ele voltou à Alice no seu carro, para pegar um avião que o levaria até sua próxima sessão fotográfica pelo mundo. Combinamos de nos reencontrar em Ayers Rock, três semanas depois, porque a *Geographic* tinha insistido em uma cobertura fotográfica completa desse marco australiano famoso. Eu não estava gostando nada de ter que revê-lo dentro de tão pouco tempo.

Na manhã seguinte, passei duas horas e meia bastante desanimadoras, colocando a carga nos camelos. Eu sabia que estava levando coisas demais, mas, naquela altura, tinha certeza de que precisava de tudo aquilo.

Bub estava levando quatro tambores de gasolina contendo água para os camelos, cada qual pesando vinte e dois quilos. Sobre eles iam quatro embornais de lona cheios de alimentos, toda espécie de ferramentas, campainhas extras, couro extra, roupas, rede contra mosquitos, capas de chuva para os animais etc. O meu colchonete, eu amarrei à parte traseira da sela. Zeleika levava muito menos peso do que os outros dois, pois ia precisar da sua energia para alimentar o seu filhote. Dois tambores de água de quinze litros estavam encaixados na parte dianteira da sela dela. Atrás deles, pendurados numa barra, iam dois baús de metal com comida e os vários apetrechos dos quais eu ia precisar para acampar à noite, tais como lamparina de querosene, e utensílios para cozinhar. As bolsas bonitinhas de couro de cabra iam sobre os tambores de água, e os biscoitos de cachorro da Diggity estavam presos no alto de tudo isso. Dookie, sendo o mais forte, era o que levava mais carga. Quatro tambores de água, um saco de juta grande contendo alho, cebolas, cocos e abóboras, mais dois embornais grandes de couro vermelho, com mais ferramentas e parafernália, dois outros embornais de lona incluindo um gravador cassete e o odiado rádio PX; e, na parte de trás da sela, um balde de quinze litros cheio de apetrechos para lavar roupas. Todos os camelos traziam cordas, tiras, peias, cabrestos sobressalentes e pelegos extras. Tudo estava preso firmemente com cordas que passavam em torno da bagagem e se prendiam à armação da sela.

Coloquei meu travesseiro sobre a sela do Bub para poder montar nele confortavelmente, e pendurei meu fuzil e uma bolsinha contendo todas as minhas preciosidades, como cigarros e dinheiro, na frente desta sela. Meus mapas (que eram em escala 1:250.000, topográficos), eu enrolei e meti num cilindro, que coloquei num dos embornais do Bub. A bússola ia pendurada no meu pescoço. Eu trazia uma faca presa no cinto e algumas rédeas de nariz sobressalentes para os camelos no bolso. Hum... Duas horas e meia para carregar 680 quilos de bagagem! Assim eu iria passar a viagem inteira levantando bolsas e sacos.

Decidi que o Bub iria na frente, pois ele tinha a melhor sela para eu cavalgar, se sentisse os pés doerem. Ele também era o mais assustadiço, de maneira que eu o queria onde pudesse exercer completo controle sobre ele, se ele negaceasse. A Zeleika era a segunda da fila, para eu poder ficar de olho na corda de freio do nariz dela e lhe passar um sermão se ela começasse a puxá-la. Dookie era o último, uma humilhação e uma ignomínia que ele mal podia suportar. Deixei o Golias andar livremente para ele poder se alimentar enquanto nos acompanhava. Eu estava planejando amarrá-lo a uma árvore à noite, como o Sallay havia sugerido. Isso minimizaria o perigo muito real de os camelos desaparecerem durante a noite, enquanto estavam peados para pastarem. Deixei o cabresto nele, com uma corda pendendo do cabresto para que eu pudesse capturá-lo com facilidade.

E pronto. Eu ia me virar sozinha. No duro. Finalmente. Jenny, Toly, Alice Springs, Rick, a *National Geographic*, a família, os amigos, tudo se dissolveu quando me virei pela última vez, com o vento da manhã recém-raiada saltando e assobiando em torno de mim. Perguntei-me então qual teria sido o potente destino que havia se canalizado de modo a me fazer chegar àquele momento de loucura inspirada. A última ponte em chamas que me ligava à pessoa acomodada que eu era antes, caiu. Eu ia me virar sozinha.

PARTE DOIS

LIVRANDO-ME DOS FARDOS

6

TUDO QUE CONSIGO ME LEMBRAR SOBRE O PRIMEIRO DIA que passei sozinha é uma sensação de relaxamento; uma autoconfiança contínua e efervescente enquanto eu viajava, segurando a rédea presa ao freio de nariz do Bub na palma suada da minha mão, e tendo os camelos em uma fila bem-comportada atrás de mim, com o Golias fechando o cortejo. O ruído abafado das campainhas deles, o som áspero da areia sob os meus pés e o longínquo piado dos pássaros eram os únicos ruídos. Além deles, o deserto estava silencioso.

Eu havia resolvido seguir uma trilha abandonada que terminava na estrada Areyonga. Só que a definição de uma trilha na Austrália é uma marca feita na paisagem pela passagem repetida de um veículo ou, se a gente tiver muita sorte, inicialmente aberta por uma escavadeira. Essas trilhas variam em qualidade, desde uma estrada cheia de costelas, coberta de poeira, bem definida e bastante usada, até algo que mal se pode distinguir subindo-se um morro e semicerrando-se os olhos na direção do local por onde se calcula que a trilha deva passar. Às vezes pode-se identificar o local por onde uma trilha passa pelas diferenças entre as flores silvestres que crescem na área. As que nascem ao longo da trilha ou crescem com mais pujança ou são de outro tipo. Às vezes, é possível seguir a trilha procurando-se a elevação deixada há milênios atrás por alguma escavadeira. A trilha pode contornar morros, colinas ou rochedos, ou passar por cima deles, penetrar diretamente em dunas de areia, ser engolida pelos leitos de rios arenosos, perder-se completamente em leitos de rio pedregosos, ou desfazer-se transformando-se em labirinto de rastros de animais. Seguir trilhas costuma ser fácil, mas às vezes pode ser frustrante, e há ocasiões em que é simplesmente apavorante.

Quando a gente está numa região na qual há fazendas de gado ou carneiros, seguir trilhas pode ser especialmente intrigante, principalmente porque sempre se presume que uma trilha leve a algum lugar. Isso não é necessariamente verdade, pois não é assim que os fazendeiros e peões de estância pensam. Também há o problema da escolha. Quando a gente tem meia dúzia de trilhas que seguem todas mais ou menos na direção para onde você está querendo ir, todas usadas no ano passado e nenhuma delas constando do mapa, qual a gente deve escolher? Se a gente escolher a trilha errada, ela pode simplesmente acabar oito quilômetros adiante, e aí é preciso voltar, depois de se perder um dia de viagem. Ou ela pode levar a algum moinho de vento ou poço artesiano abandonado e seco, ou direto a alguma cerca nova, a qual, se a seguirmos, nos levará exatamente na direção oposta à qual queremos ir; só que agora não sabemos bem onde estamos, porque já demos tantas voltas que estamos começando a perder confiança no nosso senso de orientação. Ou a trilha escolhida pode levar a gente até uma porteira feita por algum *jackaroo*[1] que pensava que era Charles Atlas[2], porteira essa que você não tem a menor esperança de abrir, ou se você puder abri-la sem se arrebentar toda, fechá-la é impossível sem usar os camelos para puxá-la, coisa que leva pelo menos meia hora e deixa a gente toda suada, cansada, irritada e coberta de poeira, só pensando em chegar à próxima fonte de água e tomar uma aspirina com uma caneca de chá, e tirar em seguida uma boa soneca.

Isso fica ainda mais complicado quando se leva em consideração o fato de que essa gente, seja lá quem for, que pilota aviões e faz mapas da área, precisa de óculos; ou talvez eles estivessem bêbados quando fizeram o levantamento; ou talvez apenas estivessem cansados das regras da burocracia monótona das repartições e tivessem por isso acrescentado umas coisinhas aqui e ali, dando asas a sua imaginação topográfica, ou até mesmo, em alguns casos, tivessem apagado alguns acidentes geográficos em um ataque de anarquia individual daqueles bem violentos. Espera-se que os mapas sempre, mas sempre mesmo, estejam 100% corretos, e na maior parte do tempo eles estão. São as poucas vezes em que eles não são corretos que me deixam genuinamente apavorada. Fazem a gente duvidar até mesmo dos nossos sentidos. Fazem-nos pensar que talvez aquela duna na qual a gente jura que se sentou lá atrás fosse uma miragem. Fazem a gente desconfiar que está sofrendo de insolação. Fazem a gente engolir em seco uma ou duas vezes e soltar risadinhas de nervoso.

---

[1] Aprendiz de peão. (N.T.)

[2] Ângelo Siciliano, mais conhecido por Charles Atlas, foi um fisiculturista forte e musculoso. (N.T.)

Porém, naquele primeiro dia, não enfrentei nenhum desses problemas. Se a trilha sumisse em algum buraco poeirento com poças de águas servindo de bebedouro no meio, era relativamente fácil encontrar o lugar onde ela continuava, do outro lado. Os camelos estavam andando bem e se comportando como carneirinhos. Eu estava feliz da vida. A área pela qual eu estava passando me prendia a atenção continuamente, com sua diversidade. Nesta região em particular, três estações férteis se sucediam, de modo que o solo estava atapetado de verde e pontilhado de flores silvestres brancas, vermelhas, amarelas e azuis. Em seguida, eu me via no leito de um rio onde eucaliptos altos e acácias delicadas projetavam sombras frescas. E havia pássaros. Pássaros por toda parte. Cacatuas negras, cacatuas-de-crista-amarela, andorinhas, cacatuas-rosa, caudas-de-leque-de-garganta-preta, calopsitas, falcões, bandos de periquitos-australianos, maitacas asa-de-bronze, tentilhões. E havia frutinhas como *kunga-berries*[3] e várias frutas do lobo[4], maçãs de acácia[5] e maná de eucalipto[6] para comer enquanto eu caminhava. Essa busca e a colheita de alimentos silvestres é um dos passatempos mais agradáveis e calmantes que conheço. Ao contrário da crença popular, o deserto é fértil e apresenta vida em abundância nas estações favoráveis. É como um vasto jardim comunitário do qual ninguém cuida, a coisa mais próxima do paraíso na terra que posso imaginar. Veja bem, eu não gostaria de ter que sobreviver só de frutinhas silvestres e de caça durante a seca. E mesmo na estação fértil, admito que preferiria suplementar minha dieta com uma lata de sardinhas de vez em quando e uma xícara de chá quentinho.

Eu tinha aprendido a usar frutos e plantas silvestres como alimento com amigos aborígenes em Alice Springs e com Peter Latz, um etnobotânico cuja paixão eram as plantas que serviam como alimento no deserto. A princípio eu não havia considerado fácil lembrar das plantas e reconhecê-las quando elas me eram apresentadas, mas depois meus olhos se abriram. As solanáceas eram as que mais me confundiam. Essa família é enorme, incluindo vegetais bem conhecidos, como as batatas, tomates, pimentas, tâmaras, datura[7] e beladona.

---

[3] *Kunga* significa "mulher adulta" na língua anangu. (N.T.)

[4] Fruta do lobo ou guarambá é um fruto da lobeira, também comum no cerrado mato-grossense. (N.T.)

[5] É na verdade uma combinação de inseto e planta, pois as vespas introduzem as larvas na madeira da acácia e produzem algo que é usado como alimentação pelos aborígenes, que dizem que é um fruto doce como a maçã. (N.T.)

[6] Bocadinhos de goma endurecida de eucalipto exsudada por orifícios produzidos por insetos. (N.T.)

[7] Também chamada erva-do-diabo, é psicoativa e pode ser letal. Citada no famoso livro de Carlos Castañeda. (N.T.)

A coisa mais interessante sobre esse grupo de plantas é que muitas delas fazem parte da dieta normal dos aborígenes, ao passo que outras que parecem quase idênticas são venenosas, chegando a ser letais. São umas diabinhas, gostam de nos enganar. Peter testou várias espécies e descobriu que uma certa frutinha silvestre minúscula continha mais vitamina C do que uma laranja. Como essas frutinhas eram comidas aos milhares quando os aborígenes tinham liberdade para serem nômades em seu próprio país, pode-se deduzir que a dieta moderna deles, quase totalmente destituída de vitamina C, é apenas mais um fator que contribui para seus tremendos problemas de saúde.

Eu estava meio nervosa quando dormi ao ar livre pela primeira vez. Não porque estivesse com medo do escuro (o deserto é belo e benevolente à noite, e, a não ser pelas lacraias cor-de-rosa de mais de um palmo de comprimento que dormem sob o saco de dormir e podem querer morder a gente quando o enrolamos de manhã; ou pelos escorpiões que podem se insinuar sob nossa mão enquanto dormimos; ou por alguma cobra daquelas bem venenosas que pode querer vir se aquecer sob as cobertas do viajante e depois matá-lo com uma picada fatal quando ele despertar, não há muito com que se preocupar), mas porque ficava imaginando se eu ainda tornaria a ver meus camelos. Eu os peiava ao anoitecer, lhes limpava as campainhas e amarrava o pequeno Golias a uma árvore. Será que vai funcionar, perguntava-me? A resposta vinha logo: "Ele vai ficar numa boa, parceira", a coisa mais próxima de uma afirmação zen australiana, e que eu usaria frequentemente nos meses seguintes.

O processo de descarregar os camelos tinha sido infinitamente mais fácil do que o de colocar a bagagem no lombo deles. Levou só uma hora. Depois precisei catar lenha, acender uma fogueira e uma lamparina, dar uma olhada nos camelos, pegar as panelas, a comida e o gravador, dar de comer à Diggity, dar uma olhada nos camelos, preparar minha refeição e também dar uma outra espiada nos camelos. Eles estavam pastando a não mais poder, bem satisfeitos. A não ser o Golias. Ele estava berrando feito um porquinho desmamado, para chamar a atenção da mãe, que, graças a Deus, não lhe deu a menor bola.

Acho que naquela noite preparei um peixe desidratado e congelado que eu havia trazido. Trata-se de um substituto sem gosto, insosso, imensamente supervalorizado, da comida comestível. As frutas até que estavam boas, dava para comê-las direto da embalagem, feito biscoitos, mas a carne e os legumes eram uma gororoba melosa, sem sabor algum. Mais tarde, eu ia dar quase toda a comida desidratada aos camelos que tinha trazido para mim, e passaria a consumir o que ia se tornar minha dieta durante o resto da viagem: arroz integral, lentilhas, alho, *curry*, óleo, panquecas feitas com todo tipo de cereais e coco e ovos desidratados, várias raízes comestíveis cozidas na brasa, chocolate, chá, açúcar, mel, leite em pó e, de vez em quando, um luxo inusitado: uma lata de sardinhas, um pouco de calabresa e queijo fatiado, uma latinha de frutas e uma laranja ou limão siciliano. Eu complementava essa dieta com pílulas de vitamina, vários alimentos silvestres e, às vezes, carne de coelho. Longe de ser deficiente, esta dieta me deixou tão sadia que eu me sentia como se fosse uma amazona feita de ferro fundido; cortes e talhos desapareciam em um dia, e eu conseguia enxergar quase tão bem à noite quanto durante o dia, à luz solar; além disso, comecei até a ficar super sarada.

Depois daquela primeira refeição decepcionante, aticei o fogo, voltei a dar uma outra olhada nos camelos e pus minhas fitas de estudo de pitjantjatjara[8] no gravador. *Nyuntu palya nyinanyi. Uwa, palyarna, palu nyuntu*, murmurei várias vezes, para o céu noturno, agora belíssimo, pontilhado por bilhões de estrelas. Naquela noite a lua não apareceu.

Peguei no sono com a Diggity roncando nos meus braços, como sempre. E a partir daquela primeira noite, desenvolvi o hábito de acordar uma ou duas vezes para verificar as campainhas. Esperava até ouvi-las tocar e, se não as ouvisse, chamava os camelos para que eles virassem a cabeça e soassem as campainhas. Se isso não desse certo, eu me levantava e ia ver onde eles estavam. Eles em geral não se afastavam mais de cem metros do acampamento. Eu então voltava a cair instantaneamente no sono e me lembrava de ter acordado durante a noite apenas vagamente de manhã. Quando eu acordava, bem antes da aurora, pelo menos um dos meus medos tinha diminuído consideravelmente. Os camelos se acomodavam todos juntos ao redor do meu saco de dormir, tão perto quanto podiam sem me esmagarem. Eles se levantavam ao mesmo tempo que eu, ou seja, mais de uma hora antes do amanhecer, para tomarem o desjejum bem cedinho.

Meus camelos ainda eram todos jovens e estavam em crescimento. Zeleika, a mais velha, devia ter uns quatro anos e meio ou cinco. O Dookie já estava

---

[8] Língua do povo aborígene de mesmo nome, também conhecido como Anangu, o qual vive a noroeste do sul da Austrália. (N.T.)

com quase quatro anos, e o Bub tinha três. Eram meros filhotes, pois os camelos podem viver até os 50 anos. Então precisavam de todo alimento que pudessem conseguir. Minha rotina girava em torno das necessidades deles, e nunca das minhas. Eles estavam carregando o que eu considerava um peso enorme para animais jovens, embora o Sallay achasse graça nesse meu modo de pensar. Ele tinha me contado que uma vez um certo camelo macho havia se erguido com uma tonelada de carga nas costas, e que até meia tonelada era em geral uma carga normal para eles. Levantar-se e deitar-se com a carga nas costas era o mais difícil para os camelos. Mas, uma vez que estivessem de pé, carregar o peso não era assim tão difícil. A carga, porém, precisava estar distribuída de maneira uniforme, senão a sela começava a roçar contra o couro do camelo, causando desconforto e terminando por produzir uma ferida. Portanto, neste estágio, o peso, durante o processo de carregamento, era minuciosamente conferido e reconferido. Na segunda manhã, consegui reduzir o tempo de carregamento para pouco menos de duas horas.

Eu nunca comia muito pela manhã. Fazia uma fogueira suficiente para cozinhar, fervia uma ou duas panelas de chá e enchia uma térmica com o que sobrava. Às vezes sentia vontade de consumir algo doce e colocava duas colheres de sopa de açúcar na panela de chá, ou devorava várias colheradas de chocolate ou mel. Mas aquelas calorias todas eram queimadas bem depressa.

Meu problema principal agora, aparentemente, ia ser se eu iria conseguir manter a bagagem toda amarrada direitinho, se as selas iriam causar feridas nos camelos, e como os camelos iriam encarar a tarefa. Eu estava um pouco preocupada com a Zeleika. A Diggity viajava bem, mas ocasionalmente ficava com as patas doendo. Eu me sentia ótima, embora estivesse moída no fim do dia. Decidi viajar aproximadamente 32 quilômetros por dia, seis dias por semana. (E, no sétimo dia, ela descansou.) Ora, nem sempre. Eu queria manter uma boa distância diariamente, caso alguma coisa corresse mal e eu tivesse que acampar em algum lugar durante alguns dias ou algumas semanas. Havia uma ligeira pressão para eu não fazer as coisas tão devagar quanto gostaria. Eu não queria acabar viajando durante o verão e também havia prometido à *Geographic* que terminaria minha jornada antes do fim do ano. Isso me dava seis meses de viagem a um ritmo confortável, que eu poderia aumentar para oito, caso houvesse necessidade.

Portanto, quando tudo já estivesse embalado e o fogo tivesse apagado, os camelos teriam umas duas horas para pastar. Eu então lhes atava as rédeas de nariz às caudas, amarrava o Bub com o cabresto encostado à árvore e pedia, por favor, para eles se deitarem. Depois colocava as roupas e as selas nos lombos deles, no sentido da frente para a garupa, prendia as barrigueiras, empurrando-as sob o animal, atrás do peito. Desatava as rédeas do nariz das caudas e as prendia à sela. Então continuava o carregamento, primeiro colocando um objeto, em seguida seu equivalente do outro lado. Tudo era conferido e reconferido; depois eu pedia que os camelos se erguessem e apertava as barrigueiras, passando as cordas de retenção da bagagem por elas. Tudo pronto para partir. Mais uma conferida. E aí a partida. Beleza.

Mas eu não me daria bem assim no terceiro dia, quando eu era ainda uma novata, uma bandeirante mirim aprendendo como sobreviver no agreste, até então acreditando cegamente que todos os mapas eram infalíveis e certamente mais confiáveis do que o senso comum. Foi quando descobri uma estrada que não deveria estar onde estava. E a estrada que eu queria tomar não estava ali, nem em nenhum outro lugar.

– Você perdeu uma estrada inteira! – disse comigo mesma, incrédula. – Não foi só uma saída, um poço, nem um morro, mas uma droga de uma estrada inteira!

"Calma, querida, calminha, tudo vai dar certo, amiga, calma, MUITA CALMA nesta hora!"

Meu pobre coraçãozinho batia feito o de uma arara numa gaiola de canário. Pude sentir a imensidão do deserto na boca do estômago e na nuca. Eu não estava correndo nenhum perigo imediato... podia facilmente usar a bússola para chegar a Areyonga. "Mas", continuei pensando, "e se isso acontecer quando eu estiver a 300 quilômetros de distância de qualquer lugar nesse mundo?" E se, e se... E me senti muito pequena, muito sozinha, de repente, naquela solidão imensa. Eu podia escalar uma colina e olhar para onde o horizonte brilhava azul, confundindo-se com o céu, sem ver nada. Absolutamente nada.

Tornei a olhar o mapa. Não encontrei explicação alguma nele. Eu estava somente a uns vinte e poucos quilômetros, mais ou menos, da aldeia, e vendo uma enorme estrada de terra onde deveria haver apenas arenito e bolas de mato seco rolando, sopradas pelo vento. Será que eu devia seguir aquela estrada ou não? Aonde diabos ela ia dar? Seria alguma nova estrada aberta por alguma companhia de mineração? Procurei minas no mapa, porém não havia nada marcado nele.

Sentei-me e fui desempenhando minhas tarefas, me observando como se fosse outra pessoa. "Muito bem, antes de mais nada você não se perdeu, está só no lugar errado, não, não, você sabe exatamente onde está, portanto não se entregue ao impulso de gritar com os camelos e brigar com a Diggity. Pense claramente. Acampe aqui mesmo para passar a noite, pois há abundância de pastagens verdes, e dedique o resto da tarde a procurar a maldita trilha. Se não a encontrar, pegue um atalho pelo mato mesmo. Não tem mistério. Acima de tudo, não fique se debatendo feito um pombo indefeso na ventania. Cadê seu orgulho? Muito bem, vamos lá."

Fiz tudo isso, depois saí para explorar a área com o mapa na mão. Diggity veio comigo. Encontrei uma trilha milenar que atravessava as montanhas, sinuosa, e que não ficava exatamente onde o mapa dizia que estaria, mas ficava perto o suficiente para pelo menos ter uma margem decente de credibilidade. Ela saía do curso uns três quilômetros, depois dava – isso mesmo –, numa outra rodovia enorme que não tinha o menor direito de existir. "Mas que merda é essa, será possível?" Segui essa rodovia durante quase um quilômetro, na direção de Areyonga, até encontrar uma placa de estanho toda esburacada de balas e dobrada ao meio, quase destruída pela ferrugem, com uma seta que apontava para o chão e as letras AON escritas nela. Voltei para o acampamento saltitando de felicidade à luz já fugidia do poente, pedi desculpas profusamente a meus pobres acompanhantes mudos e gravei a lição firmemente no meu cérebro para referência futura. Quando em dúvida, fareje a rota, confie nos seus instintos e não nos mapas.

Eu já estava sozinha havia três dias, num lugar que as pessoas raramente visitavam. Agora estava me arrastando por uma estrada poeirenta, larga e deserta, e de vez em quando eu via uma lata de cerveja e uma Coca-Cola ocasionais brilhando no meio dos arbustos. A caminhada estava começando a nos desgastar. As patas da Diggity estavam todas perfuradas por espinhos e, por isso, a coloquei nas costas do Dookie. Ela detestou isso e ficou apenas olhando para algum ponto distante, suspirando dramaticamente, com uma cara de paciência comum aos cães que passaram por uma lavagem cerebral. Meus pés estavam cobertos de bolhas, todos doloridos. Eu sentia câimbras nas pernas assim que parava de caminhar. Zeleika tinha um caroço grande que havia engrossado sua veia de aleitamento, e o freio de nariz dela tinha lhe causado uma infecção. A sela do Dookie estava roçando ligeiramente no couro dele, mas ele continuava caminhando garbosamente e, ao contrário dos outros, parecia estar se divertindo à vera. Desconfiei que, no fundo, ele sempre quis fazer uma longa viagem como esta.

Minha preocupação com os camelos era infindável. Sem eles eu não iria a lugar algum e, por isso, eu os tratava como se fossem de porcelana. Os camelos, como dizem, são criaturas extremamente resistentes, mas talvez os meus fossem tão mimados que tinham se transformado em hipocondríacos; sempre pareciam ter alguma coisinha errada, que eu imediatamente transformava em emergências do tamanho de um bonde. Mas eu já estava escaldada, por causa da Kate, por isso não ia arriscar esperar até eles piorarem.

Areyonga é uma minúscula aldeia missionária entre duas faces montanhosas de arenito das Cordilheiras MacDonnell. Comparada a outras, até que é uma aldeia legal. A planta dela é tradicional, ou seja, há um pequeno agrupamento de casas onde moram os brancos, um armazém administrado pelos aborígenes, uma escola, uma clínica e os acampamentos dos aborígenes, distribuídos ao redor desse núcleo, parecendo centros de refugiados do Terceiro Mundo. Todos os brancos, mais ou menos uns dez, acho eu, sabiam falar fluentemente a língua dos aborígenes e eram a favor deles.

Depois de 160 anos de guerra tácita contra os aborígenes, tempo durante o qual assassinato em massa era praticado em nome do progresso, e enquanto o último massacre brutal estava acontecendo no Território do Norte em 1930, o governo colonial havia criado esta e outras reservas aborígenes em terras que nem os fazendeiros de gado nem ninguém mais queria. Como todos acreditavam que o povo nativo terminaria morrendo aos poucos, permitir que eles habitassem pequenas áreas das suas próprias terras era considerado uma medida temporária que tornaria a vida mais segura para os colonizadores. Os negros foram todos reunidos como gado pela polícia e por cidadãos a cavalo portando armas de fogo. Frequentemente, tribos diferentes eram obrigadas a conviver em uma área pequena; como alguns desses grupos eram tradicionalmente inimigos, isto gerou conflitos e plantou as sementes da decadência cultural. O governo permitiu que missionários administrassem muitas dessas reservas e lá confinassem e controlassem o povo. As crianças mestiças eram tiradas das mães à força e mantidas separadas, pois os brancos achavam que elas tinham ao menos uma pequena chance de se tornaram humanas um dia. (Isto ainda estava acontecendo na Austrália Ocidental, até bem pouco tempo atrás.)

Até mesmo essas aldeias lamentavelmente inadequadas estão agora ameaçadas, porque mineradoras de grande porte, principalmente a Conzinc Rio-Tinto, estão de olho nelas, querendo destruí-las para aumentar suas incursões exploratórias. Muitas empresas já receberam permissão de explorar o que era território aborígene antes, passando as escavadeiras por ele até transformá-lo em uma terra seca e improdutiva, e deixando os nativos na miséria, com sua terra destruída. Muitas reservas já foram fechadas e seus habitantes foram mandados para as cidades, onde eles não conseguem encontrar emprego. Embora isto seja chamado de "promoção da assimilação", na verdade é um outro método de transferência das terras aborígenes para o domínio dos brancos. Porém, o povo pitjantjatjara está se dando ligeiramente melhor do que a maioria das outras tribos do deserto central e do norte, porque ainda não se encontrou urânio na área deles, e ela é muito distante da civilização. Muitos dos habitantes mais velhos não falam inglês, e as pessoas em geral conseguiram manter sua integridade cultural intacta. Também me pareceu óbvio que a maioria dos brancos que agora moram no meio dos aborígenes está lutando ao lado deles para proteger o que resta de suas terras e seus direitos, e para terminar atingindo o ponto onde os negros sejam autônomos. Se isto é possível, continua sendo duvidoso, dada a cada vez maior penetração dos brancos no interior, o comportamento racista dos australianos em geral e as políticas genocidas do governo atual, e dado que o resto do mundo não parece saber nem se importar com o que está acontecendo com a cultura mais antiga do mundo. Os aborígenes não têm muito tempo de vida. Estão morrendo.

Cheguei a um quilômetro e meio da aldeia no meio da tarde, sendo recebida por uma horda de crianças animadas, que vieram ao meu encontro dando risadinhas, gritando e me aclamando em pitjantjatjara. Só Deus sabe como eles sabiam que eu viria, mas, dali por diante, de Areyonga e até o fim da viagem, a rede de comunicação inexplicável chamada "telégrafo do agreste" ou "orelha no chão", anunciaria a todos que eu estava a caminho.

Eu estava suada, irritada e cansada quando cheguei, mas aquelas crianças adoráveis me animaram com sua cacofonia de risos. Como era fácil se comunicar com elas! Eu sempre tinha me sentido ligeiramente incomodada com a presença de crianças, mas as aborígenes eram diferentes. Elas nunca se lamentavam nem se queixavam nem exigiam nada. Eram objetivas, cheias de uma enorme alegria de viver e muito carinhosas e generosas umas com as outras, fazendo meu coração se derreter imediatamente. Tentei falar meu pitjantjatjara. Fez-se silêncio quando elas me ouviram, espantadas, depois todas rolaram de tanto rir. Eu as deixei conduzir os camelos. Havia crianças nas minhas costas, crianças penduradas nas pernas dos camelos e nas selas, e montes de crianças por todos os lados. Os camelos se comportaram de um jeito muito especial com elas. Deixaram as crianças fazerem tudo que quisessem, portanto não precisei me preocupar achando que alguma delas poderia se machucar. O Bub tinha uma adoração especial por elas. Eu me lembro de como, em Utopia, quando ele estava amarrado a uma árvore durante o dia, ele via as crianças correndo em sua direção depois da escola e imediatamente se abaixava, começando a cochilar, na expectativa agradável da chegada dos pequenos, que trepavam e pulavam nele, o puxavam, o empurravam e marchavam por cima dele. Quando cheguei à aldeia, todos saíram para me receber, perguntando tudo na sua língua porque alguém já havia espalhado que a *kungka rama-rama* (maluca) sabia falar a língua deles fluentemente.

Os camelos eram como uma chave no relacionamento com os pitjantjatjaras. Eu não poderia ter escolhido uma forma melhor de viajar pelas terras deles. Tinha sido um golpe de gênio. Eles tinham um relacionamento especial com esses animais, pois haviam sido a única tribo a usá-los constantemente para transporte até meados da década de 1960, quando os carros e caminhões terminaram prevalecendo. Toda a primeira parte da minha viagem consistiria em atravessar o território tribal deles, ou o que restava dele, uma grande reserva controlada por burocratas brancos e pontilhada de missões e aldeias fundadas pelo governo.

Fiquei três dias em Areyonga, falando com todos e tentando ver se conseguia sentir o clima do lugar, me hospedando na casa de um professor e convivendo com sua família. Eu teria adorado ficar no acampamento, mas fiquei com medo de me impor às pessoas, que talvez não quisessem uma branca por perto, metendo o nariz na vida delas. Uma coisa, em especial, me chamou a atenção em todos os povoados e acampamentos que visitei: muitos dos habitantes mais velhos eram cegos. Tracoma – uma forma crônica de conjuntivite –, diabetes, infecções no ouvido, problemas cardíacos e sífilis eram apenas algumas das doenças que grassavam entre os aborígenes, os quais viviam em habitações precárias, não dispunham de consultórios médicos nem de nutrição adequada. A mortalidade infantil, segundo consta, é de 200 em cada 1.000

nascimentos, embora as estimativas oficiais sejam mais baixas do que isto. O número está aumentando. O professor Hollows, um oftalmologista, organizou um levantamento nacional de doenças oculares entre os aborígenes. Ele declarou: "Ficou claro que os aborígenes apresentam a mais alta porcentagem de cegueira entre os povos nativos do mundo."

Apesar desses fatos, o atual governo Fraser considerou adequado reduzir drasticamente a verba destinada aos Assuntos dos Aborígenes. Esses cortes de verba quase devastaram o trabalho das organizações que prestam auxílio aos aborígenes nas áreas jurídica e médica.[9]

É igualmente extraordinário que a Comissão de Divulgação Australiana tenha recebido a solicitação da Diretoria Geral Federal da Saúde para cancelar um filme sobre cegueira dos aborígenes no Território do Norte, porque ele poderia ser prejudicial à imagem do país e reduzir o turismo naquela região.

E que tal essa: o primeiro-ministro de Queensland, o Sr. Bjelke Peterson, pediu ao governo federal para impedir a equipe de combate ao tracoma do Professor Hollows de trabalhar naquele estado, porque dois dos funcionários aborígenes estavam "incitando os aborígenes a votar".

Durante o resto do tempo, me preocupei com os camelos. O caroço esquisito da Zeleika estava crescendo de maneira suspeita. Quando fui inspecionar o freio de nariz dela, descobri que estava quebrado. Ah, não, outra vez não. Amarrei-a, virei a cabeça dela e inseri um freio novo no seu nariz. Mal podia escutar meus pensamentos enquanto ela berrava, e não notei o Bub, que conseguiu vir por trás de mim. Ele mordeu minha nuca, depois fugiu e se escondeu atrás do Dookie, quando viu que me assustei diante daquela audácia dele. Os camelos sempre se unem.

Quando todos já havíamos descansado bastante, e quando pensei que tínhamos resolvido a maioria dos nossos problemas, partimos para a estância de Tempe Downs, a mais de 60 quilômetros ao sul da aldeia aborígene, seguindo um caminho pouco usado, através das serras. Senti-me meio apreensiva

---

[9] Hoje em dia, mais de 30 anos depois que o livro de Robyn Davidson foi publicado, várias leis antidiscriminação foram introduzidas pelo governo e a discriminação racial agora é punida severamente. A maioria dos australianos não é racista (pelo menos abertamente). Os aborígenes hoje têm muitos benefícios, facilidades e privilégios que o australiano comum não possui. Muitos estão integrados na sociedade atual, com forte atuação na política, nas artes e em todas as áreas de trabalho, com direto a voto. Mas mesmo assim vários grupos ainda vivem isolados em terras e regiões distantes das urbanas. O passado não está esquecido para um grande número deles, que ainda se embriaga durante dias a fio. (N.T.) Fonte: www.portaloceania.com/au-life-aborigenes-port.htm

quanto à minha capacidade de me orientar no meio daquelas montanhas. O povo de Areyonga tinha me solapado a autoconfiança insistindo que eu usasse o rádio de comunicação para falar com eles quando chegasse ao outro lado. A cordilheira em si era uma série de montanhas, abismos, gargantas e vales que continuavam até Tempe, perpendiculares à direção que eu estava seguindo.

É difícil descrever as cordilheiras do deserto australiano, pois a beleza delas não é só visual. Elas possuem uma grandiosidade que pode nos encher de exaltação ou temor e, em geral, com uma combinação dos dois.

Acampei naquela primeira noite em um aluvião perto de uma cabana em ruínas. Despertei ao ouvir o grasnido baixo de um único corvo me olhando a menos de três metros de distância. A luz do alvorecer, toda azulada e translúcida, de um tom pastel, se filtrava através das folhas e criava um reino encantado. O aspecto de uma região assim muda maravilhosamente durante o dia inteiro, e cada mudança dessas exerce um efeito diferente sobre o humor da gente.

Parti agarrada ao mapa e à bússola. A cada hora, mais ou menos, meus ombros se contraíam e o nó no meu estômago se apertava, enquanto eu procurava o caminho certo. Perdi-me apenas uma vez, terminando em uma garganta sem saída, precisando voltar para onde o caminho havia desaparecido sob uma infinidade de pegadas de gado e de burros. Mas a tensão constante estava tirando toda a minha energia, de modo que comecei a suar e a me sentir esgotada. Isto continuou durante dois dias.

Certa tarde, depois da nossa parada para o almoço, alguma coisa caiu das costas do Bub, deixando-o num pânico total e absoluto. Eu tinha passado a Zeleika para a frente, por causa da ferida no nariz dela, e Bub vinha fechando o cortejo. Ele começou a corcovear sem parar, e quanto mais ele pulava, mais coisas voavam da carga, fazendo-o ficar ainda mais frenético. Quando ele parou, a sela já estava pendurada sob sua barriga trêmula, e tudo que ele ia levando antes já estava espalhado por toda parte. Entrei no automático. Os outros camelos estavam prontos para entrar também em pânico e voltar para casa. Golias estava galopando entre eles e piorando tudo. Não havia uma única árvore à vista à qual eu os pudesse amarrar. Se eu também perdesse a cabeça, eles poderiam ir embora e eu nunca mais os veria. Não dava para eu me aproximar do Bub, que ia lá atrás, portanto pedi à Zeleika que se deitasse e atei a rédea do nariz dela à sua pata dianteira, para que, se ela tentasse se erguer, fosse puxada para baixo. Fiz o mesmo com o Dookie e depois acertei o nariz do Golias com um galho de acácia para ele sair correndo, deixando uma nuvem de pó atrás de si; por fim, voltei até onde o Bub estava. Seus olhos estavam revirados de medo; tive de falar com ele e acalmá-lo até perceber que ele confiava em mim e não iria me dar coices. Então ergui a sela com os joelhos e desatei a barrigada, em cima das costas dele. Depois a retirei com todo o cuidado e lhe pedi para se deitar como os outros. Encontrei uma árvore um pouco adiante, o amarrei e dei-lhe uma coça. A operação toda havia sido rápida, firme, segura e precisa, como um relógio suíço. Mas agora, quaisquer toxinas que tivessem sido agitadas pelo fluxo de adrenalina estavam invadindo a minha corrente sanguínea como se fossem a torrente do Rio Cayahogan. Fiquei deitada ao lado da árvore, tremendo tanto quanto o Bub. Eu havia perdido o controle ao bater nele, reconhecendo o estilo do Kurt no meu comportamento. Essa fraqueza, minha incapacidade de me aterrorizar e ao mesmo tempo manter a dignidade, frequentemente se manifestou durante a jornada e meus animais pagaram o pato. Se, como Hemingway insinuou, "a coragem é a graça sob pressão", então a viagem provou de uma vez por todas que eu, infelizmente, era uma covarde. Envergonhei-me disso.

Aprendi mais umas coisas com aquele incidente. Aprendi a preservar minha energia, permitindo que pelo menos uma parte de mim acreditasse que eu era capaz de enfrentar qualquer emergência. E então percebi que aquela minha viagem não era uma brincadeira. Não há nada tão real quanto ter que pensar em sobreviver. Isso afasta da cabeça da gente todas as ideias fantásticas e infantis. É permitido acreditar em presságios e no destino, contanto que a gente saiba exatamente o que está fazendo. Eu estava ficando muito cuidadosa e procurando conservar os pés na terra onde o deserto era maior do que eu podia compreender. E não apenas o espaço era um conceito incompreensível, mas minha descrição de tempo precisava de uma reavaliação. Estava tratando aquela viagem como um emprego de tempo integral. Acordava com as galinhas (me sentia culpada se dormisse um pouco mais!), fazia o chá, o bebia, corria porque estava ficando tarde, achava um lugar ideal para almoçar, mas não dava para ficar muito tempo... simplesmente não conseguia me livrar dessa concepção de tempo artificialmente organizado. Morria de raiva de mim mesma, mas deixava as coisas continuarem a ser como eram. Era melhor só observar isto, por enquanto, e combater esse hábito mais tarde, quando estivesse me sentindo mais forte. Eu tinha um relógio, o qual eu dizia a mim mesma que servia apenas para navegação, mas ao qual lançava olhadelas furtivas de vez em quando. Ele vivia me passando a perna. No calor da tarde, quando eu estava cansada, dolorida e me sentindo muito mal, o relógio não se movia, as horas passavam entre os tiques e taques. Eu reconhecia que precisava dessas estruturas de tempo arbitrárias e absurdas nesse estágio. Não sabia o motivo, mas compreendia que eu tinha medo de tudo que cheirasse a caos. Era como se ele estivesse esperando que eu baixasse a guarda para me atacar.

No terceiro dia, para meu grande alívio, encontrei a trilha já bem gasta que levava a Tempe. Liguei para Areyonga no meu rádio de comunicação, aquela bagagem desprezada, aquele peso, aquela invasão da minha privacidade, aquela mancha enorme e imunda na pureza do meu gesto. Gritei no microfone que eu estava bem e recebi só estática como resposta.

Ao chegar a Tempe, participei de um almoço muito agradável com os administradores da fazenda, enchi meu cantil com a preciosa água doce, canalizada da chuva, dos tanques deles, e continuei minha jornada.

7

POUCO DEPOIS DE SAIR DE TEMPE, atravessei um leito de rio largo, batendo com as solas dos pés descalços nos pedregulhos quentes do rio e em galhos macios, apreciando a areia faiscante que fazia um barulho agradável ao penetrar entre meus dedos do pé. Depois avistei minhas primeiras dunas. Essa área havia sofrido incêndios durante a estação anterior, e depois vieram fortes chuvas, portanto as cores da paisagem eram agora um laranja brilhante, um preto carvão e um verde-limão fosforescente. Quem já ouviu falar num deserto assim? E, acima de tudo isso, o azul-escuro quente e intenso de um céu eternamente desprovido de nuvens. Havia plantas novas em toda parte, rastros e marcas que eu não tinha notado antes, trechos de arbustos queimados salientando-se como penas de corvos velhos de elevações onduladas pelo vento, novos alimentos silvestres a serem procurados e colhidos. Era uma região nova deliciosa, mas cansativa. A areia me fazia arrastar os pés, e as dunas repetitivas me deixaram a ponto de cair de sono, quando a empolgação do início passou. A quietude daquelas ondas de areia parecia me esganar e me sufocar.

Entretanto, eu tinha pelo menos aprendido a conviver com as moscas àquela altura, e nem mesmo me preocupava mais em removê-las dos meus olhos, onde elas enxameavam aos milhares. Os camelos estavam pretos de tantas moscas em cima deles, e elas nos seguiam, formando nuvens. Na região da pecuária, elas sempre eram piores do que no deserto aberto e livre. As formigas costumam trabalhar mais tarde; naquela hora bendita, antes que os mosquitos assumissem o lugar das moscas, massas daquelas horríveis criaturinhas subiam pelas pernas das minhas calças enquanto eu estava tomando uma merecida xícara de chá. Isso dependia de onde eu acampava, naturalmente, e logo aprendi a ficar longe das belas planícies argilosas e lisas, as chamadas *claypans*.[1] A outra chateação, ao se encontrar um bom lugar para acampar, eram os espinhos. O deserto tem uma infinidade espinhos a valer. Há uns pequenininhos e peludos, que grudam nos cobertores, nos suéteres e nas mantas dos camelos, e há outros durões e cruéis que penetram nas patas dos cães, e ainda os gigantescos e monstruosos, que se espetam na pele nua da gente como se fossem pregos.

Eu teria de viajar aproximadamente duas semanas até atingir Ayers Rock e não estava ansiosa para chegar. Rick estaria por lá para me trazer de volta à realidade. Além disso, sabia que Ayers Rock havia sido civilizada e estava sendo danificada por leva após leva de turistas. Quando me aproximei de Wallera Ranch, dois dias depois de Tempe, os turistas já estavam começando a me atrapalhar. Em veículos superequipados, eles vinham aos magotes, ver as belezas naturais da Austrália. Traziam consigo rádios, guinchos, chapéus engraçados com rolhas pendendo das abas[2], garrafinhas de cerveja, e porta-garrafas de couro com desenhos de emus, cangurus e mulheres peladas gravados neles, tudo isso para viajar por uma estrada perfeitamente segura. E também traziam câmeras. Eu às vezes achava que os turistas levavam câmeras consigo porque se sentiam culpados por estarem de férias e por isso deveriam fazer algo útil naquele tempo de lazer. De qualquer forma, quando pessoas que, em outra situação, poderiam ser perfeitamente agradáveis põem aqueles seus chapéus e viram turistas, elas se transformam em um bando de babacas mal-educados, barulhentos, insensíveis e sujismundos.

Preciso fazer uma distinção entre os viajantes e os turistas. Algumas das pessoas que conheci na estrada eram incríveis, mas essas eram mais raras do que dente em galinha. A princípio eu tratava a todos com muita educação e delicadeza. Havia dez perguntas que todos invariavelmente me faziam, e que eu infalivelmente respondia com cortesia. Posava para o inevitável estalido das Nikons e para o zunido das superoitos. Cheguei ao ponto de ser obrigada a parar a cada meia hora, e às três da tarde, uma hora perigosa para mim, quando perco meu senso de humor e de perspectiva, com consequências quase sempre desastrosas, o tipo de hora na qual eu não posso ser boazinha nem comigo mesma, muito menos com aqueles tolos que se amontoavam, me bloqueavam

---

[1] Depressão rasa em solo argiloso que normalmente retém água depois das chuvas. (N.T.)
[2] Os chamados "chapéus de rolha" australianos eram originalmente usados pelos aborígenes para espantar as moscas do rosto: o movimento das rolhas, quando a pessoa move a cabeça, espanta os insetos. (N.T.)

a passagem, assustavam os camelos, me detinham, faziam perguntas chatas e idiotas, me capturavam em celuloide para poderem me pregar na porta da geladeira quando chegassem em casa ou, pior ainda, me venderem para os jornais enquanto eu ainda era notícia. Depois, sumiam numa nuvem de pó cegante e sufocante, nem mesmo me oferecendo um pouco de água – por volta das três da tarde eu começava a virar bicho. Minha grosseria me fazia sentir um pouco melhor, mas não muito. A melhor política era simplesmente evitar a estrada ou me fingir de surda.

Aquelas duas semanas foram estranhamente decepcionantes. A euforia inicial se dissipou e algumas dúvidas irritantes estavam começando a se insinuar na minha consciência. Eu estava me sentindo dividida sobre tudo. Nada portentoso ou grandioso estava realmente acontecendo. Eu estava esperando que ocorresse alguma mudança óbvia e milagrosa. Tudo era muito bom e tal, e até divertido às vezes, mas onde estava aquela tonitruante tomada de consciência que, como todos sabem, costuma fazer as pessoas caírem em si no deserto? Eu ainda era exatamente a mesma pessoa que era quando tinha começado a minha jornada.

Alguns acampamentos durante aquelas noites foram tão desolados que me deixaram sentindo vazia por dentro, e eu ansiava por estar em algum lugarzinho seguro protegida daquele vento frio e daquele vazio. Eu me sentia vulnerável. O luar transformava as sombras em formas inimigas e eu ficava felicíssima de ter a Diggity perto de mim para me aquecer, ao me aninhar com ela sob os cobertores, que poderia tê-la espremido até a morte. Os rituais que eu realizava me proporcionavam uma outra estrutura necessária. Tudo era feito corretamente, de maneira obsessiva. Antes de eu me recolher, tudo era colocado exatamente onde eu queria que estivesse de manhã. Antes da viagem eu era muito vaga, esquecida e desorganizada. Meus amigos brincavam, dizendo que, uma manhã, eu provavelmente me esqueceria de levar os camelos comigo. Agora era o oposto. A comida estava embalada, a panela cheia de água, o chá, a xícara, o açúcar e a térmica já prontos, as rédeas dos narizes dos camelos já estavam penduradas numa árvore. Eu só desenrolava o saco de dormir, ajeitando-o exatamente onde eu o queria, ao lado do fogo, e estudava meu livro de astronomia.

As estrelas faziam sentido para mim agora que eu morava sob elas. Elas me diziam a hora quando eu despertava à noite para urinar e para verificar as campainhas. Elas me diziam onde eu estava e para onde eu ia; mas eram frias como pedrinhas de gelo. Certa noite, decidi escutar um pouco de música e pus uma fita do Eric Satie no gravador para tocar. Só que o som me pareceu estranho, incongruente; portanto desliguei o aparelho e, em vez disso, bebi um pouco de uísque no gargalo da garrafa. Conversei comigo mesma, saboreando o nome das estrelas e das constelações. Boa noite, Aldebarã. Até logo, Sirius. *Adios*, Corvo. Senti-me feliz por haver um corvo nos céus.

***

Wallera Ranch não era uma estância, mas um lugar para os turistas matarem a sede. Eu fui até o bar para comprar uma cerveja, mas ali me aguardava um grupo de caipiras australianos daqueles bem típicos, todos machões falando, como sempre, sobre sexo e mulheres. "Ai, que saco", pensei, "exatamente o que eu precisava. Um pouco de estímulo intelectual." Um deles, um cara feio, cheio de espinhas na cara, bem mal-educado e magricela, tinha sido leiteiro em Melbourne, e estava divertindo seus amigos com histórias obviamente inventadas e cheias de detalhes perversos de suas incontáveis conquistas de donas de casa sequiosas por sexo. Um outro tinha sido motorista de ônibus de turistas e disse que dirigir lhe "esvaziava as bolas" porque todas as mulheres queriam o corpo dele. Pudera, já que ele tinha corpo de sobra... a pança dele estava estourando os botões da camisa! Tratei de me mandar.

Eu agora estava entrando numa região onde havia muitos camelos selvagens. Os rastros deles estavam em toda parte e as árvores de *quandong*[3] estavam quase sem folhas, pois eles comiam todas as que podiam. Sallay tinha me alertado para tomar cuidado com os camelos machos rebeldes, que agora estavam começando a entrar no cio. "Atire primeiro e pergunte depois", aconselhava ele, sem parar. Portanto, carreguei a arma e a pendurei na sela do Bub. Aí pensei: "Meu Jesus, com a minha sorte, essa arma vai disparar sozinha e vai acertar o meu pé." Portanto resolvi tirar a bala da arma e carregar um pouco de munição no bolso.

Naquela noite, acampei num aluvião no sopé de umas colinas. O pasto ali era abundante – acácia aneura e outras acácias, várias plantas do deserto, erva-

---

[3] *Santalum acuminatum*, ou pêssego-do-mato, um fruto silvestre consumido pelos aborígenes. (N.T.)

-sal, *alhagi*[4] e daí por diante. Para mim havia *yalka* (cebolinhas silvestres) para serem desenterradas e assadas na brasa. "Isto tudo é muito agradável", disse eu comigo mesma, tentando abrandar uma ansiedade cada vez maior. Notei que os animais também estavam um pouco inquietos, mas atribuí isso a uma projeção. Achei difícil pegar no sono naquela noite e, quando peguei, fui assaltada por sonhos psicodélicos.

Acordei mais cedo do que de costume e deixei o Golias dar uma volta para pastar. Quando terminei de encher os embornais, os camelos já haviam partido (direto de volta a Alice); e quando os alcancei, três quilômetros matagal adentro, eles pareciam amedrontados. "Devem ser os camelos selvagens que estão por aí", informei à Diggity, embora não pudesse ver nenhum rastro. No caminho de volta, encontrei por acaso um acampamento aborígene deserto, feito de galhos de acácia aneura e quase escondido pelo mato rasteiro.

Passei aquela noite com a família Liddle na fazenda de Angus Downs. Eles me fizeram tomar uma ducha, me serviram uma refeição e, quando falei da experiência da noite anterior, a Sra. Liddle disse que naquele abandonado acampamento aborígene não cabia nem mais um alfinete entre os fantasmas, tantos eles eram.

Na manhã seguinte, ajustei a bagagem, atei uma corda elástica ao nariz da Zeleika na esperança de evitar que ela ficasse para trás, e pus Bub na frente do cortejo. Parti para Curtin Springs, onde passei uns dois dias tentando refazer o estofamento da sela do Dookie. Ela ainda não estava perfeita.

Nesse ponto, os turistas começaram a me incomodar demais, portanto tracei uma rota para Ayers Rock e parti através das dunas. Caminhar por aquele mar de areia solidificada era cansativo, por isso decidi montar no Bub. E foi aí que vi a Rocha. Fui fulminada. Não podia crer que aquela forma alaranjada fosse real. Ela flutuava, hipnótica, parecia grande demais. Foi indescritível.

Desci a duna, escorregando, e empurrei o Bub rapidamente através do vale, atravessando uma floresta de casuarinas[5], e subimos a elevação seguinte. Prendi a respiração até conseguir rever a Rocha. O poder indecifrável dela me acelerava o coração. Não esperava nada assim tão estranho, de uma beleza tão primitiva.[6]

---

[4] *Alhagi maurorum*, uma planta invasiva australiana. (N.T.)

[5] *Casuarina decaisneana*, árvore que também existem no Brasil e cresce em regiões áridas. (N.T.)

[6] Ayer's Rock agora se chama Uluru, seu nome anangu original. Em 1985 foi devolvida aos aborígenes que assumiram o controle dela e a arrendaram ao governo australiano por 99 anos. Ela é tão sagrada que nem mesmo pode ser escalada. Fica a 450 km de Alice Springs, em Yulara, e faz parte do Parque Nacional de Uluru-Kata Tjuta, tombado pela UNESCO como patrimônio da humanidade. Kata Tjuta, outra formação rochosa próxima, é mencionada no livro com o nome britânico de "Olgas". (N.T.)

Entrei na aldeia turística à tarde e fui recebida pelo guarda que administrava aquele vasto parque nacional. Um homem simpático, cujo trabalho não era tão invejável quanto aparentava ser. Ele precisava proteger o equilíbrio delicado daquela região contra um número cada vez maior de turistas australianos e estrangeiros que não só não sabiam nada sobre ecologia do deserto e o efeito que a simples presença deles exercia sobre a região, mas também insistiam em colher flores silvestres, jogar latas pelas janelas dos carros, quebrar árvores para fazer fogueiras, acender fogo onde não deviam deixando as fogueiras acesas depois que partiam, e sair da estrada perfeitamente adequada, abrindo valas com seus pneus no deserto e no agreste que durariam anos. Ele me ofereceu um trailer onde eu poderia descansar, o que aceitei. Também me mostrou um lugar bom para peiar os camelos, e me disse que não se importaria se mais tarde eu acampasse perto da formação rochosa de Olgas durante uns dias.

O enorme monólito era cercado por planícies férteis num raio de um quilômetro, que, por causa da água da chuva adicional, estavam cobertas de pastos verdes luxuriantes e leitos de flores silvestres tão espessos que não se podia pisar entre as flores. Então as dunas começavam, espalhando-se até o mais longe que a vista podia alcançar, a cor de laranja desaparecendo num azul desbotado.

Incêndios florestais haviam devastado aquela região também e, embora isso tivesse feito com que ela agora parecesse mais bonita e mais verde, eu achava que isso poderia causar problemas aos camelos. Muitas plantas do deserto, quando brotam do chão, parecendo tão maravilhosas e apetitosas, protegem-se com diversas toxinas. Embora eu soubesse que a Zelly saberia o que comer ou não, não tinha tanta certeza sobre o que os outros iriam fazer. Muitas expedições exploratórias haviam fracassado porque os camelos tinham se envenenado. Portanto, não deixei os meus camelos se afastarem muito e fiz um revezamento, ora amarrando a Zelly e ora o Golias pelas peias, com uma corda de 12 metros, a algumas árvores. Isso porque a Zeleika era sem sombra de dúvida a líder e sem ela os outros não iriam a lugar algum. Porém, isto também significava que ela não estaria com eles para lhes ensinar o que não comer. Torci para haver pasto bom o suficiente por ali para eles não tentarem comer nada novo. Eles, aliás, eram muito precavidos neste aspecto, como eu descobriria mais tarde.

Sentei-me na primeira duna, observando a noite que chegava e transformava as cores diurnas, fortes e ousadas, em luminosas cores pastel, e depois continuava, trazendo os azuis e roxos das penas dos pavões. Essa era sempre minha parte preferida do dia naquela área: a luz, que tem uma qualidade cristalina que não vi em nenhum outro lugar, permanece ali ainda durante horas. A Rocha não me decepcionou, longe disso. Todos os turistas do mundo não poderiam destruí-la, pois ela era imensa demais, imponente demais, antiga demais para ser corrompida.

Restavam ainda muito poucos pitjantjatjaras por ali. A maioria deles havia se mudado para longe, para áreas tribais mais reservadas, embora alguns tivessem permanecido ali para proteger e preservar o que é um lugar extremamente importante na sua cultura mítica. Eles estavam sobrevivendo mal e mal da venda de artefatos para os turistas. Uluru era como eles chamavam a rocha. A grande Uluru. Eu me perguntava como eles conseguiam aturar as pessoas perambulando por cavernas da fertilidade ou subindo na linha branca pintada na encosta, e tirando as fotos intermináveis deles. Se eu quase chorei ao ver aquilo, como é que eles, então, deviam se sentir? Havia uma parte lamentavelmente pequena do lado oeste da rocha, cercada, com uma placa: "Não entre. Altar aborígene."

Perguntei a um dos guardas o que ele achava dos negros.

– Ah, eles são gente boa – respondeu ele. – Não criam caso, só incomodam um pouco.

Eu já estava esperando isso, de modo que achei que não valia a pena gastar saliva dizendo o óbvio, que os turistas é que estavam incomodando, que estavam invadindo um solo sagrado que não pertencia e nunca poderia pertencer a eles, e que os brancos não podiam nem mesmo começar a entender. Pelo menos o homem não demonstrou desprezo pelos aborígenes.

Rick chegou no dia seguinte, todo entusiasmado e eufórico, cheio de energia. Eu tinha andado explorando e caminhando ao acaso pelas florestas de muirapiranga[7] do lado sul. Ele anunciou que tinha uma surpresa para mim e me levou de volta ao trailer. Na minha cama, com a perna envolta em bandagens, e muletas ao lado do travesseiro, estava minha querida amiga Jen. Minha reação inicial foi de grande alívio, surpresa e felicidade. A reação seguinte foi uma vozinha maliciosa me dizendo "Seus amigos vão te seguir o tempo todo?" Fiquei vendo tudo passar duas vezes, como se houvesse ali alguma luz

---

[7] Também chamada de "falso pau-brasil" a muirapiranga ou *bloodwood* é uma madeira avermelhada muito valorizada para a fabricação de pisos e móveis. (N.T.)

estroboscópica. Jenny, sendo uma pessoa extremamente sensível, viu isso na minha expressão, tão claramente como se eu tivesse berrado essa pergunta na cara dela, embora eu tentasse desesperadamente ocultar os meus sentimentos. Aquilo estabeleceu o tom de todo aquele dia difícil, uma sutil, intrincada tensão tácita, que ambas preferimos descontar no Rick, em vez de uma na outra.

Jenny havia caído da bicicleta em Utopia e tinha permanecido deitada na terra poeirenta durante algum tempo, incapaz de mover-se, olhando fixamente os seus próprios ossos aparecendo sob a carne dilacerada. Isso, naturalmente, tinha lhe causado diversas ondas de choque, bem como reflexões sobre a fragilidade da natureza humana, das quais ela não havia ainda se recuperado. Ela não estava disposta a encarar as emoções conflitantes que reverberaram pelo trailer naquela noite, como tambores num cânion. Nenhum de nós estava.

Rick nos mostrou os *slides* da partida de Alice no seu projetor. Nós ficamos sentadas ali, Jen e eu, como cabeças de palhaços daquelas que se veem em volta do picadeiro do circo, de boca aberta e a cabeça girando. As fotos eram lindíssimas, não tenho do que reclamar, mas quem era aquela modelo da *Vogue* viajando romanticamente pelas estradas com um bando de camelos atrás de si, os cabelos delicadamente erguidos pelas brisas do bosque e transformados em um halo dourado pela luz de fundo? Quem diabos seria ela? Nunca digam que a câmera não mente. Ela conta mentiras deslavadas. Capta as projeções de quem a usa, nunca a verdade. Isto ficou muito evidente pela mudança dos lotes de imagens à medida que a viagem ia se desenrolando.

A princípio achei difícil falar, dirigir comentários aos dois, porque não me parecia que nada houvesse acontecido de tão importante assim. Eu simplesmente havia seguido uma estrada com alguns camelos, e pronto. Mas sentada com eles naquela noite, no clima pesado do trailer, comecei a sentir a cabeça se partindo ao meio e caindo aos pedaços, e percebi que a culpa era da viagem. Ela estava me transformando de um jeito que eu não esperava, nem de longe, que ela me transformasse. Estava me abalando, e eu nem havia notado. Essa mudança havia se insinuado de mansinho, pelas costas.

Os dois dias seguintes foram bem difíceis de aturar. A Jenny chorou enquanto esperava o avião que ia levá-la de volta a Alice Springs; eu estava me sentindo feito massa socada de pão; e o Rick, ali, só tirando fotos nossas. Detestamos aquilo, porque era como se ele fosse um parasita, um *voyeur*. Não conseguimos, ou melhor, não estávamos a fim de perceber que aquela era só a forma que o Rick tinha de encarar uma situação que ele não sabia como encarar. E depois que a Jenny partiu, fiquei sozinha com ele.

Também não foi nada bom a revista ter insistido para ele tirar fotos novas e sensacionais de Ayers Rock. Posei em cavernas, andei para lá e para cá nas dunas. Subi escarpas com os camelos e os cavalguei entre flores silvestres. "E o tal jornalismo honesto, onde foi parar?" gritava eu, fazendo caretas bem feias enquanto pisava duro. Coitado do Richard, eu o fiz sofrer muito. Acho que ele às vezes sentia um verdadeiro medo de mim. Mas ele encarou tudo de boa vontade. Eu o fiz montar no Dookie para dar uma voltinha e o acompanhei montada no Bub. Mas o Bub começou a negacear e escoicear. Gritei para o Richard dar um tempo enquanto eu resolvia a parada, mas no meio de toda aquela mixórdia eu só ouvia os disparos constantes da câmera. Notei essa característica em muitos fotógrafos, a capacidade que eles têm de serem muito mais corajosos quando estão vendo as coisas através das lentes do que quando não estão. Interessante.

Eu andava curiosa para ver a formação rochosa de Olgas há anos. Essas rochas eram irmãs da Ayers Rock, e pareciam uns pães grandões que algum gigante havia jogado do céu. Da Rocha, eles pareciam uma série de pedregulhos lilases ao longo do horizonte. Eu queria passar alguns dias ali, longe dos turistas, perambulando, explorando e simplesmente apreciando a ausência de pressão e o tempo reservado para eu poder me sentar e pensar, desatando os nós da minha cabeça, sem me preocupar em ter que ir a algum lugar nem me encontrar com mais ninguém. Eu queria escapar de novo, recuperar aquela sensação de liberdade que pensei que seria permanente quando saí da Garganta Redbank. Mas não ia ser assim.

Caminhei trinta quilômetros atravessando uma área que deveria ter me recuperado, mas que não permiti nem que penetrasse em mim. Estava deprimida, me sentindo traída, pressionada, estava de cara fechada. Detestava o Rick, culpava-o por tudo. Ainda por cima, ele não gostava do deserto, não era capaz de enxergá-lo. Ele não devia estar ali; não sabia acender fogueiras nem cozinhar nem consertar caminhonetes. Era como um peixe fora d'água e achava o interior do país chato. Ficava ouvindo música ou lendo até eu aparecer, e aí tirava as fotos dele, usando aquela paisagem magnífica como pano de fundo.

A outra dificuldade era que, enquanto minha reação à tensão é deixá-la aumentar e aí explodir num acesso de fúria, a do Rick era fechar-se em copas e ficar amuado. Eu nunca tinha conhecido alguém que fizesse tanto bico assim.

Eu preferia que ele me batesse do que ficasse assim, amuado, porque eu não suportava isso. No fim do dia, eu já estava praticamente me arrastando aos seus pés, suplicando para que ele falasse, brigasse comigo, fizesse alguma coisa. Qualquer coisa. E a Diggity o adorava. "Sua traidora", pensava eu, "você em geral tem bom gosto em matéria de gente."

Nós chegamos às Olgas naquela noite, num silêncio profundo, e acampamos diretamente sob as rochas. Elas brilhavam, de um tom laranja, depois ficaram avermelhadas, e adquiriram um cor-de-rosa iridescente, e aí ficaram roxas, depois se transformaram numa silhueta negra contra a luz do luar. Rick ligou para o guarda de Ayers Rock, para testar o rádio, mas não só não conseguiu entrar em contato com ele, que estava apenas a trinta quilômetros dali, como também manteve uma conversa intermitente com um pescador em Adelaide, a mais de 800 quilômetros ao sul.

– Puxa, que maravilha, hein? Muito massa. Esse lance de trazer rádios pra se manter conectado com o resto do mundo é mesmo uma beleza, hein, Rick? Quero dizer, quando estou sangrando e morrendo lá onde Judas perdeu as botas, a um quilômetro da fazenda mais próxima, é bom saber que sempre posso bater um papinho amigável com alguém que está no Alasca. Não concorda, Rick? Richard? Richard?

E o Richard, nada, continuava calado.

Naquela noite não consegui aguentar mais. Peguei a mão dele, obriguei-o a sentar-se comigo junto à fogueira e disse:

– Muito bem, meu amigo, não aguento mais isso. Vamos ter que ver o que podemos fazer, porque isso é simplesmente ridículo. Estamos no meio de um deserto incrivelmente mágico, fazendo uma coisa que deveria estar nos deixando felizes, e estamos agindo feito duas crianças.

Richard continuou olhando fixamente para o fogo, com uma cara de tristeza e o lábio inferior ligeiramente saliente. Insisti:

– Isto está parecendo aquela história dos dois monges, não conhece? Eles não tinham permissão de tocar numa mulher. Um dia, eles estão andando lado a lado e veem uma mulher se afogando num rio. Um deles pulou na água e a levou para a margem. Depois, os dois retomaram a caminhada, andando um pouco mais, até que de repente o segundo monge não aguentou e disse: "Como você pôde tocar aquela mulher?" O primeiro monge olhou para ele, surpreso, e respondeu: "Eu larguei aquela mulher há algumas horas, por que você continua a carregá-la?" Está percebendo o que eu quero dizer, Richard? Nós estamos agindo como aquele segundo monge ignóbil, de um jeito destrutivo e ridículo, que está me dando vontade de beber. Já tenho que me preocupar demais com um monte de coisas, e a vida é curta demais para a gente tratá-la como se fosse só um ensaio geral. Portanto, ou você vai embora agora mesmo e eu devolvo o dinheiro para a *National Geographic* e esquecemos tudo isso, ou nós dois começamos a nos entender melhor para ver o que realmente queremos, e a pensar no que fazer para chegar lá, certo?

E aí nós conversamos. Conversamos durante horas e horas sobre todos os assuntos possíveis, e terminamos rindo e nos tornando amigos, o que foi um grande alívio. Agora eu o entendia e gostava muito mais dele; no final das contas, ele era uma boa pessoa. Havia nele muitas coisas positivas.

Eu também havia dito que ele podia me acompanhar a Docker River, a cinco dias de distância. Embora eu, desesperadamente, quisesse estar sozinha de novo, pareceu-me mesquinho mandá-lo embora, dado que ele queria tirar fotos dos aborígenes e Docker River, provavelmente, seria um dos poucos lugares onde ele poderia fazê-lo. Ainda que me sentisse perturbada ao pensar nisso (eu sabia que os aborígenes já estavam de saco cheio de turistas insensíveis lhes enfiando as lentes pelas narinas), achei que qualquer cobertura da imprensa que eles pudessem obter seria bom, contanto que fosse com o seu consentimento. Além disso, o alívio de conseguir que Rick falasse comigo de novo, de ter dissipado a tensão, valia quase qualquer concessão.

Naquele momento não percebi que estava permitindo me envolver mais com um artigo sobre a viagem do que com a viagem em si. Não me toquei que já estava começando a ver tudo aquilo como uma história para outras pessoas, com um princípio, meio e fim.

Passamos alguns dias nas Olgas que, embora bastante agradáveis (como podiam não ser agradáveis, num lugar desses), para mim foram toldados pela sensação de estar presa, ser atrasada, ficar contida. Eu imaginava constantemente como seria estar sozinha, como teria sido muito melhor assim. Eu não estava mais culpando o Richard, porém, mas sim a mim mesma. Eu sabia que precisava assumir total responsabilidade pela presença dele ali, precisava encarar de frente o fato de que a viagem poderia não ser o que eu havia planejado, e queria que fosse. E, em vez de ver o potencial que havia nisso, fiquei lamentando a frustração das minhas preciosas expectativas.

Depois de apenas um dia na trilha, a pressão começou a aumentar de novo. Isso porque, depois de eu ter colocado 250 quilos de traquitandas nas costas dos camelos, caminhado trinta quilômetros, descarregado os troços todos, apanhado lenha, acendido uma fogueira, feito uma refeição para dois e limpado tudo depois da refeição para dois, geralmente fico assim, só um "pouquinho" fula da vida. Talvez seja o baixo nível de glicose no sangue, sei lá. O que eu sei mesmo é que qualquer um que me contrarie após um dia desses deve esperar uma explosão, principalmente se essa pessoa só fica o tempo todo tirando fotos minhas fazendo todas essas coisas, em vez de me ajudar a fazê-las.

Certa noite, fiquei para morrer de raiva, em silêncio, depois joguei uma trança de alho no meu companheiro e gritei:

– Descasca isso aí, se não estiver com o braço quebrado, tá?

E foi assim que voltamos à estaca zero. Richard se fechou em copas, e eu comecei a imaginar formas de matá-lo sem ser presa.

Quando saí do acampamento na manhã seguinte, Richard me disse que me alcançaria dentro de uma hora; eu resmunguei uma resposta seca e continuei andando. Caminhei durante uma hora, depois duas, depois duas horas e meia. Nada do Richard. "Ai, droga, vou ter que voltar, o carro deve ter pifado."

Eu havia voltado sete quilômetros quando o primeiro e único carro das redondezas se aproximou e parou. Eu lhes perguntei se seria problema eles darem uma volta por perto e ver se podiam encontrar os rastros do Richard no mato, e me dizerem se estava tudo bem com ele. Eles retornaram até a Rocha e me disseram, na volta, que não tinham visto o Rick. Já era fim de tarde e eu estava começando a ficar bem preocupada.

"Picada de cobra?", pensei. "Enfarte?"

Eu estava para me afastar desses meus novos amigos quando vi o Toyota se aproximando rapidamente, no alto do morro, com o Rick dentro, escutando uma música de Joan Armatrading.

– Onde foi que você se meteu?

Richard olhou para todos os presentes e, entendendo finalmente o que se passava, respondeu, meio envergonhado:

– Estava só no acampamento, lendo meu livro, por quê?

Senti meus lábios se comprimirem de fúria, até virarem uma linha branca. Os outros trocaram olhares, tossiram delicadamente e se afastaram. Rick pediu desculpas. Não respondi nada. Minha raiva tinha se solidificado e petrificado. Parecia até um punho cerrado no meu peito.

Depois a chuva caiu. Nuvens imensas de tempestade acumularam-se de repente, despejando granizo e um verdadeiro dilúvio. Era uma verdadeira enchente, e eu saí tropeçando sob aquele aguaceiro, com frio e molhada, contendo minha raiva como uma criancinha. Estava preocupada com os camelos, como sempre. E exausta. Exausta pelo trabalho e pela preocupação, que davam círculos e mais círculos, sempre voltando ao fato central de que eu estava envolvida em uma farsa ridícula e sem sentido.

E, naturalmente, essa foi a noite na qual o pequeno Golias decidiu que não gostava mais de ser agarrado e amarrado a uma árvore. Eu o persegui durante mais de uma hora, correndo. Atingi um novo nível de cansaço. Estava coberta de lama, congelada, trêmula de fadiga, quando finalmente o agarrei. Depois me arrastei até o acampamento, bebi um terço de uma garrafa de uísque em dez minutos e, chorando histericamente sem poder me controlar, gritei com o Richard antes de despencar feito um fardo incoerente e despedaçado.

Aquela noite injetou dois novos elementos no nosso relacionamento. O primeiro foi a tolerância, ou seja, a necessidade de chegar a um acordo. Ela estabeleceu a base real para uma amizade improvável, a qual, embora fosse ter seus altos e baixos, chegou para ficar. O segundo foi o sexo.

Ah, sim! Como fui boba. Inevitável, suponho, mas agora, ao recordar isso, percebo que foi um dos piores erros que cometi em termos de minha liberdade durante a viagem. Por esse motivo eu passei a me sentir mais comprometida com Richard, de uma forma milenar, sutil. Eu não podia mais descartar seus sentimentos tão facilmente como teria feito antes. Rick Smolan, judeu de Nova York, fotógrafo de destaque, individualista, embusteiro e manipulador por excelência sem nem mesmo se dar conta disso; talentoso, generoso, um rapaz estranho e desajeitado que se escondia atrás de máquinas Nikon – essa foi a criatura com quem minha viagem começou a se imbricar inexoravelmente; que me faria sentir como se o significado e essência originais da viagem me houvessem sido negados; que tinha se transformado de alguém que eu mal notava numa pedra de mó pendurada em meu pescoço e na minha cruz. O primeiro elemento oscilante e confuso que ia ser tão característico dessa viagem tinha se manifestado. Ele havia permitido que o Rick "se apaixonasse". Não por mim, mas pela moça dos camelos.

Porém, ficamos bem mais amáveis um com o outro depois daquela noite. Embora Rick estivesse se esforçando muito, comecei a perceber que ele tinha que estar ou totalmente distanciado de tudo ou totalmente envolvido em tudo. Eu não podia exigir que ele ficasse em cima do muro. Ele começou a mudar lentamente a partir daquele dia, deixando o deserto influenciá-lo, passando a reconhecer seu valor, e a reconhecer-se como uma consequência.

Passamos pela Caverna Lassiter... Coitado do Lassiter, aquele tolo ávido por ouro que havia perdido seus camelos e morrido nas dunas, segurando um freio de nariz que ele deve ter arrancado de seus camelos assustados quando eles fugiram, e deixando atrás de si um mistério sem solução girando em torno da sua suposta descoberta de um veio de ouro tão abundante que ele teria se tornado um bilionário, se conseguisse ter voltado de lá. Os nativos pitjantjatjaras, que até ali não haviam tido contato nenhum com brancos, tinham tentando salvá-lo, mas, como tantos outros exploradores azarados, ele não resistiu à caminhada e sofreu uma morte horrível a apenas algumas dezenas de quilômetros de um lugar seguro.[8] Muitos dos velhos pitjantjatjaras se lembram dele. Tentei fazer força para não pensar naquele freio de camelo nas mãos dele.

Nós estávamos a apenas um dia ou dois de Docker, quando o primeiro desastre da viagem aconteceu. Eu estava atravessando um rio que antes era uma trilha, à frente dos meus camelos, com todo o cuidado, quando Dookie, o último da fila, escorregou e caiu na água. Voltei até onde ele estava caído e lhe pedi para se levantar. Dei-lhe tapinhas atrás do ombro e tornei a lhe pedir para se erguer. Ele me lançou um olhar de dar dó e ficou de pé, soltando gemidos. A água da chuva estava me cegando e descendo pelo meu corpo, feito uma correnteza gelada. Dookie mal podia se apoiar na perna dianteira direita.

Acampamos naquela noite numa luz verde vítrea, luminosa e profunda. Eu não fazia ideia do que tinha acontecido com a perna do Dookie. Cutuquei-a, esfreguei-a e a examinei do ombro até a pata. Estava dolorida, mas não havia inchaço visível. Pus-lhe compressas quentes, mas não sabia o que mais poderia fazer. Seria um osso quebrado, um ligamento rompido, o quê? O caso é que o Dookie não podia mais andar. Ele ficou sentado no leito do riacho, numa in-

---

[8] Lassiter (ou Lasseter) abrigou-se numa caverna chamada Kulpi Tjuntinya (Caverna de Lasseter), na serra de Mannanana, durante 25 dias, em janeiro de 1931. Ele havia retornado para procurar a jazida de ouro que dizia ter descoberto. Seus camelos fugiram, ele ficou sem comida, e uma família aborígene lhe fornecia alimento e água. Porém, Lasseter resolveu tentar chegar a Kata Tjuta, a 140 km de distância, e morreu após ter percorrido 55 km. (N.T.) Fonte: Wikipedia

felicidade incrível, recusando-se a se mover. Eu lhe trouxe um pouco de capim e tornei a massagear-lhe o ombro. Abracei-o, lhe fiz muita festa, e durante o tempo todo me senti mal, exausta, fatigada. Comecei a ter um pensamento que tentei afastar. Que eu poderia ter que matar meu amiguinho, que a viagem talvez tivesse que terminar ali mesmo, e que tudo havia sido uma piada de mau gosto ridícula. Ainda bem que o Rick estava ali comigo.

Por fim as chuvas pararam. Tudo foi enxaguado, ficou limpo e brilhando. Descansamos dois dias, depois entramos em Docker, onde, como de costume, centenas de crianças animadas vieram ao nosso encontro. O conselheiro da comunidade nos deu um trailer e Rick decidiu ficar até sabermos qual seria o destino do Dookie. No fim, esperei seis semanas, sem saber se a perna iria ficar boa ou não. Rick só ficou duas semanas. Não foi um período feliz.

É incrível como os seres humanos podem ficar aparentemente calmos, controlados e sensatos, quando internamente estão caindo aos pedaços, se desintegrando, se arrebentando. Agora posso entender que aquele tempo em Docker foi o início de uma espécie de colapso mental, embora eu não o descrevesse dessa maneira na época. Eu ainda estava funcionando, afinal de contas. Os brancos dali eram bondosos e fizeram de tudo para nos distrair e para cuidar de mim, mas eles não podiam saber que eu precisava de toda a minha energia só para ficar naquele trailer lambendo minhas feridas. Eles não podiam saber que estavam me arrasando com seus convites, nem que eu estava moralmente fraca demais para resistir, e que meus infindáveis sorrisos escondiam um desespero profundo. Eu queria me esconder, dormia horas seguidas, e quando acordava estava no meio do nada. Um nada cinzento. Eu estava doente.

Fossem quais fossem as justificativas para fotografar os aborígenes, agora elas não faziam mais nenhum sentido. Ficou imediatamente claro que eles detestavam isso. Eles sabiam que era uma espécie de exploração. Eu queria que o Rick parasse. Ele argumentava que tinha um trabalho a fazer. Eu dei uma olhada num caderninho que a *Geographic* havia lhe dado para registrar suas despesas. Nele constava o seguinte item: "presentes para os nativos". Não acreditei nos meus olhos. Eu lhe disse para colocar nessa rubrica cinco mil dólares para comprar espelhos e contas de colares, e depois lhes doar o dinheiro em vez de comprar os itens. Também percebi que a cobertura de uma revista conservadora como a *Geographic* não faria bem nenhum a ninguém, não importando como eu escrevesse o meu artigo. Os aborígenes ainda iriam parecer nativos primitivos e estranhos, que causariam espanto nos leitores, os quais não iam se importar com nada do que eles realmente estavam passando. Argumentei com o Rick que ele estava se prestando a apoiar uma forma de parasitismo e que, além disso, como todos o estavam considerando uma espécie de cônjuge meu, o que eles sentissem por ele também sentiriam por mim. Eles foram muito educados e côrteses como sempre, me levaram para caçar e catar frutas no mato, mas percebi que existia uma barreira sempre presente entre nós. Rick veio com todos os seus velhos argumentos, mas ficou meio dividido, segundo percebi, porque reconheceu que eu estava falando a verdade.

Estava chegando a hora de Rick partir e ele estava se sentindo meio frustrado porque não havia terminado seu serviço. Certa noite nós tínhamos ouvido uns uivos vindos do acampamento. Sem eu saber, ele saiu de mansinho do trailer na manhã seguinte, bem cedo, e foi até lá tirar fotos. Ele não devia saber que estava registrando uma cerimônia secreta e ritos sagrados, mas teve sorte por eles não terem lhe atravessado a perna com uma lança. Eu só soube disso depois que ele saiu, mas consegui sentir que todo mundo agora estava contra nós. Não abertamente, nunca abertamente, mas um sentimento sempre presente, o qual pensei que se devesse ao fato de eles poderem ver tudo estampado na minha cara. Parecia que um dos meus principais objetivos, que era conviver com os aborígenes, agora seria inatingível.

Eu tinha peiado os camelos a treze quilômetros da cidade, onde o pasto era melhor. Deixei o Dookie andar livremente. Todos os dias eu saía de carro para ver como eles estavam, cortava um pouco de capim para o Golias, para quem eu havia feito um cercadinho com cordas, e examinava detidamente o Dookie, que não parecia estar melhorando. Decidi pegar um avião de transporte de malotes, e fui para Alice com o objetivo de consultar um veterinário ou o Sallay e conseguir um aparelho de raios X portátil. Não dá para descrever a sensação de derrota que senti ao pousar no aeroporto de Alice. Eu tinha jurado nunca mais voltar, mas agora parecia que jamais me livraria daquele lugar, nem mesmo fisicamente. Consultei Deus e todo mundo, tentei obter o aparelho de raios X dos departamentos de saúde, hospitais, até clínicas dentárias. Não houve jeito. A resposta era sempre a mesma. É preciso esperar para ver o que vai acontecer.

Peguei o avião de volta. Richard partiu, deixando o carro comigo.

A rotina durante as semanas seguintes foi incrivelmente tediosa. Eu me obrigava a me levantar de manhã, depois de ter lido um livro de ficção científica horroroso a noite inteira para evitar pensar demais, depois pegava o carro e ia ver os camelos. A rotina às vezes era amenizada pela presença de bandos enormes de crianças que me acompanhavam. Mas no dia em que enfrentei pela primeira vez um camelo macho selvagem, eu estava sozinha.

– Nossa, Diggity, o Dookie de repente cresceu muito, deve ser toda essa pastagem verrrr... que droga. Meu Deus, está acontecendo!

Eles estavam ali, cortejando a minha Zelly e agitando os meus camelos, que estavam agindo com tamanha submissão que achei que era capaz até de eles irem embora com aqueles machos se eu esperasse demais. Felizmente achei um jovem aborígene logo depois, na estrada. Ele arrebanhou os machos com o seu carro, para que eles não pudessem chegar até onde eu estava, enquanto eu corria, morta de pavor, e amarrava rapidamente a Zelly a uma árvore. Até ali, tudo bem. Então fui voando até a aldeia, dirigindo na velocidade da luz. Agarrei meu rifle e consegui uns dois caras para me acompanhar, e voltei rapidamente. Mal tinha usado aquela arma, da qual ainda sentia medo, e ainda fechava os olhos involuntariamente ao puxar o gatilho. Apoiei meu braço na caminhonete, atirei, errei, atirei, acertei, atirei, atirei, atirei, atirei, matei.

Foi terrível e chocante. Pessoas que matam por prazer é uma coisa que nunca vou entender na minha vida. Depois, senti um baita remorso.

***

Glenys, uma enfermeira que trabalhava para o serviço de saúde dos aborígenes, chegou alguns dias depois. Imediatamente fui com a cara dela. Nós saíamos com frequência, para caçar com as mulheres, procurar maku (uma larva comestível de mariposa, a chamada *witchetty grub*) e formigas pote-de-mel[9] e participar da caça ao coelho, na qual as mulheres acham uma toca de coelho, cavam profundos buracos com pés-de-cabra e extraem, se tiverem sorte, mancheias de coelhos para depois assá-los na brasa. Eu adorava essas expedições, onde havia vinte mulheres e crianças apinhadas dentro ou fora do Toyota, todas rindo e falando, e durante as quais percorríamos uns cinquenta quilôme-

---

[9] Essas formigas também usadas como alimento pelos aborígenes vivem como se fossem potes de mel. Após as chuvas, as plantas do deserto (chamadas efêmeras, por só surgirem em período chuvoso) produzem muito néctar, que as formigas acumulam em operárias escolhidas como "reservatórios". Elas são alimentadas até que seu abdome se inche e elas não consigam mais se mover. Algumas podem alcançar o tamanho de uma uva. (N.T.)

tros até um lugar especial. Os cachorros de acampamento sarnentos e magros nos seguiam galopando, latindo e ganindo, e chegavam horas depois, meio mortos de cansaço, exatamente quando estávamos nos preparando para voltar.

Glenys e eu decidimos ir de carro até Giles, uma estação meteorológica a uns cento e sessenta quilômetros a oeste dali. Havia um acampamento aborígene bem grande lá, e alguns brancos administravam a estação. Quando chegamos, alguns rapazes saíram e nos convidaram para entrar na cantina deles. Nós sabíamos qual seria inevitavelmente o assunto da conversa, e nenhuma de nós estava particularmente interessada em passar por isso de novo. Glenys era mestiça de aborígene, e era muito mais sensível às piadinhas de mau gosto deles sobre os aborígenes. Eu tinha aprendido a ignorá-las. Nós dissemos a um deles que íamos voltar ao nosso acampamento.

– Vê se consegue acertar uns macacos com esse seu quebra-mato enquanto estiver por lá, viu? Hahaha!

Dei a ré na caminhonete e joguei um monte de cascalho em cima dele com a roda. Glenys debruçou-se na janela e o xingou. Ele ficou boquiaberto.

Quando voltamos ao acampamento, saímos e conversamos com algumas mulheres. Depois de algum tempo, elas já estavam todas murmurando e conferenciando entre si. Uma senhora idosa então se aproximou de nós e nos perguntou se gostaríamos de aprender a dançar. Claro que a resposta foi afirmativa. Elas nos levaram até uma clareira que não podia ser vista do acampamento. As mulheres mais velhas, de uma feiura linda, se agacharam na frente, enquanto as mais jovens e as meninas se amontoaram atrás delas. Glenys e eu nos sentamos na frente. Elas se afagaram e riram muito, tranquilizando-se. Eu não falava pitjantjatjara suficiente para compreender o que todas estavam dizendo, mas não tinha importância. Todas sabíamos o que elas estavam querendo dizer. Outras encontraram uns galhos e começaram a batê-los uns nos outros sobre a terra vermelha, ritmicamente. Eu não sabia se devia fazer o mesmo, não sabia como me comportar ali. Mas à medida que aquela música continuava, parecendo uma ladainha, tecida de poeira, meditativa, eu ia me sentindo transportada, quase chegando às lágrimas. O som parecia emanar do solo. Ele se encaixava tão perfeitamente ali, era uma canção de unidade e reconhecimento, e as velhas matronas eram como extensões da terra. Por que estavam fazendo isso para nós, aquelas mulheres sorridentes? Deixei-me levar por uma sensação de pertencer àquele lugar. Elas estavam me recebendo no mundo delas. Perguntaram-me se eu queria dançar. Eu me senti ridícula, desajeitada, com medo de me levantar. Finalmente uma senhora idosa pegou minha mão e, ao som daquele estranho ritmo feito de estalidos e da ladainha, ela dançou e pediu que eu a imitasse. Eu me esforcei ao máximo. Atrás de nós, as outras riam a valer. Lágrimas rolavam pelas suas faces abaixo, e elas punham as mãos nas costelas, rindo gostosamente. Ri com elas, e minha velha professora me abraçou. Ela me mostrou outra vez o tremor de corpo difícil que era para ser feito ao final de cada cadência. Por fim, consegui imitá-la, e aí dançamos a sério, pulando e arrastando os pés nas rachaduras do solo poeirento, nos sacudindo todas ao final, virando, voltando, depois vagarosamente saltitando em círculo. Horas se passaram. Gradativamente uma decisão tácita do grupo encerrou a dança e as mulheres começaram a se retirar. Logo, todas estavam indo embora. Nós duas ficamos ali, sem saber o que mais esperavam que fizéssemos. Estávamos para ir embora também, quando uma das senhoras idosas chegou perto de nós, fez bico com aquela sua boca sem dentes, e disse, "Seis dólar, você tem seis dólar?" Sua mão velha e nodosa estava espichada; as outras se viraram e observaram. Fiquei sem saber o que dizer, pasmada. Nada me veio à cabeça. E depois que recuperei a fala, eu lhe disse que não tínhamos nenhum dinheiro. Esvaziei os bolsos para lhe mostrar que era verdade. "E dois dólar, você tem dois dólar?" Glenys revirou os bolsos também e lhe deu todo os seus trocados. Eu prometi que lhe enviaria o dinheiro, depois minha amiga e eu fomos embora.

Nós não conversamos muito no caminho para casa. Eu não sabia na época que era apenas uma regra de etiqueta dar uma gorjeta depois de uma dança. Para mim, aquela tinha sido uma derrota simbólica. Um resumo final, afirmando que eu jamais poderia me integrar totalmente na comunidade deles – sempre seria uma turista branca, alguém de fora, uma observadora.

E tudo continuou se arrastando assim, numa decadência gradativa de meus pequenos sonhos e esperanças. Enquanto o ombro do Dookie ia começando vagarosamente a curar-se (eu o havia diagnosticado àquela altura como um músculo rompido), perguntei pelo povoado de Docker se alguns dos anciãos gostaria de me acompanhar até Pipalyatjara. Eu queria pegar um atalho durante os próximos cento e poucos quilômetros, mas sabia que seria através de uma região sagrada, pontilhada de santuários, onde não era permitida a entrada de mulheres. Eu não ia poder fazer isso sem estar acompanhada por um ancião. Seria a pior forma de invasão, mas eu desesperadamente queria fugir das trilhas. Sem ter exatamente dito que sim, eles também não disseram que não – o que era uma maneira educada entre os aborígenes de dar respostas que a pessoa já sabia quais iriam ser. Eu sabia que eles não confiavam em mim, mesmo que eu não tivesse uma câmera. Eu tinha descoberto, por meio do indignado assistente social da comunidade, o que o Rick havia feito; sabia que eu era uma cúmplice, e achava difícil olhar direto nos olhos deles. Tirar fotos de uma cerimônia secreta era pior do que um sacrilégio numa igreja poderia ser para os cristãos mais piedosos. Os aborígenes dali dividiam os viajantes em duas categorias: os turistas e as pessoas; percebi que, para eles, eu tinha me tornado uma turista.

Havia apenas meia dúzia de brancos em Docker. Eles eram boa gente. Do assistente social da comunidade até o mecânico ou os gerentes de lojas, eles me convidaram para churrascos, para fazer piqueniques e sair para caçar, mas não conseguiram penetrar na minha concha.

Quando eu estava pronta para partir, já se havia decidido que nenhum dos anciãos queria me acompanhar. Isto significava atravessar duzentos e cinquenta quilômetros de estrada de terra, o que eu não estava muito disposta a fazer. Não sabia mais se deveria continuar. Nada mais parecia estar fazendo sentido. Eu tinha vendido aquela viagem, entendido tudo ao contrário, administrado tudo errado. Não podia conviver com os aborígenes sem ser considerada uma intrusa desastrada. A jornada havia perdido todo o seu significado, toda a sua característica mágica e inspiradora, tinha passado a ser um gesto vazio e tolo. Eu quis desistir. Mas para fazer o quê? Voltar para Brisbane? Se esta, a coisa mais difícil e memorável que eu já havia tentado, fosse um fracasso retumbante, então o que poderia dar certo? Saí de Docker mais infeliz, mais pessimista e mais debilitada do que jamais havia me sentido antes.

Ao sair do assentamento, sozinha, só pude perceber uma monotonia, uma falta de substância em tudo. Meus passos me pareciam dolorosamente vagarosos, curtos e pesados. Eles não me levavam a lugar algum. Passo após passo após passo, a caminhada interminável se arrastava, afundando cada vez mais meus pensamentos, em espirais. O terreno parecia estranho, desbotado, calado; o silêncio, hostil, insuportável.

Eu estava a trinta quilômetros do assentamento, cansada e sedenta. Bebi um pouco de cerveja. Estava a ponto de parar e montar um acampamento quando vi, através do calor da tarde, meio enevoados pela cerveja, três camelos machos grandalhões avançando para nós, indubitavelmente no cio.

Pânico e tremor. Eles atacam e matam, lembre-se. Lembre-se agora, número um: amarre bem o Bub; número dois: mande-o se sentar; número três: tire o fuzil do coldre da sela; quatro: carregue o fuzil; cinco: engatilhe, mire e atire. Eles estavam a apenas uns trinta metros de distância, e um deles começou a jorrar um arco cilíndrico de sangue vermelho. Ele não pareceu ter notado. Todos voltaram a avançar.

Fiquei fora de mim de pavor. A princípio não quis acreditar que aquilo estivesse acontecendo; depois acreditei que nunca iria parar. Dava para ouvir minha pulsação nas orelhas, um suor frio me escorria pelas costas. Minha visão ficou distorcida pelo medo. Depois que tudo isso passou, nem parei mais para pensar, passei apenas a atirar.

Fiiiiiummmm. Dessa vez, a bala passou de raspão atrás da cabeça dele, e ele se virou e começou a se afastar. Fiiiiiummmm. Perto do coração outra vez; ele caiu, mas só ficou parado onde tinha caído. Fiiiiiummmm. Na cabeça, morreu.

Os outros dois trataram de ir se esconder no mato. Tremor e suor, tremor e suor. Por enquanto, você venceu.

Tirei as selas dos camelos e os peei ali por perto, olhando em torno de mim constantemente. Estava anoitecendo. Os camelos selvagens voltaram. Mais atrevida agora, atirei num deles, mas só o feri de leve. A noite caiu rápido demais.

O fogo bruxuleava sobre a areia branca iluminada pela lua, o céu estava de um negro ônix. O retumbante ruído dos camelos machos circundando o acampamento bem perto ficou soando até eu dormir. O luar me despertou, e então eu vi, talvez a vinte metros de mim, um animal de pé, totalmente perfilado. Adorei aquele animal, não senti vontade de fazer mal a ele. Era belíssimo, imponente. Não estava nem um pouco interessado em mim. Dormi de novo, ao som das campainhas dos meus camelos, que ruminavam pacificamente.

Quando a aurora chegou, eu já estava de guarda, com o fuzil carregado e preparado. Dois machos ainda continuavam por ali. Eu precisava matar o ferido. E tentei. Mais um cilindro de sangue, e ele correu, mordiscando o ferimento. Não consegui segui-lo. Eu sabia que ele ia morrer lentamente, mas não podia ir atrás dele, precisava pensar na minha própria sobrevivência. E então me voltei para o último camelo macho jovem, aquele lindíssimo camelo do luar. Tomei uma decisão. Esse, dos três, sobreviveria, caso não fizesse algo que ameaçasse diretamente a minha segurança. Foi uma decisão acertada. "Sim, talvez ele nos siga até Carnarvon. E eu vou chamá-lo de Aldebarã, não é magnífico, Diggity, um par perfeito para o Dookie." Movimentei-me sorrateiramente para recolher meus camelos. Ele ficou só me observando. Agora, só precisava pegar o Bub. Ele saiu galopando de peia mesmo, o novo macho calmamente caminhando vagarosamente ao lado dele. Não dava para pegá-lo, com o outro macho assim tão perto. Tentei durante uma hora, fiquei exausta, senti vontade de matar o Bubby, de arrancar-lhe as patas, de lhe cortar o saco fora, mas os dois já estavam longe. Tirei o fuzil do coldre e andei até mais ou menos uma distância de nove metros do novo macho, que agora já estava ficando excitado e agitado. Meti-lhe uma bala direto onde eu sabia que ia matá-lo na hora. Eu comecei a chorar, ele se sentou e ficamos nos entreolhando.

Bubby ficou intrigado. Ele andou até a carcaça do camelo morto e bebeu um pouco de sangue. Estava espalhado sobre o focinho inteiro dele e o Bub passou os lábios naquela lambuzeira. Depois, permitiu que eu o capturasse.

Entrei numa nova dimensão de espaço-tempo. Mil anos couberam num dia, e éons, em cada passo. As casuarinas suspiravam e curvavam-se para mim, como que tentando me agarrar. As dunas vinham e passavam. Morros se erguiam e passavam por mim. As nuvens chegavam e passavam, e sempre aquela estrada, sempre aquela estrada, sempre aquela estrada, sempre aquela estrada.

Cansadíssima, dormi no riacho sem pensar em nada a não ser o fracasso. Não podia sequer acender uma fogueira. Queria me esconder nas trevas. Achei que certamente haviam se passado mais de dois dias, de tanto que eu havia caminhado. Mas o tempo era diferente aqui, ele se ampliava através da caminhada, passo após passo, e em cada passo um século de pensamentos cíclicos. Eu não queria pensar assim, estava envergonhada dos meus pensamentos, mas não conseguia detê-los. A lua, de um mármore frio e cruel, me pressionava, me sugava, eu não conseguia me esconder dela, nem mesmo em sonhos.

No dia seguinte, e no outro dia também, a estrada, as dunas e o vento frio sugavam meus pensamentos, e nada acontecia, a não ser a caminhada.

Aquela região era árida. Como os camelos podiam estar tão sedentos e magros? À noite eles chegavam onde íamos acampar e tentavam derrubar os tambores de água. Eu não podia lhes dar muita coisa, porque não tinha água sobrando, então racionava o que tinha entre eles. Vi no mapa uma marcação que dizia "lago". Graças a Deus. Saí da trilha em algum ponto daquela bruma de tempo elástico e entrei ali. Mais dunas, depois um trecho plano e pedregoso, amplo, seco e desolado, com um pássaro morto e dois lagos secos. É importante esse fio que ata o pânico da gente. Continuei caminhando. Naquela noite, acampei naquelas dunas...

O céu estava cor de chumbo, pesado. O dia inteiro tinha sido cinzento, liso, translúcido, como a barriga de um sapo. Senti gotas de chuva batendo em mim, mas não foi o suficiente para assentar a poeira. O céu estava me enxaguando, me esvaziando. Senti frio ao tentar me aquecer perto da minha fogueira raquítica. E em algum lugar, entre as dunas congeladas, num deserto assombrado e esquecido, onde o tempo sempre é medido pelo interminável suceder das constelações, ou pelo frio grasnar de um corvo ao despertar, eu me deitei no meu monte de cobertores imundo. A geada se prendeu como teias de aranha quebradiças aos arbustos negros ao meu redor, enquanto o céu se enchia de purpurina. Tudo estava muito quieto. Dormi. Na hora antes de o sol lançar uma camada fina de luz cor de sangue sobre a areia, acordei de repente e tentei me livrar de um sonho que não consegui lembrar. Estava dividida. Acordei no limbo e não conseguia me encontrar. Não havia pontos de referência, nada para manter o mundo controlado e coeso. Não havia nada senão caos e as vozes.

A mais forte, odiosa e poderosa estava zombando de mim.

– Você agora foi longe demais. Agora eu te peguei, e eu te odeio. Você é repulsiva, não é? Você não é nada. E agora você está nas minhas garras, sabia que isto iria acontecer, mais cedo ou mais tarde. Não adianta lutar contra mim agora, você sabe disso, não há ninguém para te ajudar. Eu te peguei, eu te peguei.

A outra voz era mais calma e aconchegante. Ela me mandou deitar-me e me acalmar. Ela me instruiu para não me entregar, não desistir. Ela me tranquilizou, dizendo-me que eu tornaria a me encontrar se ao menos conseguisse aguentar firme, ficasse calada e me deitasse.

A terceira voz estava gritando.

Diggity me acordou ao amanhecer. Eu estava a uma certa distância do acampamento, com câimbras e fria até os ossos. O céu estava gelado, de um azul pálido e impiedoso, como os olhos de um psicopata. Entrei na dobra do tempo outra vez. Estava lá só pela metade, como um autômato. Eu sabia o que precisava fazer. "Você precisa fazer isto, isto vai te manter viva. Lembre-se." Eu entrei naquele mar de murmúrios maléfico. Como um animal, pressenti uma ameaça, tudo estava muito silencioso, mas ameaçador, gelado, sob o calor do sol. Eu senti que aquilo estava me observando, me seguindo, esperando por mim.

Tentei vencer aquela presença com minha própria voz. Ela soou rouca no silêncio e foi engolida por ele. "Nós só temos que chegar ao Monte Fanny, onde certamente vamos encontrar água", disse a minha voz. Só dar um passo após o outro, só preciso fazer isso. Não posso perder a calma." Dava para ver o que parecia ser o Monte Fanny à distância azulada, e eu quis estar lá, protegida por aquelas rochas, mais do que qualquer coisa que eu já tinha querido antes. Eu sabia que estava sendo irracional. Havia mais do que apenas água para me sustentar em Wingelinna. Mas os camelos, eu tinha certeza de que eles iriam passar bem a semana, terminá-la tranquilamente. Eu não havia planejado aquela secura súbita, a falta de pasto verde. "Mas vai haver água lá, claro que sim. Não era isso que eles tinham me dito? E se não houvesse? E se o moinho tiver parado? E se eu me perder? E se esse pedacinho de barbante que me mantém atada aos meus camelos se romper? E aí? Andar, andar, andar, dunas eternas, todas pareciam iguais. Eu caminhava como se estivesse em uma esteira de academia, sem progredir, sem mudanças. O morro se aproximou bem devagar. "Qual será a distância agora? Um dia? Este é o dia mais comprido de todos. Cuidado. Lembre-se, é só um dia. Aguente firme, você não pode desistir. Talvez venha algum carro. Não há carros. E se não houver água, o que eu faço? Preciso parar com isso. Preciso parar. Só continue caminhando. Só um passo de cada vez, é só isso que é preciso." E aquele diálogo mental continuava, sem parar. De novo, de novo, indo e voltando, indo e voltando.

Ao fim da tarde, sombras compridas, trevas próximas. O morro estava perto. "Por favor, por favor, preciso chegar lá antes do anoitecer. Por favor, não me deixe aqui no escuro. Ele vai me engolir."

Certamente deve estar depois da próxima duna. Não, então depois da próxima. Certo, tudo bem, a próxima, depois a próxima, a próxima. Por favor, meu Deus, estou pirando. O morro está ali. Quase posso tocá-lo. Comecei a gritar. Comecei a berrar feito uma idiota com as dunas. Diggity me lambeu a mão e ganiu, mas eu não conseguia parar. Eu já estava caminhando fazia uma eternidade. Eu estava andando em câmera lenta. Tudo estava ficando mais lento.

E aí, depois da última duna, saí das dunas. Agachei-me nas rochas, chorando e apalpando-as, para sentir sua consistência. Subi cada vez mais a escarpa rochosa, me afastando daquele oceano terrível de areia. As rochas eram pesadas, escuras e fortes. Erguiam-se como uma ilha. Fui rastejando sobre essa espinha gigantesca, quando ela emergiu das ondas, numa indefinição verde. Voltei a olhar para a imensidão do lugar onde eu estava antes. A lembrança já estava desaparecendo, o tempo, o tempo doloroso que havia passado ali. Eu já havia me esquecido da maioria dos dias, que haviam afundado, sumindo da minha memória, deixando apenas alguns picos que eu podia recordar. Eu estava segura.

"Vai ser fácil achar o moinho. Ou o lago, tanto faz. Vai haver água em algum lugar aqui. Tudo vai dar certo." O pânico foi sumindo, e eu ri de mim mesma por estar agindo de forma tão absurda, um efeito da exaustão física e emocional, só isso. Eu estava bem. Eu ia ficar bem. Os fios se ligaram e eu afaguei a Diggity. "A Diggity está aqui, está tudo bem. Está escuro demais para encontrar o moinho hoje, Dig, mas há um pouco de mato por ali, que eles vão comer felizes, não é?" Vamos encontrar o moinho amanhã, os pássaros e os rastros vão levar-nos até ele. E eu vou dar aos camelos bastante água para beber, só que agora vou acender uma fogueira enorme e tomar um chazinho, e te dar algo para comer, minha amiguinha."

Dormi profundamente, sem sonhos, acordei cedo e me levantei com tanta facilidade e leveza quanto uma águia alçando voo do seu ninho. Não havia nem sombra da fadiga do dia anterior, nem do inimigo da noite anterior. Minha mente havia sido lavada, estava limpa, brilhando e luminosa. Tudo ao redor de mim estava explodindo de tanta vida e vibração. As cores dançavam e brilhavam à luz nítida da aurora. Pássaros canoros matinais, centenas deles. Sentia-me bem melhor, e preparei as bagagens rapidamente, até com destreza, como uma máquina de precisão. Eu me sentia maior, sei lá, expandida. Caminhei uns cem metros depois de contornar um rochedo, e achei o moinho. Os camelos beberam água, Diggity também, e eu tomei um banho gelado e revigorante.

Mais ou menos a um quilômetro do moinho, encontrei uma cáfila de uns 40 camelos. Tirei o fuzil do coldre imediatamente, sem fazer ruído. Eu os vi descer como fantasmas, silenciosos, do lugar que lhes servia de bebedouro, no alto das colinas. Olhei para eles, e eles me olharam, dividindo o mesmo caminho. Eu sabia que não precisaria atirar neles dessa vez, mas era melhor me garantir, seguindo as regras desse joguinho específico. Sorri para eles. Eles eram mais bonitos do que eu seria capaz de descrever. O líder, um camelo enorme, os mantinha ligeiramente adiante de nós, e olhava para trás constantemente, para avaliar a situação. Eles paravam, eu parava também. Um impasse. Eu gritava, assobiava e ria para eles. Eles pareceram ficar ligeiramente intrigados. Eu balançava os braços na direção do macho grande e dizia: "Xoooo..." bem alto, em tom autoritário. Ele fazia uma cara de estar se sentindo profundamente entediado. Atirei uns chumbinhos com a espingarda para o ar, e ele reconheceu o som. Reuniu sua família, mordiscando-lhes os calcanhares, e eles começaram a se mover mais rápido, até aqueles quarenta camelos selvagens, belos e livres, saírem corcoveando e galopando pelo vale, criando um eco e uma nuvem de poeira, e sumirem. Eu estava me lembrando exatamente quem eu era agora.

Naquela noite, eu estava para me recolher, quando ouvi o ronco de veículos à distância. Um som muito estranho, incongruente. Eu não precisava mais deles, não os queria. Eles representariam uma intrusão. Fiquei até meio com medo deles, porque sabia que ainda estava um pouco fora de mim. "Aceitamos ou não companhia humana hoje à noite, Dig? Ora, vamos deixar a fogueira resolver. Mas será que eu vou ser capaz de dizer algo que faça sentido a eles? E se eles me fizerem perguntas? O que vou dizer? O melhor é só sorrir muito e ficar de boca fechada, não é, minha cadelinha, o que você acha?" E fiquei revirando coisas na minha cabeça, tentando encontrar as amabilidades usadas nas conversas que tinham se desintegrado em mil fragmentos devido à experiência da semana anterior. Murmurei para a Diggity: "Ai, meu Deus, eles viram o fogo, aí vêm eles." Tratei de me examinar cuidadosamente para ver se os sinais da minha demência ainda seriam visíveis.

Aborígenes. Calorosos, amistosos, rindo, animados, aborígenes pitjantjatjara cansados, voltando para Wingelinna e Pipalyatjara depois de uma reunião sobre direitos à terra em Warburton. Não era preciso ter medo, eles não temiam o silêncio. Não era preciso fingir nada. Panelas de chá passaram de mão em mão. Alguns se sentaram ao pé da fogueira, conversando, outros prosseguiram, seguindo na direção de casa.

O último carro, um Holden antigo, bem amassado, chegou, resfolegando. Um motorista jovem, e três velhos. Eles decidiram passar a noite ali. Dividi com eles meu chá e meus cobertores. Dois dos velhos ficaram calados, apenas sorrindo. Eu me sentei ao lado deles, em silêncio, deixando a força deles penetrar em mim. Gostei especialmente de um deles. Um cara nanico, cujas mãos dançavam, de costas retas e com um enorme tênis Adidas num dos pés e um sapato feminino minúsculo no outro. Ele me deu a maior parte de seu coelho mal passado, pingando gordura e sangue, com o pelo queimado, fedorento. Eu comi aquilo, agradecida. Lembrei-me de que há dias não fazia uma refeição decente.

O sujeito do qual eu não gostei tanto era tagarela, sabia falar um pouco de inglês, sabia tudo sobre camelos e provavelmente tudo sobre todas as outras coisas neste mundo também. Era barulhento, egocêntrico, não era educado como os outros.

Bem cedo, de manhã, fervi a água do chá e comecei a me preparar para partir. Conversei um pouco com meus companheiros. Eles resolveram que um deles me acompanharia até Pipalyatjara, a dois dias de distância dali, para me proteger. Eu estava certa de que seria o tagarela que falava inglês, e fiquei meio grilada.

Só que quando eu estava para partir com os camelos, quem é que resolveu me acompanhar? O nanico. "Sr. Eddie", disse ele, apontando para si mesmo. Apontando para mim mesma, eu disse "Robyn", que supus que ele achava que significava "coelho", porque "robyn" é a palavra pitjantjatjara para designar esse animal. Isto me pareceu uma coincidência ideal. E aí desatamos a rir.

PARTE TRÊS

MEIO LONGINHO DAQUI

9

DURANTE OS DOIS DIAS SEGUINTES, Eddie e eu caminhamos juntos, comunicando-nos por gestos e tendo ataques de riso diante das pantomimas um do outro. Caçamos coelhos sem sucesso, catamos frutas no mato e nos divertimos praticamente o tempo inteiro. Ele era uma criatura com a qual era um verdadeiro prazer conviver, exsudando todas aquelas qualidades típicas do antigo povo aborígene: força, calor, autocontrole, espirituosidade e uma espécie de enraizamento, uma substancialidade que imediatamente inspirava respeito. E me perguntei, enquanto andávamos lado a lado, como a palavra "primitivo", com todas as suas conotações sutis e negativas, tinha se associado a um povo como este. Se, como alguém havia dito, "ser verdadeiramente civilizado é entregar-se à doença" então Eddie e sua espécie não eram civilizados. Porque isso era o que mais se destacava nele: ele era saudável, completo, integrado. Essa qualidade irradiava-se dele, e qualquer pessoa que não notasse isso seria um tolo rematado.

A essa altura a paisagem já havia mudado profundamente. Eu estava bem longe dos temidos abismos e valas das dunas. Vastas planícies cobertas de gramíneas amareladas como campos de trigo se estendiam até o sopé de montanhas e serras de um marrom chocolate. Estas eram cobertas na base por capim *spinifex* e arbustos amarelados e verde-claro que vagarosamente cediam lugar a saliências rochosas nuas, no alto. Pequenos aluviões continham a maioria das árvores e, de vez em quando, se via apenas uma única duna nua e avermelhada, ilhada no meio daquele amarelo. Um verde vivo aparecia no meio dos vales e abismos, e tudo isso era encimado por aquela infinita cúpula azul-cobalto. Voltei a sentir a antiga sensação de espaço ilimitado, limpo e brilhante.

Porém, depois de tudo que havia ocorrido comigo, toda aquela loucura e tensão, eu precisava desesperadamente ter uma boa conversa com alguém. Porque, embora meu pânico e temor tivessem agora sido substituídos por uma felicidade frenética, eu ainda estava abalada até as entranhas. Ainda estava cambaleando. Precisava voltar a ser quem eu era antes e encontrar, não sabia como, algum sentido na minha experiência. Eu já havia percorrido um terço do trajeto da minha viagem e Glendle, o assistente social comunitário de Pipalyatjara, ia ser o primeiro e talvez último amigo que eu provavelmente encontraria. Eu estava louca para falar com ele, em inglês, sobre tudo que tinha me acontecido. Mas o Eddie ficava o tempo todo me dizendo que ele "foi". Eu descobri depois que ele punha a palavra "foi" no fim de várias frases; ela tinha um vago sentido de direção, portanto eu não teria que me preocupar tanto. Mas a ideia de que Glendle poderia não estar no povoado era demais para eu suportar.

Quando Eddie andava um pouco atrás de mim eu podia sentir que ele me olhava com uma certa repulsa, sentia seus olhos intrigados pregados na minha nuca.

"O que há de errado com esta mulher? Por que ela não relaxa? Por que vive repetindo: 'o Glendle está lá, Eddie, ele está lá agora?'"

"Glendle fooooooi" disse ele, balançando a mãozinha no ar. Sempre que dizia isso ele erguia as sobrancelhas e arregalava os olhos com uma expressão cômica de seriedade surpresa, mas eu achava difícil sorrir. Eu me virava e continuava andando, tentando controlar o queixo trêmulo e as lágrimas que ameaçavam saltar dos meus globos oculares a qualquer segundo e escorrer-me pelo rosto.

"Por favor, por favor, você tem que estar lá, Glendle, eu preciso conversar, colocar tudo em ordem na minha cabeça. Nunca precisei tanto de um amigo assim antes. Por favor, por favor, esteja lá."

Nós acampamos naquela noite a cinco quilômetros de Wingelinna, o assentamento de origem do Eddie. Ele me instruiu para ficar no acampamento enquanto ele ia pegar suas coisas. Ele voltou com uma lata enferrujada, contendo uma garrafa de unguento, um vidro de aspirina e uma erva do deserto. Ah, sim, e também com um pulôver vermelho.

Nós nos dirigimos para Pipalyatjara na manhã seguinte, eu me sentido nervosa e o Eddie cantando. Eu não estava seguindo mapas, portanto não fazia ideia da distância até o assentamento. De repente, notei um barraco de chapas de estanho à minha direita. Eu devia estar olhando firme, diretamente para a frente, para não tê-lo visto. Nas paredes dele viam-se desenhos e pinturas infantis.

"Será que isto seria uma escola? Pipalyatjara não tem escola, tem? Glendle é a única pessoa branca aqui, não é?" Fiquei parada, piscando. Estava completamente desorientada. Não conseguia me lembrar se os desenhos nas paredes significavam que o lugar era uma escola ou não. Eu não sabia se estava louca o suficiente para estar fazendo pressupostos absurdos. E mesmo assim, aquilo parecia uma escola de aborígenes. Sim, naturalmente, precisava ser uma escola, o que mais seria? Uma sombra veio até a porta, hesitou, e aí alguém saiu do barraco, enrolando um cigarro. Era um rapaz com uma aparência bem *hippie*, que falou numa voz mansa, com uma delicadeza de pessoa culta:

– Olá, estávamos esperando vocês. Como está passando?

Engoli em seco. Quis pular em cima dele e abraçá-lo, prostrar-me diante dele e sair dançando. Ele falava inglês. Mas eu ainda não sabia até que ponto tinha chegado minha loucura. E se eu estivesse doida, não queria que ele percebesse. Portanto, só fiquei olhando para ele, muda, com um sorriso de orelha a orelha; e depois disse:

– Glendle?

– Dobrando a esquina, você vai ver uns traileres, ele está num deles. – O rapaz sorriu e me ofereceu um cigarro. Eu estava constrangida demais para deixar que ele visse minhas mãos trêmulas e, com medo demais de me entregar, dizendo ou fazendo algo incompreensível, só sacudi a cabeça e continuei andando, imaginando se ele teria percebido algo.

E aí me bateu que as pessoas realmente não se importam se a gente é maluca ou não naquelas paragens. Aliás, elas meio que esperam que estejamos meio pirados, e em geral são meio doidas elas mesmas. Além disso, não há gente suficiente para que alguém se preocupe pensando se está lidando com um excêntrico ou não.

Eu vi qual era o trailer do Glendle na mesma hora. Quem mais teria uns sininhos da felicidade pendurados numa árvore no jardim? Aliás, a única árvore em uma área de quilômetros e, por sinal, morta. Não que aquilo fosse um jardim, aliás, só uma demarcação invisível que todas as moradas irradiam. Ele saiu e nós nos abraçamos e depois passamos mais algum tempo nos abraçando, depois tornamos a nos abraçar e eu não consegui falar nada, portanto comecei a cuidar dos camelos, e depois nós três entramos para o inevitável ritual australiano do chá. Comecei a falar mil bobagens, então, e não parei de falar a minha bendita língua inglesa durante uma hora. Nem de rir.

Essa exaltação durou quatro dias. Glendle era um anfitrião perfeito, sensível e carinhoso. Ele até me cedeu sua cama forrada com lençóis limpinhos, e foi dormir com Eddie do lado de fora. Jurou que preferia dormir do lado de fora, e era só a preguiça que o impedia de fazer isso com mais frequência, o que provavelmente era verdade. Portanto, aceitei, agradecida. Não foi porque eu achasse que meu saco de dormir era ruim, nem nada, mas dormir luxuosamente numa cama outra vez foi uma experiência interessante. Diggity ficou que não cabia em si de contente.

Naquela noite, Glendle fez o chá. Eddie tinha montado um acampamento do lado de fora, e senhores e senhoras idosos vinham constantemente visitá-lo e falar comigo e com Glendle. Eu, uma vez mais, fiquei impressionada por aqueles idosos. Eles falavam macio, soltavam risadinhas constantemente, e pareciam estar em total controle de suas ações. E aí eu desejei poder entender mais pitjantjatjara. Embora eu pudesse entender a palavra "camelo" frequentemente, e captar o sentido geral da maioria das conversas, não conseguia entender coisas mais difíceis. Mas fui capaz de entender que muitas histórias sobre camelos foram contadas naquela noite.

Durante os dias seguintes, parecia que havia sempre gente vindo até o trailer nos cumprimentar, pedir emprestado canecas e chá, dividir uma caneca de chá, desabafar e resolver problemas, ou discutir política. Era bom, mas eu não podia imaginar como o Glendle conseguia fazer alguma coisa. Ele vivia entalado com uma papelada interminável que lhe era passada pelos burocratas, e odiava aquilo. O emprego de assistente social de uma comunidade deveria ser invejável, de certa maneira, mas é essencialmente algo ingrato. Seu papel principal é formalizar a distribuição de dinheiro aos indivíduos, tarefa essa que em geral se faz através de uma loja onde as pessoas descontam seus cheques e compram produtos a preços inflacionados. Os lucros são destinados a comprar coisas que o conselho aborígene acha que devem ser compradas para a comunidade. Caminhonetes, por exemplo, ou peças para fazer manutenção de poços. O assistente social coordena todos os sistemas, tal como os serviços de saúde e educação, e age como intermediário entre as exigências burocráticas e as pessoas. Isto, naturalmente, o transforma numa verdadeira bucha de canhão, porque os aborígenes não sabem nada sobre orçamentos, nem sobre como e por que o dinheiro chega, e os burocratas não sabem nada sobre o estilo de vida dos aborígenes.

Esse emprego tem outros aspectos que destroem a alma da gente, como descobri pelo que Glendle me falou. Nenhum branco consegue penetrar inteiramente na realidade aborígene, e quanto mais se aprende, mais se fica ciente daquela enorme lacuna no conhecimento e entendimento. Leva muito tempo para perceber as várias complicações e regras concernentes a esse cargo, e quando isso acontece, a pessoa já está totalmente estafada. Alguns assistentes sociais foram iniciados na cultura aborígene pelos anciãos. Isso, segundo pensaram, os faria se aproximar muito mais do povo e compreendê-los bem melhor. Mas, ao serem iniciados, eles descobriram que tinham deveres e responsabilidades conflitantes para com vários grupos, e isso tornava difícil ser justo para com todos.

O trabalho fica ainda mais difícil pelo fato de o assistente social estar mais ciente do que os aborígenes das possíveis consequências de suas decisões, e querer protegê-los. Se ele não virar um protecionista com estilo paternalista, vai presenciar erros catastróficos sem poder fazer nada para evitá-los a não ser dar conselhos, por saber que a única forma pela qual as pessoas podem aprender a lidar com o mundo branco é cometer esses erros. Nem sempre vai haver brancos bondosos por perto para remediar as coisas e amenizar os golpes. A uma certa altura, as pessoas precisam ficar autônomas. Uma diferença sutil.

E Glendle já estava cansado, de saco cheio. Tentar começar as coisas, indo contra a pressão dos governos e enfrentando falta de verba, apoio e instalações, o deixava deprimido e frustrado às vezes. Embora ele fosse apaixonado pela região e pelo povo e tivesse um relacionamento mutuamente respeitoso com eles, o trabalho estava lhe causando muitos dissabores, como causa em quase todos os envolvidos. Sempre há batalhas demais a travar. Os passos positivos são absolutamente minúsculos, totalmente desprezíveis, diante da enormidade do que está sendo feito contra os aborígenes.

Pipalyatjara, ao contrário de muitos assentamentos, tinha sorte porque não possuía uma população multitribal. Não ocorria ali o fenômeno das lutas intertribais regulares entre indivíduos e grupos. Tradicionalmente, na Austrália inteira, cada tribo tinha várias tribos vizinhas. Algumas delas eram parceiras econômicas e rituais, ao passo que outras eram consideradas antagonistas, seja por causa de uma história de conflitos, seja por terem costumes e crenças diferentes. Contudo, seus relacionamentos tradicionais não foram levados em consideração quando os funcionários do governo enviados para o campo começaram os primeiros postos avançados e assentamentos. Ali, em Pipalyatjara, por causa da homogeneidade, o conflito entre os indivíduos era estritamente controlado por leis e métodos tradicionais de resolução. O assentamento tinha sido originalmente fundado anos antes como um posto avançado, uma alternativa para Wingelinna, que antes era um centro de mineração. Esperava-se que surgissem outros postos avançados como satélites, depois que Pipalyatjara houvesse se consolidado.

A verdadeira importância dessa abordagem aos assentamentos aborígenes é que ela permite aos grupos escapar da pressão institucionalizadora das áreas com impacto ocidental máximo: os assentamentos de missões e do governo. Esse movimento constitui, de certa forma, uma volta às origens: as pessoas voltam por sua própria vontade a ter seu estilo de vida tradicional e suas cerimônias, ensinam a seus filhos valores tradicionais e passam-lhes o conhecimento tradicional, mas ao mesmo tempo levam consigo o que veem como importante da cultura ocidental, se assim o desejarem. É um estilo de vida que maximiza a identidade e o orgulho tribal e minimiza os problemas de conflito cultural. O posto avançado típico vai de um acampamento sem nenhum artefato ocidental, nem mesmo uma arma de fogo, até um acampamento suplementado com serviços escolhidos pelos seus ocupantes. Esses podem incluir uma pista de aterrissagem, um poço artesiano, rádio e trailers com consultórios médicos e salas de aula nos quais de um até vários brancos são os professores. Esse movimento de postos avançados parece estar proliferando pela Austrália tribal onde é politicamente possível.

Enquanto estava em Pipalyatjara descobri que o povo pitjantjatjara estava tentando oficializar a posse de suas terras, transformando o contrato de aluguel em escritura. A princípio os anciãos acharam que se devia deixar de lado toda aquela questão. Pelo que eles sabiam, ninguém podia ser dono da terra, a terra é que era a dona deles. Sua crença era de que a terra havia sido atravessada no tempo do sonho por seres ancestrais que tinham energia e poder sobrenaturais. Esses seres eram biologicamente diferentes do homem contemporâneo, uma espécie de síntese entre homem e animal, ou forças, como fogo e água.

As viagens desses heróis do tempo do sonho formaram a topografia da terra, e suas energias permaneciam na terra, corporificadas pelas trilhas que seguiam, ou em lugares ou marcos especiais onde eventos importantes haviam acontecido. O homem contemporâneo recebe parte dessas energias através de uma associação complexa com esses locais e um dever de preservá-los. Estes são o que os antropólogos chamam de totens, a identificação de indivíduos com espécies específicas de animais e plantas e outros fenômenos naturais. Assim, árvores, rochas e outros objetos naturais específicos são imbuídos com uma enorme importância religiosa para o povo que ocupa uma área particular da região e conhece as cerimônias e as histórias daquela região.

No modo de pensar dos aborígenes, não há como não saber quem sejam os encarregados tradicionais de cuidar da terra. A "propriedade" da terra e a responsabilidade por ela são transmitidos por tradições patrilineares e matrilineares. Os povos aborígenes também possuem alguns direitos sobre a terra na qual nasceram ou foram concebidos, e há outros relacionamentos mais complexos entre clãs através dos quais a responsabilidade pela terra é dividida.

A conexão entre o tempo onírico, a terra e os cuidadores tradicionais da terra se manifesta nas cerimônias complexas realizadas pelos componentes do clã. Algumas são cerimônias de aumento, garantindo a continuidade e a abundância da existência das plantas e dos animais e mantendo o bem-estar ecológico da paisagem (do mundo, até); algumas são especificamente voltadas para iniciação de adolescentes (cerimônias de passagem para o mundo dos homens); e alguns visam promover a saúde e o bem-estar da comunidade, e daí por diante. Esse repertório detalhado de conhecimento, leis e sabedoria entregues ao povo pelos seres do tempo onírico é portanto mantido e conservado potente, e passado de geração a geração através da realização do ritual. Todos os componentes da tribo têm conhecimento das cerimônias da sua terra e uma obrigação de respeitar os locais sagrados que lhes pertencem (ou melhor, aos quais eles pertencem).

As cerimônias são o vínculo visível entre os povos aborígenes e sua terra. Uma vez que a posse dessa terra lhes seja negada, a vida cerimonial se deteriora, os povos perdem sua força, seu significado, sua essência e sua identidade.

No caso dos pitjantjatjaras, os idosos haviam deixado de lado a questão de a terra ser arrendada ou própria, considerando-a uma trivialidade, e os burocratas do governo talvez não façam a menor ideia do motivo que levou os anciãos a fazer isso. Para os mais velhos, possuir a terra era bem mais impossível do que possuir uma estrela ou uma parte da atmosfera.

À parte o fato de que eu não sou autoridade no assunto, tentar descrever a cosmologia aborígene rapidamente é como tentar explicar a mecânica quântica em cinco segundos. Além disso, é impossível dar detalhes antropológicos suficientes sequer para começar a descrever o *sentimento* dos aborígenes pela sua terra. Ela é tudo para eles, sua lei, sua ética, sua razão de viver. Sem esse relacionamento eles se tornam fantasmas. Quando eles perdem sua terra, eles se perdem, seu espírito, sua cultura se vão. Por isso o movimento dos direitos da terra se tornou tão essencial. Porque, negando-lhes sua terra, estamos cometendo genocídio cultural, e, neste caso, racial.

O jantar com Glendle naquela noite foi o de costume, panquecas feitas com farinha de trigo integral, farinha branca infestada de carunchos, ovos e leite – uma refeição pesada que entupia a barriga depois de duas mordidas. Às vezes ele punha aquela gororoba horrível em uma forma e a metia no forno, chamando-a de suflê. Suflê à la câmara-de-ar.

A introdução da farinha integral em Pipalyatjara tinha sido um dos fracassos de Glendle. Desde a intervenção dos brancos, a farinha branca, o chá e o açúcar haviam se tornado indispensáveis para muitos aborígenes, e embora Glendle não reverenciasse as propriedades mágicas da farinha integral nem dos sanduíches de arroz integral com manteiga de soja Dr. Suzuki, como as pessoas estavam caindo feito moscas de diabetes, subnutrição e doenças cardíacas, ele pensou que seria bom injetar pelo menos um pouco de bom senso nutricional na dieta. Mas os aborígenes detestaram aquilo. Então ele passou a misturar a farinha integral com a branca, para vender na sua loja. Eles continuaram odiando o produto. Finalmente, alguns dos anciãos abordaram Glendle e lhe disseram para ficar com aquele mingau dele, porque eles queriam de volta os seus pães à moda antiga, bem fofinhos. Derrota total. Quer dizer, total, não. Uma senhora ficou viciada em farinha integral.

Nós passamos muitas daquelas noites batendo papos bem sinceros. Eu podia sentir que estava ficando mais coesa, que estava organizando meus pensamentos, colocando tudo em perspectiva, esclarecendo minha confusão. E falei sobre o Richard. Ainda não tinha me livrado da sensação de que ele representava um fardo para mim, de modo que o coitado do Glendle teve que aturar a história toda. No fim do meu longo e particularmente agressivo desabafo, ele só ficou me olhando durante algum tempo e disse:

– Sim, mas você está deixando de perceber um fato muito importante. Rick é um bom amigo seu, que fez muito por você. E que, aliás, foi você que o convidou para vir, ele não se convidou. Não dá para ter a sua liberdade sem abrir mão das outras vantagens, não é verdade?

Aquilo era apenas a declaração de uma verdade, sim, mas ela exerceu um efeito positivo sobre mim. Daquela conversa em diante, minha obsessão com o Rick e a *Geographic*, e minha raiva contra eles, começaram a diminuir.

O tempo que passei por ali foi tão agradável, tão relaxante, e eu estava aprendendo tanta coisa que fiquei muito tentada a ficar até o fim do ano, durante o verão inteiro aliás, depois continuar a viagem quando chegasse a estação mais fresca. Mas havia muitas outras coisas a levar em consideração. Para começar, eu tinha combinado de me encontrar com o Rick em Warburton; o que a *Geographic* iria achar se eu ficasse? Eu não me importava muito, mas o pasto ali não era tão bom assim, e os camelos estavam comendo principalmente um certo arbusto que lhes causava uma horrível diarreia esverdeada. E eu me sentia inquieta, querendo seguir adiante, o que eventualmente terminou sobrepujando o prazer de ficar com pessoas das quais eu gostava.

Eddie estava se agarrando a duas coisas como se fosse com cola. Eu e meu fuzil. Sua visão era terrível, portanto ele não poderia usar a arma muito bem, mas sempre estava com ela ao seu lado. Eu tinha passado um rádio para o Rick e combinado de ele mandar um igualzinho para Warburton. O velho ia comigo para ver os camelos à noite e levava o fuzil no ombro, cantarolando consigo mesmo. Eu me sentia lisonjeada, creio eu, vendo-o tomar conta de mim daquele seu jeito. Em uma daquelas noites nós passamos por um grupo de mulheres que vinha na nossa direção. Uma senhora idosa e magricela com um vestido desbotado dez vezes maior do que ela se separou do grupo e veio andando até cerca de uns três metros de distância de nós. Eddie semicerrou os olhos e depois deu um sorriso rasgado. Eles conversaram um pouco, de um jeito educado e respeitoso, os olhos e bocas sorrindo uns para os outros. Não entendi o que eles disseram, mas imaginei que ela devia ser alguma velha e querida amiga com a qual ele havia crescido. Nós nos afastamos e ele continuou sorrindo, aquele sorriso feliz e especial consigo mesmo. Eu lhe perguntei quem ela era, e ele se voltou para mim, sorridente, dizendo: "Aquela era a Winkicha, minha esposa." Havia um intenso orgulho e prazer em seu rosto. Eu nunca tinha visto esse tipo específico de amor demonstrado assim tão abertamente entre um homem e sua esposa antes. Fiquei admirada.

Esse encontro de Eddie com a sua esposa foi a primeira constatação de uma série que me fez perceber que, ao contrário do que a maioria dos antropólogos brancos do sexo masculino nos faz acreditar, as mulheres possuem uma posição muito forte na sociedade aborígene. Embora os homens e as mulheres representem papéis distintos, em vista do meio ambiente, esses papéis fazem parte de uma única função: a sobrevivência. E ambos são mutuamente respeitados. Com sua função de colher habilmente alimentos, as mulheres desempenham um papel mais importante na alimentação da tribo do que os homens, cuja caça pode apenas resultar num canguru de vez em quando. As mulheres também fazem suas cerimônias e desempenham um papel muito importante na proteção de sua terra. Essas cerimônias existem em paralelo com as dos homens, mas os homens é que procuram aplicar as "leis" e cuidam do "conhecimento", manifestado em objetos sagrados chamados "tjuringas". Se há discriminação de sexos entre os aborígenes hoje em dia, é porque eles aprenderam isso muito bem dos seus colonizadores. A diferença de *status* entre as negras de Alice Springs e as daqui era inacreditável.

Eu me lembro de uma certa história, que nunca tinha verificado, mas que me parece verdadeira, referente a um mito de uma tribo da Austrália ocidental. No princípio, as mulheres tinham tudo. Elas tinham o poder de procriar, sustentavam a tribo e mantinham todos vivos com seu conhecimento dos alimentos silvestres, possuindo uma superioridade natural. Elas também detinham o "conhecimento", que mantinham escondido em uma caverna secreta. Os homens conspiraram para roubar esse conhecimento, para as coisas ficarem mais equilibradas (aí é que a porca torce o rabo). As mulheres ouviram falar disso e, em vez de impedi-los, perceberam que era assim que as coisas tinham que ser, para os sexos terem harmonia entre si. Elas permitiram que os homens roubassem esse "conhecimento", que havia permanecido em suas mãos até então.

Perguntei ao Eddie se ele gostaria de vir comigo até Warburton, o povoado mais próximo, 300 km a oeste. Fiquei profundamente decepcionada quando a princípio ele não pareceu querer ir, protestando que era velho demais para esse tipo de coisa agora. Além disso, ele não tinha sapatos adequados, mas isto não era problema pois eu poderia facilmente comprar um par novo para ele na loja. Creio que ele talvez estivesse certo quanto à sua idade. Ele era muito velho, e eu imaginava se a minha rotina de caminhar trinta quilômetros por dia não acabaria sendo demais para ele. Naturalmente, ele poderia ir montado no Bub. Quando expressei minhas dúvidas para o Glendle, ele riu e me garantiu que o Eddie podia caminhar mais do que ele e eu juntos. Também disse que tinha certeza de que o velho iria, pois tinha notado um brilho inconfundível no seu olhar quando eu havia sugerido aquilo, e que eu tinha uma sorte enorme, pois Eddie era um ancião respeitado da tribo. Na manhã seguinte, Eddie veio me dizer que havia decidido me acompanhar, no fim das contas. Precisava de algumas coisas, portanto fomos à loja comprá-las. Sapatos e meias novas, um encerado para Winkicha enquanto ele estivesse fora. A loja era típica, uma tendinha de ferro galvanizado que vendia as coisas básicas: chá, açúcar, farinha, frutas e legumes e, de vez em quando, refrigerantes, roupas, panelas para acampamento. Era reabastecida com mercadorias a cada duas semanas por um comboio rodoviário[1] ou um avião monomotor vindo de Alice.

Na manhã seguinte, nós nos preparamos para a caminhada até Warburton. Eu havia descartado grande parte dos meus trecos inúteis em Pipalyatjara, portanto as bagagens estavam bem mais leves e fáceis de carregar. Esse processo de reduzir minhas posses continuou durante toda a viagem, até eu levar somente as coisas indispensáveis. Glendle me deu pacotes de produtos de luxo que ele tinha pedido em Alice, saquinhos plásticos com vinho branco e pacotes extras de tabaco. Eddie não levou nada a não ser sua lata de remédios. Eu tinha notado, pelo nosso tempo juntos na estrada, que ele sofria de uma dor no ombro. Achei que fosse artrite, mas, na manhã da nossa partida, enquanto Glendle estava doente, de cama, e Eddie e eu estávamos do lado de fora do trailer fazendo coisas de última hora, um velho chegou para falar com ele. Eles foram até um ponto a uns 50 metros de distância e, então, diante de mim e de todos os outros presentes que tinham vindo se despedir, Eddie debruçou-se sobre um tambor de 170 litros enquanto o velho lhe dava passes com as mãos, esfregava seu ombro, e daí por diante. Entrei e perguntei ao Glendle o que era aquilo tudo. Glendle me disse que aquele cara era o *nankari* (médico aborígene) que tinha vindo preparar o Eddie para a viagem. Ele me contou que o médico provavelmente ia remover um pedregulho do ombro do Eddie, que algum inimigo podia ter "cantado" para nascer ali. Eddie voltou em cinco minutos e me mostrou o pedregulho que havia sido extraído.

Há muitos casos de aborígenes que adoecem e morrem por crerem que alguém "cantou" para eles. Quando isto acontece, a pessoa que foi vítima desse

---

[1] O chamado *road-train* é muito utilizado na Austrália e consiste de um caminhão atrelado a várias caçambas ou "vagões" formando um verdadeiro "trem de estrada". O melhor termo para descrever isso seria comboio rodoviário. (N.T.)

"canto" precisa pedir a um *nankari* que ele lhe ministre algum tipo de tratamento. É sua única esperança.

Embora fosse impossível para mim sair dos limites do que é possível, impostos pela minha cultura, não me resta a menor dúvida de que os *nankaris* têm a mesma possibilidade de sucesso ao tratar dos doentes numa situação tribal que os médicos ocidentais de curarem as pessoas que não mais pertencem à tribo. Os mais esclarecidos trabalhadores brancos da área da saúde agora estão trabalhando lado a lado com os *nankaris* e com as parteiras na tentativa de lidar com as várias doenças e problemas de saúde que afetam os aborígenes.

Uma vez mais, todas as conferências e reconferências e ajustes necessários para a partida tinham me deixado super agitada, mas cinco minutos depois de sairmos do assentamento, o ritmo calmante da caminhada, o som tranquilizante das campainhas tocando atrás de mim e a presença do Eddie, me fizeram voltar ao normal.

Paramos em Wingelinna para nos despedirmos das pessoas de lá, o que levou mais ou menos uma hora. Eu estava louca para partir, ainda enredada pelas minhas redes ocidentais, tentando lutar contra elas sem grande sucesso. Por fim, terminaram todas as despedidas e começamos a caminhar sob o sol vespertino. Não tínhamos ainda percorrido dois quilômetros quando um carro parou perto de nós com alguns rapazes dentro e lá se foi mais meia hora. Ai, ai, ai. Uma vez mais, parou mais um carro, e daí por diante. Ao final da tarde, Eddie me informou que precisava de pituri, uma planta semelhante ao tabaco que os aborígenes mascam. Ele apontou para um vale entre as montanhas, a uns dois ou três quilômetros de distância do nosso caminho. Atravessamos calados o vale silencioso e luxuriante. Eddie pegou as plantas que queria enquanto eu o observava. Minha vaga inquietação e meu nervosismo por ver os planos do dia modificados logo se acalmaram diante da forma meditativa como nós procuramos as plantas. Aquele era um vale muito delicado, muito silencioso, e não dissemos nenhuma palavra enquanto procurávamos o que queríamos, reverentes. Depois que saímos de lá, porém, e voltamos para o sol brutal da tarde, que me queimava o rosto, por mais que eu puxasse o chapéu para baixo, voltei a sentir aquela inquietação mental. Tentei combatê-la ao máximo, tirá-la para sempre da cabeça, mas eu estava dividida entre dois conceitos diferentes de tempo. Eu sabia qual deles fazia sentido, mas o outro estava lutando desesperadamente para sobreviver. Estrutura, regulamentação, organização. Coisa que não tinha absolutamente nada a ver com nada. Eu ficava o tempo todo pensando comigo mesma: "Puxa vida, se isso continuar levaremos meses para chegar lá. E daí? Essa é alguma maratona ou coisa assim? Esta vai ser a melhor parte de sua viagem, ter a companhia do Eddie, então procure prolongá-la o máximo possível, sua idiota, aproveite. Mas, mas... e a rotina?" E daí por diante.

Aquela agitação minha durou o dia inteiro, mas gradativamente foi sumindo à medida que eu relaxava e ia me acostumando com o ritmo do Eddie. Ele estava me ensinando um pouco sobre como fluir, como escolher o momento certo para tudo, como aproveitar o momento presente. Deixei que ele me guiasse.

Depois de mais alguns dias, meu pitjantjatjara estava melhorando, mas ainda era inútil quando a conversa era rápida. Isto não parecia importar muito. É impressionante como as pessoas podem se comunicar bem com um ser humano quando não há palavras para atrapalhar. Nossa maior comunicação se resumia na pura alegria de compartilhar os arredores. O som dos pássaros que ele me ensinou a imitar, a contemplação das colinas, o riso diante das palhaçadas dos camelos, a caça para obter carne, a descoberta de coisas para comer. Às vezes cantávamos juntos ou sozinhos, outras vezes dividíamos um pedregulho, que íamos chutando pela estrada. Tudo isso sem dizer nada e, mesmo assim, perfeitamente claro. Ele tagarelava baixinho e gesticulava consigo mesmo, com os morros e com as plantas. Quem nos visse teria pensado que éramos doidos.

Saímos da trilha naquela noite, pois Eddie havia resolvido me conduzir através da sua terra. Durante uma semana, vagamos por aquele território, e durante todo esse tempo o Eddie parecia crescer em estatura a cada passo. Ele era um homem da tradição do dingo, do Tempo do Sonho[2], e seus vínculos com os lugares especiais pelos quais passamos lhe proporcionavam uma espécie de energia, de alegria, de pertencimento. Ele me contava mitos e histórias sem parar à noite, quando acampávamos. Conhecia cada partícula daquela terra tão bem como seu próprio corpo. Estava totalmente em casa naquele lugar, e essa sensação começou a me contagiar. O tempo se dissolveu, perdeu o sentido. Acho que nunca me senti tão bem em toda a minha vida. Ele me fez notar coisas que eu não notava

---

[2] O Tempo do Sonho é, na cultura animista aborígene, um lugar além do tempo e do espaço no qual passado, presente e futuro existem ao mesmo tempo e são um só. Os aborígenes entram neste universo alternativo através de sonhos quando sua consciência se altera, e através da morte. O Tempo do Sonho é considerado o destino final dos homens antes da reencarnação. O Dingo, um ser que é uma versão do cão selvagem australiano, é uma espécie de antepassado dos seres humanos. (N.T.)

antes: ruídos, rastros. E comecei a ver como tudo se encaixava. A terra não era selvagem, mas mansa, fértil, benigna, generosa, contanto que se soubesse como vê-la, como se tornar uma parte dela. Esse reconhecimento da importância e do significado da terra aborígene impressiona muitos brancos que trabalham naquela região. Como Toly afirmou numa carta recente:

"Aqui há um poder e uma força peculiares na terra que se expressa sob muitas formas nos povos aborígenes, e que sinto que pode pertencer a mim também. Esse poder vive se desdobrando, sem parar, e é inexaurível. O que você faz com ele vai depender de você."

Lembro-me daquele tempo agora como um de uma calma deliciosa. Mas é uma época difusa, indiferenciada. Quando tento separar os dias, descubro que não consigo. Posso me lembrar de certos incidentes, com uma claridade cristalina, mas quando e onde aconteceram, não faço a menor ideia. O que eu realmente descobri foi que aquele velho danado podia andar uns oitenta quilômetros, enquanto eu aguentava apenas quinze. Ele me dava Duboisia para mascar quando eu estava cansada, o que tinha um gosto péssimo, mas me fazia sentir como se pudesse correr os próximos cem metros, como se tivesse fumado oitenta cigarros, todos de uma vez só. Ele fez uma cinza de uns arbustos que misturou com a planta, para ela ficar compacta quando ele mastigava. Ele metia aquela bola atrás da orelha para ser usada depois, como se fosse chiclete. Ofereci-lhe vinho à noite, mas ele recusou, rindo; depois fez uma pantomima, representando um velho bêbado. Ele me disse para ficar com o meu vinho, que ele ficaria com a sua Duboisia.

Eddie nunca interferia no cuidado dos camelos, o que me agradava muitíssimo. Os camelos são animais de um homem (ou uma mulher) só, e não gostam que estranhos lhes deem ordens. Além disso eu os tratava como se fossem de vidro, os mimava e lhes fazia mil agrados, e sentia que Eddie nem de longe gostava tanto deles quanto eu. A única vez em que quase briguei com o velho foi quando ele insistiu para eu pedir ao Bub para se abaixar para levá--lo nas costas durante 10 minutos, e depois para que eu pedisse que o Bub se abaixasse de novo para ele descer, e repetiu o mesmo pedido um quilômetro e meio depois. Ele também se invocou porque não podia entender a razão de eu ter camelos, se não era para lhes dar trabalho: o que era bem razoável, mas não levava em conta o fato de que eles eram bichos de estimação adorados, e não meras bestas de carga, pelo menos para mim.

À noite, enquanto eu estava removendo as selas, o Eddie nos construía um *wilcha*, uma espécie de abrigo temporário. Isso era feito com habilidade e rapidez, sem gastar muita energia. Acho que a palavra precisa para descrever o processo é destreza. Ele arrastava árvores velhas formando um semicírculo, ou três lados de um retângulo, removia todos os espinhos e carrapichos do espaço onde íamos dormir e acendia uma fogueira para nos aquecer. Não importa quantos cobertores eu lhe desse, ele nunca se cobria com eles, apenas se deitava sobre eles. E depois de nossa refeição e nossa conversa, ele ia ver se eu estava confortável, praticamente me pondo para dormir, como uma criança. Depois se deitava, enrodilhado, com a cabeça apoiada nas mãos, e caía no sono. Durante a noite inteira ele se levantava, para ver como eu estava e atiçava o fogo. Aceitava a comida ruim que eu havia trazido, mas sei que teria adorado um canguru assado na brasa. Essa era uma carne deliciosa, que se assava primeiro queimando os pelos e esfregando-os para saírem, e depois enterrando-a numa mistura de areia e carvões, deixando-se ali por uma hora. Por dentro a carne fica ainda vermelha e sanguinolenta, mas, assim como as entranhas, adquire um sabor adocicado e suculento. Há leis rigorosas que regulamentam a caça do canguru e a preparação da sua carne para consumo; aliás, não só a desse animal, mas a de todos os animais comestíveis do deserto. Há uma infinidade de histórias sobre gente que desobedeceu à lei, deixando de matar a presa corretamente, e sofreu consequências terríveis em decorrência disso.

Eu tinha comigo duas facas, uma para trabalhar couro e outra para esfolar e cortar carne. O Eddie me perguntou um dia por que eu tinha duas, quando uma só bastaria. Expliquei-lhe que a afiada, que eu mantinha no meu cinto, era para caçar. "*Marlu, kanyala*", disse eu, imitando o corte de um pedaço de carne. Juro que o velho quase teve um ataque cardíaco. "*Wiya, wiya, mulapa wiya.*" Tsc, tsc, tsc, tsc. Ele sacudiu a cabeça, horrorizado. Depois me agarrou a mão e me disse que eu jamais devia, de jeito nenhum, cortar carne de canguru, nem esfolá-los, nem lhes tirar a cauda. Ele repetiu isso várias vezes, e eu jurei que nunca faria tal coisa. E uma vez mais, naquela noite, ele me fez prometer que nunca desobedeceria essa lei. Eu o tranquilizei. De qualquer maneira, era extremamente improvável que eu atirasse num canguru para comê-lo. Seria carne demais para apenas uma pessoa e um cachorro e, além disso, eu detestava atirar naqueles animais selvagens maravilhosos. Atirava nos muitos rebanhos pelos quais passamos, apenas para agradar ao Eddie, mas sempre errava. Os coelhos, eu não tinha a menor dificuldade de matar. Eles tinham sido introduzidos, junto com as moscas, pelos europeus, e agora estavam se transformando numa praga, destruindo regiões inteiras. Embora eu achasse que os coelhos eram os menos comestíveis dos animais selvagens, Diggity e eu comíamos coelho frequentemente. Pelo que eu sabia, não havia regras que limitassem a caça aos coelhos, pois ele é um animal que não proveio do Tempo do Sonho.[3]

Infelizmente, chegou a hora de voltarmos à estrada. Passamos por talvez um ou dois carros por dia, e eram na maioria de famílias de aborígenes que tinham ido visitar parentes nos dois assentamentos. Foi bacana ver o outro lado da moeda. Se um carro de brancos passasse por nós, Eddie, agindo de maneira sub-reptícia e desconfiada, iria se colocar perto do fuzil, só por via das dúvidas. Se fosse um carro de negros, o encontro terminava só em risos, conversas, e compartilhamento de fumo e comida ou Duboisia. Em geral conseguíamos distinguir se era um carro aborígene que estava se aproximando, porque os dos aborígenes invariavelmente pareciam máquinas de lavar roupas defeituosas. Vender carros de segunda mão com defeito para os aborígenes a preços exorbitantes em Alice Springs é um negócio lucrativo. Felizmente, os aborígenes são excelentes mecânicos, que em geral conseguem manter os calhambeques funcionando só com pedaços de barbante e arame. Corria em Docker River a história de um grupo de rapazes que comprou um carro em Alice Springs, a 650 km de distância, e na metade do caminho para casa o carro literalmente caiu aos pedaços. Eles simplesmente saíram (todos os dez), tiraram os cintos e os usaram para prender o que estava caindo e continuaram dirigindo felizes da vida até chegarem em casa.

Ter o Eddie como meu companheiro de viagem funcionava como um passe de mágica para que eu fosse aceita pelos aborígenes. Todos eles conheciam o Eddie, todos o adoravam. E também me adoravam porque eu estava com ele e porque tinha camelos. Paramos um dia num acampamento pequeno ao lado de um poço artesiano, onde havia talvez vinte pessoas. Nós nos sentamos todos juntos do lado de fora, diante de uma *humpy*[4] e conversamos durante horas, tomando um chá fraco, frio e superdoce, e mascando pão feito na brasa.

---

[3] Os animais nativos da Austrália, ou os que foram introduzidos numa época anterior aos colonos ingleses (o dingo provavelmente chegou à Austrália vindo da Ásia há mais ou menos 4 ou 5 mil anos), possuem seus correspondentes espirituais no Tempo do Sonho e, portanto, são protegidos por lei devido ao respeito que os aborígenes lhes dedicam. (N.T.)

[4] Tenda improvisada com galhos e cascas de árvore, em geral apoiada numa árvore. (N.T.)

Como eu era a convidada, recebi a caneca de metal para beber em vez de tomar o chá direto na panela como todos os outros. A caneca tinha sido usada para misturar farinha e água, portanto grandes aglomerados de farinha ainda estavam flutuando no chá. Não importava. A essa altura meu comportamento em relação à comida tinha mudado completamente. A comida havia se tornado algo que a gente põe na boca para ter energia para caminhar, e só. Eu podia comer qualquer coisa, e comia. Lavar-se tinha se tornado um procedimento desnecessário a essa altura também. Eu estava malcheirosa, mas feliz da vida. Até mesmo o Eddie, que não era um exemplo de limpeza, sugeriu que eu lavasse meu rosto e minhas mãos um dia. Ele também tinha um certo nojo da Diggity e se recusava a deixá-la tomar água na sua caneca.

Nenhum de nós gostava de estar na estrada depois do nosso tempo no meio do mato, porque tínhamos que voltar a lidar com aquela raça estranha de animal, o turista. Estava muito quente, certa tarde, um calor que chegava a ser repelente, e as moscas nos cercavam aos zilhões. Eu estava passando pela minha fase mal-humorada das três da tarde, e o Eddie estava cantarolando consigo mesmo. Uma coluna de poeira vermelha apareceu no horizonte e veio girando na nossa direção, à velocidade vertiginosa com que viajam os turistas. Tratamos de nos meter no meio do mato, pois espinhos de capim *spinifex* cravados nas solas dos nossos pés seriam melhores do que idiotas àquela hora do dia. Mas eles nos viram, naturalmente; um comboio inteiro deles, ousando explorar a grande solidão do Outback juntos, como se estivessem em algum filme de faroeste de segunda. Eles todos se aglomeraram, com as câmeras na mão. Fiquei enfezada, pois só queria chegar ao local do nosso acampamento e tomar uma caneca de chá em paz. Eles eram uns imbecis de marca maior, tremendamente insensíveis. Crivaram-me de perguntas, como sempre, e teceram comentários grosseiros sobre a minha aparência, como se eu fosse alguma espécie de atração à parte que estivesse ali só para diverti-los. E talvez eu parecesse mesmo meio excêntrica àquela altura. Eu tinha mandado fazer um *piercing* numa das orelhas em Alice Springs no ano anterior. Tinha levado meses para reunir a coragem para adotar esse costume, mas depois que fizeram o buraco, eu não o deixaria fechar de novo. Eu havia perdido meu brinco, portanto o substituí por um alfinete de segurança. Além disso, vivia imunda, e meus cabelos estavam espetados, saindo do meu chapéu em grandes cachos embaraçados; eu parecia um desenho de Ralph

Steadman.[5] Então eles notaram o Eddie. Um dos homens o agarrou pelo braço, empurrando-o para posicioná-lo corretamente para a foto, e disse: "Ô *jacky-jacky*[6], vai e fica ali perto do camelo, garoto."

Eu fiquei muda de tanto espanto. Não podia crer que ele tinha acabado de usar aquela expressão. Como alguém podia ousar ser tão tapado a ponto de chamar alguém do calibre de Eddie de "*jacky-jacky*" ou "garoto"? Furiosa, empurrei o babaca e puxei o Eddie, levando-o comigo e afastando-me deles. O rosto do turista não traiu nenhuma emoção, mas ele concordou quando eu sugeri que eles parassem de tirar fotos. Eu disse ainda que todos podiam ir para o inferno que nós não íamos falar com eles. O último carro do comboio chegou alguns minutos depois. Repeti meu velho truque de cobrir o rosto com o chapéu e berrar: "Nada de fotografias." Eddie repetiu o que eu disse. Mas quando passei por eles, ouvi todos apertando os botões das máquinas. "Seus filhos da mãe", gritei. Estava fervendo de raiva, soltando fumaça pelos ouvidos. De repente, Eddie, com seu um metro e sessenta de altura, se virou e foi na direção deles, pisando duro. Eles continuaram tirando fotos. Ele parou a mais ou menos seis centímetros de distância do rosto de uma das mulheres e deu um espetáculo verdadeiramente extraordinário. Transformou-se em uma perfeita paródia de um aborígene extremamente perigoso e idiota, sacudindo a bengala no ar e berrando com eles em pitjantjatjara, ao mesmo tempo exigindo três dólares, rindo feito um maluco, pulando sem parar, fazendo todos ficarem confusos e totalmente aterrorizados. Eles provavelmente tinham recebido em Perth a informação de que os negros eram selvagens homicidas. Recuaram, entregando-lhe todo o dinheiro que tinham nos bolsos, e fugiram. Ele veio até onde eu estava, timidamente, e desatamos a rir. Demos palmadas um no outro, levando as mãos às costelas, soltando gargalhadas histéricas e incontidas, como crianças. Rolamos e cambaleamos de tanto rir. Deixamo-nos paralisar pela nossa hilaridade.

A coisa que me impressionou mais foi que Eddie deveria ser uma pessoa amarga e não era. Ele tinha usado o incidente para se divertir e para me divertir. Se ele também o usou para minha edificação, não sei dizer. Mas refleti

---

[5] Caricaturista britânico. (N.T.)

[6] Jackey-Jackey (ou Jacky-Jacky) (1833–1854) era o apelido de Galmarra, um guia aborígene e companheiro do explorador Edmund Kennedy. Ele sobreviveu à expedição fatal de Kennedy em 1848 à Península do Cabo York, e depois foi reconhecido por feitos heroicos pela colônia australiana de Gales do Sul. Aparentemente este nome passou a ser usado para designar "guia aborígene". (N.T.)

sobre aquele homem idoso naquela hora. E sobre o seu povo. Pensei sobre como eles haviam sido massacrados, quase exterminados, forçados a viver em assentamentos que mais pareciam campos de concentração, cutucados, feridos, medidos, gravados; fotos coloridas de suas cerimônias sagradas tinham sido tiradas para publicação em solenes textos antropológicos acadêmicos; seus objetos sagrados secretos haviam sido roubados e levados para museus; sua potência e integridade drenadas deles, tinham sido negadas a eles a cada oportunidade; eles haviam sido incompreendidos e eram insultados por quase todos os brancos do país; e, ainda por cima, tinham sido abandonados à morte, acompanhados apenas pelas suas bebidas baratas ou pelas nossas doenças; e eu olhava aquele maravilhoso velhote, rindo a valer, como se ele jamais tivesse passado por nada disso, nunca tivesse tido uma preocupação na vida, e pensava: "É isso aí, meu velho; se você pode, eu também posso."

***

Nós estávamos quase em Warburton. Eu não estava usando mapa algum, eles eram supérfluos com o Eddie ao meu lado. Esperando que nos dissessem o número exato de quilômetros, perguntei a alguns jovens aborígenes que vinham num carro a que distância do assentamento estávamos.

– Hummm, pode ser meio longinho daqui esse lugar, Warburton. Talvez uma noite, duas noites, mas meio longinho, certamente.

– Entendi, valeu hein, meio longinho, né? Tá legal. Claro.

Parecia haver várias categorias de distância, divididas da seguinte forma: meio longe, meio longinho, longe, muito longe e longe demais. Essa última categoria era usada para descrever minha distância até o mar. Eu dizia às pessoas que estava indo para o mar (*uru pulka*, grande lago), que nenhum deles jamais havia visto, e eles invariavelmente erguiam as sobrancelhas, sacudiam lentamente as cabeças e diziam: "Muito, muito, mas muuuuuuito longe, noites demais, longe demais esse *uru pulka*, né? Tsc, tsc, tsc, tsc." E aí sacudiam as cabeças de novo e me desejavam sorte, ou soltavam risadinhas e seguravam meu braço, olhando para mim, assombrados.

Uma tarde, enquanto eu estava amarrando o Golias a uma árvore numa duna, acima do nosso acampamento, e Eddie estava construindo um *wilcha*, dois rapazes se aproximaram de moto. Eles me viram e vieram sentar-se comigo na duna. Depois de duas semanas com Eddie eu já estava me sentindo uma pessoa diferente. Tinha andado conversando com ele usando mímica e pitjantjatjara e entrado num mundo bem diferente, um universo paralelo. Estava descobrindo que mudar de realidade, da aborígene para a europeia, era bem difícil. Exigia todo um novo conjunto de conceitos e um tipo diferente de diálogo. Eu podia sentir que meu cérebro enferrujado estava tentando se adaptar, mas estava me dando bem, e eles eram pessoas bem legais. Exatamente quando eu estava começando a conversar de um jeito mais normal, o Eddie veio correndo do morro com o fuzil em punho, com uma expressão beligerante e profundamente desconfiada. Ele se sentou à minha esquerda, de frente para os jovens, com a arma no colo, e em pitjantjatjara exigiu que lhe dissessem quem eles eram e se podíamos confiar neles. Seguiu-se uma cena absolutamente ridícula. Tentei tranquilizar todos (os homens pareceram decididamente desconfortáveis), afirmando que tudo estava perfeitamente bem e ninguém ia atirar em ninguém. Só que as duas línguas que estávamos falando se misturaram uma com a outra, de modo que eu falava com os motoqueiros em dialeto e depois me virava para o Eddie e lhe dizia em inglês: "Eles são legais, juro, só vou fazer um pouco de chá pra eles", o que, rapidamente, eu traduzia para o pitjantjatjara. E ele só respondendo, simplesmente, terminantemente: "*Wiya*."

Não é preciso saber falar uma língua para entender uma negativa, principalmente partindo de um sujeito com uma cara fechada e um fuzil na mão. Os homens começaram a se afastar devagarinho, como caranguejos, desceram o morro e saíram em disparada, desaparecendo na escuridão do anoitecer.

Esse processo de dessocialização, uma troca de pele, como uma cobra, removendo as preocupações inúteis e os padrões da sociedade que eu havia deixado para trás, para que crescessem novas preocupações, mais sintonizadas com meu ambiente presente, estava começando a se manifestar. Alegrei-me por aqueles homens terem ido embora, pois teria sido muito cansativo tentar dizer coisas que fizessem sentido para eles, tentar lembrar das amabilidades que se dizem durante uma conversa, a trivialidade daqueles padrões de interação quase esquecidos com as pessoas do meu próprio mundo, que eram como animais rondando em torno uns dos outros, inseguros, em guarda. Gostei, e ainda gosto, da pessoa que emergiu daquele processo muito mais do que da que existia antes, ou desde então. Aos meus próprios olhos, eu estava ficando sã, normal, saudável; mas aos olhos dos outros devo ter parecido se não irremediavelmente louca, pelo menos irrecuperavelmente esquisita, excêntrica, vítima de insolação, um bicho do mato.

Nós acampamos mais tarde do que o normal na noite seguinte. Removi as selas dos camelos, e aí meu coração parou, depois começou a saltitar no meu peito feito um canguru, para compensar o tempo da parada. Onde estava a minha arma? MINHA ARMA? EDDIE, VOCÊ ESTÁ COM A MINHA ARMA? Nada da arma. Eu tinha ficado tão dependente daquele fuzil... Imaginei como seria se eu fosse atacada por uma manada de camelos machos gigantes. Por algum motivo inexplicável, eu tinha pendurado o fuzil na sela da Zeleika, que não tinha sido projetada para isso, e o fuzil havia caído. Voltei a colocar a sela no Bub e retornei, seguindo a trilha, iluminada pela delicada luz azulada e rósea ao longo do horizonte a leste. Percorri mais ou menos oito quilômetros, imaginando quando o Bub iria me jogar no chão e me quebrar o pescoço; ele estava recuando diante de pedras, pássaros e árvores, ou qualquer coisa que ele pudesse usar como desculpa. Era essa a capacidade mental do Bubby.

Um Toyota passou e, naturalmente, ao ver isso, o Bub pulou de lado quase dois metros. No carro vinha um geólogo que não só estava com a minha Savage calibre .222 de cano duplo como trazia várias barras de chocolate Mars e um refrigerante. Maravilha! E mastigando aquele chocolate pegajoso, conversei com aquele homem durante meia hora sobre mineração de urânio, no meio do nada, enquanto uma lua enorme surgia no horizonte.

O Bubby queria voltar correndo para o acampamento. Eu o fiz ir marchando. "Muito bem, mocinho, se você está se sentindo com a bola toda, vou te deixar carregar metade da carga da Zelly amanhã." Ele era de longe o menos confiável dos três camelos adultos. Talvez por que eu o havia treinado mal, talvez porque ele ainda era jovem, ou talvez porque simplesmente sua constituição genética o predispunha a ser moroso. Ele tinha quase lançado o Eddie pelos ares um dia. Começou a fuçar o chão sem motivo nenhum e, embora eu o estivesse conduzindo, foi difícil voltar a controlá-lo. Eddie se agarrou a ele como um macaco. Eu não pude conter o riso. Ele não perdeu nem um pingo da sua dignidade.

As pessoas costumam me perguntar por que eu não viajei mais tempo montada nos camelos, em vez de caminhar. Três motivos. Um era o Bub. É imprudente, quando se está a 500 km da pessoa mais próxima, ser derrubada por um camelo, quebrar a perna e ficar assistindo seus animais seguirem rumo ao horizonte, em meio a uma nuvem de poeira. Eu teria preferido montar num dos outros dois, mas as selas deles não se destinavam à montaria. O segundo motivo, e o mais tolo, era que eu achava que meus camelos já estavam carregando bastante peso, e eu não precisava acrescentar mais. O terceiro era que, embora os pés possam ficar bem doloridos, o traseiro costuma doer bem mais.

Entrei no acampamento triunfante. A essa altura, eu já tinha dito ao Eddie que havia um fuzil esperando por ele em Warburton. Nossas conversas à noite sempre terminavam tocando no fuzil dele, com suas dúvidas: Eu ia mesmo dar um fuzil a ele? Seria exatamente igual ao que eu tinha? Eu tinha certeza que era para ele, e não para outra pessoa? Ele repetia essas perguntas sem parar, depois começava a dar gargalhadas quando eu o tranquilizava, dizendo que sim, que era verdade. Toda noite era a mesma coisa. Também tentei lhe contar sobre o Rick e a *Geographic*, mas que palavra pitjantjatjara eu poderia usar para expressar "revista norte-americana"? Eu ficava grilada ao pensar no encontro com Rick em Warburton. Eu sabia que o Eddie não iria entender por que mil e uma fotos eram realmente necessárias. Sabia que ele não iria gostar disso. Eu não queria pôr em risco minha amizade com meu novo amigo. Por outro lado, eu estava ansiosa para rever o Rick. E Warburton já estava perto.

Eddie ficou mais tagarela do que o normal naquela noite. Falou sobre a terra que nós tínhamos atravessado, os lugares das histórias, as coisas que haviam acontecido conosco. Repetiu várias vezes os relatos dos incidentes engraçados, todas as coisas que tinham dado certo ou errado. Depois veio a inevitável conversa sobre o fuzil e o Rick, etc. e tal. Então ele se calou. Eu estava para me recolher quando o velho me fez sentar ao seu lado de novo e me mostrou um pedregulho pequeno, desgastado pela água. Ele o colocou na minha mão e a fechou, e começou um longo monólogo, do qual só entendi algumas partes. Era para me proteger contra a morte, ou algo assim. Eu o guardei num lugar seguro. Depois ele me deu uma pedra de arenito vermelho.[7] Eu não sabia para que ela servia, e ele não falou muito sobre ela. Depois fomos dormir.

A noite seguinte foi nossa última noite juntos na trilha. Eddie insistiu para encontrar um homem confiável em Warburton para me acompanhar até a estância Carnegie. Ele disse que deveria ser um senhor de idade, um ancião, um *wati pulka* ("grande homem"), alguém com barba grisalha, não um jovem. Definitivamente não. Eu tinha sentimentos ambivalentes a esse respeito. Eu

---

[7] No arenito vermelho o óxido de ferro (hematita) serve para cimentar as partículas e mantê-las unidas. Essa pedra se chama *ironstone* em inglês. (N.T.)

adorava estar com o Eddie, mas o trecho da viagem depois de Warburton passaria por uma parte completamente selvagem do deserto, e eu queria fazer isso sozinha, testar a minha recém-descoberta autoconfiança. 700 km de planícies cobertas de *spinifex* conhecidas como o Deserto de Gibson, sem uma gota de água, que eu soubesse. E como aquele homem idoso iria voltar para Warburton? No caso de Eddie, tudo bem, Glendle viria buscá-lo. Mas Carnegie era uma fazenda de gado, e Warburton era o último posto avançado aborígene naquela região. Eu decidi que não queria ninguém me acompanhando. Eddie, embora não tivesse gostado da minha decisão, aceitou-a.

Richard chegou ao nosso acampamento mais ou menos às três da madrugada. Como ele conseguiu nos encontrar, não sei. Ele é uma dessas pessoas invejáveis que a sorte inexplicavelmente favorece. Ele sempre conseguia me encontrar, em geral através de uma série de coincidências inacreditáveis. Sua vida inteira é assim. As coincidências que constantemente o seguem desafiam as estatísticas. Ele tinha passado dois dias percorrendo a estrada de carro, sem dormir, com uma energia e um entusiasmo transbordantes. Toda vez que ele vinha ao meu encontro, agia sempre da mesma forma. O choque cultural que ele deve ter experimentado, depois de ter acabado de fazer alguma matéria altamente urgente para a *Time*, depois vindo para aquele deserto silencioso, teria desorientado qualquer um. Ele em geral levava um dia para se acostumar. Havia trazido correspondência e o fuzil do Eddie. Começamos a bater papo e a rir juntos, mas ficou claro que o Eddie queria voltar a dormir e não entendia o que estava acontecendo. Decidimos deixar os presentes para serem abertos na manhã seguinte.

Todos acordamos cedo. Foi como a manhã do Natal. Eddie ficou deslumbrado com seu novo fuzil. Eu li febrilmente as mensagens dos amigos. Rick tirou fotos. Eu tinha convencido o Eddie o suficiente para que ele estivesse preparado para uma foto ou outra. Mas aquilo? O Rick estava se sentando, se ajoelhando, se agachando, se deitando, clique, clique, clique, clique, clique. Eddie me olhou e coçou a cabeça. "Quem é ele, o que ele quer, e por que todas essas fotos?"

Fiz o possível para explicar, mas o que eu podia dizer?

– Tá legal, Rick, já chega.

Mas aí o Rick tirou uma outra câmera da bolsa.

– Olha, eu tenho a solução perfeita. – Era uma S.X. 70, uma polaroide, que tirava fotos de revelação instantânea. Ele tirou a foto de Eddie, entregando-a a ele.

Fiquei furiosa.

– Ah, já sei, tipo dar continhas para os nativos. Olha só, Rick, ele não gosta de ser fotografado, portanto desiste, vai.

Não era justo. Eu sabia que não era essa a intenção do Rick, e ele ficou magoado.

– O único motivo pelo qual eu a trouxe – explicou ele – é que os fotógrafos vivem prometendo mandar fotos que nunca mandam. Além disso, é uma troca: uma entrega imediata da imagem pela oportunidade de tirar a foto. – Mas eu sabia que o Eddie iria interpretar aquilo como um truque sujo. E assim foi. Ele não gostou do Rick, não gostou de ser fotografado, e certamente não gostou de receber aquele inútil pedaço de papel com o seu rosto impresso nele, como se fosse uma propina. Foi aquela tensão.

Rick seguiu de carro pela trilha mais alguns quilômetros enquanto Eddie e eu preparávamos nossa bagagem em silêncio. Ele tornou a me perguntar por que aquilo estava acontecendo, e eu tentei explicar de novo. Não tinha jeito. O que eu temia que pudesse acontecer estava acontecendo, e não havia como controlar a situação.

Nós fomos andando juntos pela estrada. O carro do Rick estava parado, com o Rick esperando por nós nele, uma lente comprida encostada no olho. Decidi deixar o Eddie resolver o que fazer diante da situação. Quando fomos nos aproximando do carro, ele ergueu a mão e disse em inglês: "Nada de fotografias." E depois falou em pitjantjatjara: "Isto me faz sentir mal." Soltei uma risada. O Rick capturou esse momento, depois desistiu. Quando revelamos essa foto, muito tempo depois, vimos uma mulher sorrindo para um velho aborígene, cuja mão estava erguida, como se estivesse saudando Rick, alegremente. A tal lente sensível da câmera não capta mesmo é nada. Essa foto em particular é extremamente eloquente. Sempre que a vejo agora, ela resume todas as imagens da jornada. Imagens belíssimas, empolgantes, excelentes, mas que nada têm a ver com a realidade. Embora eu adore as fotos que o Rick tirou, elas são, essencialmente, fotos da viagem dele. Acho que o meu querido Richard jamais conseguiu entender isto.

Depois, em Warburton, Glendle perguntou ao Eddie o que ele faria com a foto tirada dele com a câmera polaroide.

– Ah, provavelmente vou queimá-la – disse ele, despreocupadamente. Nós desatamos a rir.

Contudo, nisso tudo, o Richard foi injustiçado. Ele era um cara de boa índole, que tentava ao máximo não se meter. Nunca se impunha nem forçava a barra, como a maioria teria feito. E se ele não entendeu bem por que não podia tirar fotos, era compreensível. Ele nunca havia convivido com os aborígenes australianos e, se muitas vezes se sentia meio alienado e frustrado, até que se saía bem dos impasses. Aquela situação difícil se resolveu bem mais facilmente do que eu havia esperado.

Warburton era um fim de mundo. Depois da magnificência do interior e o encanto dos pequenos povoados pelos quais eu havia passado, a cidade foi um choque desagradável. Todas as árvores, num raio de quilômetros, haviam sido derrubadas para serem usadas como lenha. O gado havia comido todas as pastagens da área em torno do lago, e a poeira subia em nuvens sufocantes que pairavam no ar. As moscas cobriam cada centímetro quadrado da pele da gente, mesmo sendo meados do inverno. E no meio dessa desolação, cercado pelos barracos e tendas das favelas do povo aborígene, ficava uma colina, sobre a qual os brancos se aglomeravam, em habitações fortificadas (presumivelmente para impedir a agressão dos aborígenes), por altas cercas de alambrado e arame farpado. As crianças, porém, estavam presentes, cheias de vida como sempre, e ao contrário dos mais velhos, adoravam fotografias. Rick distribuiu fotos de polaroide às dúzias.

Apesar do clima pesado que reinava no lugar, um ar de festa persistiu durante a maior parte do tempo em que estive lá. Glendle chegou, e também estavam presentes o professor da escola de Warburton e Rick. Eddie me levava constantemente ao acampamento para me apresentar aos seus amigos e parentes, e nós nos sentávamos na poeira, deixando o tempo passar serenamente, conversando durante horas sobre a viagem e para onde eu estava indo, e como ele havia se divertido comigo, e sobre camelos, camelos, camelos. Um velho me perguntou se eu tinha dormido com o Eddie. A princípio levei um susto, depois percebi que ele estava querendo dizer dormir mesmo, no sentido literal do termo. Dormir ao lado de uma pessoa no mesmo *wilcha* significava ser amigo dela, ser íntimo. Eram mesmo muito sensatas aquelas pessoas.

Quando chegou a hora do Eddie se despedir de mim, ele me olhou de soslaio um momento, segurou meu braço, sorriu e sacudiu a cabeça. Ele embrulhou o fuzil numa camisa, colocou-o na caçamba da caminhonete, depois mudou de ideia e o colocou na frente; depois tornou a mudá-lo de lugar, colocando-o cuidadosamente na caçamba. Ele acenou pela janela, e aí ele e o Glendle e o amigo do Glendle *wala karnka* ("corvo veloz") foram engolidos pela poeira.

Passei uma semana em Warburton, nas nuvens de tanta felicidade. Eu não conseguia me lembrar de ter associado aquela emoção nenhuma vez comigo antes. Uma parte tão grande da viagem tinha sido ruim, vazia e mesquinha, e uma parte tão grande da minha vida antes dela tinha sido tediosa e previsível, que agora que a felicidade estava crescendo dentro de mim era como se eu estivesse voando por uma atmosfera azulada e quente. E uma espécie de aura de felicidade estava sendo gerada. Ela contagiava as pessoas. Ela aumentou e foi compartilhada. Mesmo assim nada dos cinco meses passados tinha sido como eu havia imaginado. Nada havia saído segundo os planos, nada tinha correspondido às minhas expectativas. Não houve nenhum ponto no qual eu pudesse ter dito: "Isso, sim, era o que eu planejava fazer", ou "Sim, era isso que eu queria para mim." Aliás, a maior parte da viagem até ali tinha sido meramente tediosa ou cansativa.

Porém, coisas estranhas acontecem quando a gente viaja aos trancos e barrancos 30 km por dia, dia após dia, mês após mês, coisas que só nós mesmos percebemos ao recordá-las. Por um lado, eu havia me lembrado em detalhes e a cores, de cada detalhe que tinha ocorrido no meu passado e de todas as pessoas que faziam parte dele. Eu havia me lembrado de cada palavra das conversas que tinha entreouvido há muito, mas há muito tempo mesmo, quando criança, e assim tinha sido capaz de rever esses eventos com uma espécie de distanciamento emocional, como se tivessem ocorrido com outras pessoas. Eu estava redescobrindo e conhecendo pessoas que já tinham morrido há muito tempo e sido esquecidas. Eu tinha arrastado comigo coisas que não fazia ideia que existiam. Gente, rostos, nomes, lugares, sentimentos, conhecimentos, tudo esperando inspeção. Foi uma limpeza gigantesca de todo o lixo e de toda a sujeira que haviam se acumulado no meu cérebro – uma catarse suave. E por causa disso, creio eu, agora eu podia enxergar bem mais claramente meus relacionamentos atuais com as pessoas e comigo mesma. Estava me sentindo feliz, simplesmente não há outra palavra para descrever esse sentimento.

Richard chamava esta sensação de mágica. Ri quando ele disse isso, repreendi-o por usar uma linguagem assim tão suspeita. Mas ele estava profundamente impressionado. Agora me lembro daquela época com uma espécie de ceticismo saudoso. Estávamos até começando a falar como se acreditássemos em magia. Em destino. Ambos acreditávamos secretamente num poder externo que poderíamos acessar se estivéssemos sintonizados com os acontecimentos. Que ingenuidade a nossa.

10

Saí de Warburton por volta do mês de julho. Eu ia passar aproximadamente um mês sem ver outro ser humano. Apesar do fato de esta parte da viagem ser o primeiro teste genuíno da minha capacidade de sobrevivência, apesar do fato de que se eu fosse morrer em algum lugar seria provavelmente durante aquele traiçoeiro e solitário trecho ermo, eu estava ansiosa para percorrer essa região, com uma calma recém-adquirida, grande destemor e uma sólida autoconfiança.

A estrada Gunbarrel[1] (os australianos têm um senso de humor bem estranho) tinha duas valas paralelas que às vezes sumiam, mas costumavam seguir totalmente retas e para o oeste através de uma área extremamente inóspita, sem água nenhuma, durante centenas de quilômetros. A estrada havia sido construída com o objetivo de proporcionar acesso aos topógrafos, e agora por ela só passavam uma média de seis veículos com tração nas quatro rodas por ano.

Calcei um novo par de sandálias. Eu tinha experimentado todo tipo de calçado, mas aquele par de sandálias era de longe o melhor deles. Botas eram pesadas e quentes demais, tênis eram confortáveis durante uma hora, mais ou menos, e só de manhã, antes do suor e da areia formarem cristas sob a parte da frente do pé. Embora as sandálias folgadas não protegessem meus pés dos espetos e carrapichos, nem do capim *spinifex*, elas só exigiam um dia ou dois de agonia e bolhas para serem amaciadas. Além do mais, àquela altura, eu estava tão bem fisicamente que era praticamente imune ao frio e à dor. Meu limite de resistência tinha atingido alturas absurdas. Eu sempre havia sentido inveja

---

[1] *Gunbarrel* significa "cano de arma". (N.T.)

de gente (especialmente dos homens) que podiam se machucar e fingir que não estavam sentindo nada. Agora eu era assim também. Quando me cortava ou arranhava para valer, só dizia "epa", e imediatamente me esquecia do fato. Em geral estava ocupada demais com o que estava fazendo para perder tempo sofrendo por isso.

O Rick havia resolvido ir de carro antes de mim, seguindo a Gunbarrel, e deixar o carro em Wiluna ou no próximo lugar onde iríamos nos encontrar. Pedi-lhe que deixasse uns dois tambores de água para mim no caminho. Eu ia precisar de cada gota daquela água. A região seria seca e quente, e presumivelmente não teria pasto suficiente para os camelos. Embora os aborígenes pudessem ter me dito onde ficavam os lagos, não havia nada marcado nos mapas. Porém (e me senti meio idiota nessa hora), eu não queria passar o dia inteiro olhando para os rastros de pneu deixados pelo carro do Rick. Estava mais preocupada por sua segurança do que pela minha. Se aquele carro enguiçasse... procurei ver se ele tinha água suficiente para si, pois se o carro quebrasse mesmo, eu poderia encontrá-lo ao longo da trilha e levá-lo comigo. Glendle também havia insistido em deixar dois tambores de água para mim na metade do caminho. Para tanto, ele precisou sofrer como um cão, percorrendo mais ou menos uns mil quilômetros sobre capim *spinifex* e areia. Só os verdadeiros amigos fazem isso.

Parti com minhas novas sandálias, mas depois de algumas horas decidi pegar um atalho pelo campo em vez de seguir a trilha. Não se via nada a não ser dunas, *spinifex* e um espaço interminável. Eu estava talvez pisando agora numa parte da região na qual nunca ninguém tinha pisado antes, e o espaço era imenso, um deserto puro e virgem, sem gado para danificá-lo, e sem nenhum átomo de presença humana em parte alguma daquela vastidão. As dunas dali não eram as ondas paralelas que eu tinha passado antes, mas sim desorganizadas, chocando-se umas com as outras, como o mar revolto ao vento ou ondas quebrando contra uma correnteza. A vegetação que as cobria nunca havia sido queimada, portanto essas dunas eram diferentes das que eu tinha visto antes. Não eram tão limpas nem tão enganosamente verdejantes e luxuriantes. O capim *spinifex* feio e impossível de ser consumido cobria as dunas e as mantinham estacionárias.

Durante toda a viagem eu estivera adquirindo consciência e compreensão da terra enquanto aprendia como depender dela. A abertura e o vazio que a princípio tinham me ameaçado agora eram um conforto que permitia que meu senso de liberdade e uma falta de objetivo aumentassem. Essa sensação de espaço encontra-se profundamente entranhada na consciência coletiva australiana. É assustadora, e por isso a maioria das pessoas se apinha na costa leste, onde a vida é fácil e o espaço é um conceito compreensível; contudo, isso também gera um senso de potencial e possibilidade que agora possivelmente inexistem nos países europeus. Não vai levar muito tempo, porém, para que a terra seja tomada, cercada e domada à força. Porém, ali, a terra ainda era livre, intocada e aparentemente indestrutível.

E enquanto eu passava por aquele lugar, estava me envolvendo com ele de uma forma intensíssima, de maneira ainda não completamente consciente. Os movimentos, padrões e conexões entre as coisas se tornavam aparentes a um nível intuitivo. Eu não simplesmente via as pegadas dos animais, eu as conhecia. Eu não simplesmente via o pássaro, eu conhecia suas ações e os efeitos delas. Meu ambiente começou a me ensinar sobre si mesmo sem eu estar inteiramente ciente do processo. Ele havia se tornado para mim um organismo vivo do qual eu fazia parte. A única maneira de eu poder descrever como esse processo ocorreu é dando um exemplo: eu via os rastros de um besouro na areia. O que antes teria sido apenas um desenho bonitinho para mim, sem muitas associações ligadas a ele, agora era um signo que produzia em mim associações instantâneas: o tipo de besouro, em que direção ele estava seguindo, por que, quando ele tinha produzido aquelas pegadas, quem eram seus predadores. Depois de aprender alguns fatos rudimentares sobre como funcionavam as coisas no início da viagem, agora eu já sabia o suficiente para que esse conhecimento fosse um recurso que eu podia usar para aprender como aprender. Quando uma planta nova aparecia, eu a reconhecia imediatamente, porque podia perceber sua associação com outras plantas e animais no sistema geral, e entendia qual era o seu lugar. Eu reconhecia a planta e a compreendia sem tê-la nomeado nem estudado longe do seu meio ambiente. O que seria antes uma coisa que meramente existia, agora se transformava em algo sobre o qual as outras coisas atuavam, e com o qual mantinham um relacionamento, e vice-versa. Eu podia agora dizer: "Isto faz parte de uma rede", ou mais exatamente, "isto, sobre o qual tudo atua, também atua." Quando essa forma de pensar se tornou comum para mim, ela passou a estender-se indefinidamente. No início, eu já desconfiava que isso poderia ocorrer. E me assustava com essa possibilidade naquela época. Eu considerava essa forma de pensar como um princípio caótico, e portanto a combatia com garras e dentes. Eu tinha me proporcionado as estruturas do hábito e da rotina com as quais me fortificava, e que eram indispensáveis antes. Porque se a gente se fragmentar e sentir incerteza, é aterrador ver nossos limites desaparecendo. A sobrevivência num deserto, então, exige que a gente se livre dessa fragmentação, e bem rápido. Não é uma experiência mística, ou melhor, é perigoso associar palavras assim a essa experiência. Elas são banais demais, e propensas à má interpretação. É algo que acontece, e pronto. Causa e efeito. Em lugares distintos, a sobrevivência exige coisas diferentes, baseadas no ambiente. Pode ser que a capacidade de sobrevivência seja justamente a capacidade de se deixar transformar pelo meio ambiente.

Passar a encarar a realidade dessa forma tinha sido uma batalha longa e difícil contra os velhos condicionamentos. Não que esse combate fosse consciente; fui, ao contrário, forçada a lutar, e podia aceitar ou rejeitar essa nova maneira de pensar. A pessoa na qual eu havia antes confiado para sobreviver, lá fora, sob circunstâncias diferentes, se tornou minha inimiga. Essa luta interior tinha quase acabado comigo. As faculdades intelectuais e críticas fizeram todo o possível para manter os meus limites antigos intactos. Elas passaram a draga na memória. Ficaram obcecadas com o tempo e as medições. Mas precisaram conformar-se em ficar em segundo plano, porque simplesmente não eram mais necessárias. A mente subconsciente ficou bem mais ativa e importante. E isso sob forma de sonhos, sentimentos. Uma crescente consciência do caráter de um certo lugar, fosse ele um bom lugar para se estar, com uma influência calmante, ou fosse um lugar arrepiante. E isso tudo se associava à realidade aborígene, sua visão do mundo como algo do qual eles jamais poderiam se separar, o que sua linguagem expressava. Em pitjantjatjara e, desconfio, em todas as outras línguas aborígenes, não há palavras equivalentes a "existir". Tudo no universo está em constante interação com tudo o mais. Ninguém pode dizer: "isso é uma rocha". Só se pode dizer "ali está", "se encontra", "se ergue", "cai", "se deita" uma rocha.

Meu "ego" não parecia ser uma entidade que vivesse em algum lugar dentro do crânio, mas era uma reação entre mente e estímulo. E quando o estímulo não era social, o "ego" tinha dificuldade para definir sua essência e perceber suas dimensões. O "ego" num deserto se torna cada vez mais identificado com o deserto. Ele precisa fazer isso para sobreviver. Ele se torna ilimitado, com as raízes mais enterradas no subconsciente do que no consciente; hábitos sem significado desaparecem dele, e ele passa a concentrar-se mais em realidades ligadas à sobrevivência. Mas como é sua natureza, desesperadamente quer assimilar e encontrar o sentido das informações que recebe, o que, num deserto, quase sempre se traduz na linguagem do misticismo.

O que estou tentando dizer é que quando a gente anda, dorme, para, faz cocô, rola, se cobre e come a areia ao nosso redor – e quando não há ninguém em volta da gente para nos lembrar de quais são as regras da sociedade e nada para manter a gente ligada àquela sociedade –, é melhor se preparar para sofrer algumas mudanças assustadoras. E exatamente como os aborígines parecem estabelecer um perfeito *rapport* consigo mesmos e seu país, o início embrionário desse mesmo *rapport* estava se operando em mim. E adorei essa sensação.

E o meu medo agora tinha se transformado. Era direto e útil. Não me incapacitava, nem interferia na minha competência. Era o medo natural e saudável do qual alguém precisa para sobreviver.

Embora eu falasse constantemente comigo mesma, ou com Diggity ou com a terra ao meu redor, eu não estava só, muito pelo contrário, se eu tivesse encontrado por acaso outro ser humano, teria me escondido ou tratado o encontro como se o ser humano fosse simplesmente outra planta, rocha ou lagarto.

As dunas estavam dificultando meu progresso. Eu as escalava devagar e escorregava pela outra encosta, eternamente. Os camelos estavam levando carga total agora, trabalhando feito demônios. Nunca desistiam, nunca reclamavam, nem mesmo quando um deles tropeçava sobre uma moita imensa de *spinifex* e puxava o freio do nariz do companheiro de trás. Que animais estoicos! O *spinifex*, aquele capim onipresente no deserto, era suficiente para fazer a gente querer queimar todas as moitas à vista. Essas moitas em geral têm um diâmetro de um metro e oitenta, e um metro e vinte de altura, e ficam muito juntas, com passagens muito estreitas entre uma moita e outra. Elas dificultavam a caminhada, tornando-a cansativa e dolorosa. A moita de capim *spinifex* tem folhas pontiagudas, e os minúsculos filamentos na extremidade das folhas se cravam na carne da gente, causando ardência. Eu estaria saindo das dunas em breve, e entrando naquela região interminável onde o terreno é plano, quente, homogeneamente coberto de moitas de *spinifex*, e onde o único alívio ocasional é uma ravina bem rasa onde se encontram algumas acácias aneuras e, caso a pessoa tenha sorte, algum pasto para os camelos. Eu vivia imaginando como eles se sairiam naquele deserto.

Depois de percorrer quilômetros após incontáveis quilômetros, depois do esforço monótono de passar sobre todas aquelas dunas, decidi que a energia necessária para atravessar aquela região era maior do que o prazer de estar longe de todos os seres humanos. Eu tinha perdido minha bússola e, sem entrar em pânico, voltei e a procurei até encontrá-la. Mas esse foi um erro idiota. Até mesmo seguir uma rota pela bússola era difícil naquele lugar. Subitamente, no meu caminho, aparecia um matagal de acácia aneura impenetrável, que, se eu tentasse atravessar em linha reta, iria se prender em mim ou na minha bagagem e rasgá-la, até eu ter que desistir. E seria preciso contornar o matagal, saindo às vezes um quilômetro fora da rota. Ou surgia alguma colina, coberta de laterita estilhaçada e afiada, e eu teria que contorná-la. Decidi então voltar para a trilha. Não sabia se a trilha seria visível ou não, ou se eu ia preferir atravessá--la a uma certa altura onde havia um trecho pedregoso no qual os pneus do Rick não tivessem deixado marcas. Andei mais de 45 quilômetros naquele dia, na esperança de encontrar a estrada antes do anoitecer. Isso quase acabou comigo. Meus quadris doíam a ponto de eu pensar que havia deslocado a bacia, e caminhar se tornou excruciantemente doloroso. Essa dificuldade me tirava mais energia do que o sol, que queimou o meu rosto, ressecando e rachando os meus lábios. No final, acabei encontrando a trilha com facilidade e montei um acampamento assim que a vi.

Ao amanhecer, pude divisar a Gunbarrel se estendendo até perder-se na distância, tão longe quanto se podia enxergar. E a cada lado da estrada, viam-se as intermináveis planícies cobertas de *spinifex*, todas as moitas exibindo copas delicadas, douradas e róseas, que mudavam à medida que o sol subia, passando a um cinzento esverdeado sem graça. As espigas faziam as moitas parecerem fascinantes, até frágeis, curvando-se e ondulando na brisa fria da manhã. Essa terra podia mesmo enganar à primeira vista. E era preciso sentir os extremos de temperatura para acreditar. Daquelas manhãs geladas abaixo de zero até o meio-dia escaldante, e depois o entardecer fresco e esperado, voltando ao frio cristalino da noite. Eu usava apenas calças, uma camisa de tecido fino e um casaco de lã de carneiro que em geral tirava enquanto estava colocando as cargas nos camelos (carregar os camelos agora levava apenas meia hora). Eu tinha aprendido a tremer para me esquentar. A outra coisa que eu tinha aprendido era a não beber nada durante o dia. Eu tomava quatro ou cinco canecas de chá de manhã, talvez um pouquinho de líquido ao meio-dia, e depois ficava sem tomar nada até acampar à noite, quando consumia oito ou nove canecas de líquido. É estranho, mas, quando o sol e o ar seco sugam litros e litros de água da gente durante o dia, quanto mais se bebe, mais sede a gente sente.

Por causa da monotonia das planícies, qualquer acidente geográfico que eu via era para mim uma maravilha. Eu tinha verdadeiros acessos de felicidade ao ver uma ravina raquítica que só podia ser considerada atraente se a gente a comparasse com a planície ao seu redor. Um dia, acampei numa depressão seca e poeirenta sob umas árvores sem sombra e meio tortas que me proporcionaram uma impressão estética mais fantástica do que o Taj Mahal. Ali eu encontraria um pouco de comida para os animais e um lugar onde eles poderiam rolar na terra até se cansarem. Tirei as selas deles no meio da tarde, e eles imediatamente começaram a brincar. Eu já estava há algum tempo assistindo às brincadeiras deles e rindo, quando, de repente, espontaneamente, tirei todas as minhas roupas e fui brincar com eles. Rolamos, esperneamos pontapés e jogamos terra uns nos outros. Diggity ficou que não cabia em si de felicidade. Acabei coberta de uma camada espessa de pó cor de laranja, com os cabelos todos grudados na cabeça. Foi o momento de diversão mais honesto e desinibido que já tive na vida. A maioria de nós, tenho certeza, já se esqueceu de como brincar. No lugar disso, colocamos os jogos. E a competição é a força que nos move. O desejo de vencer, de suplantar o outro, passou a ser mais importante do que o aspecto lúdico e fazer algo só pelo prazer de fazê-lo.

Quando parti, na manhã seguinte, tirei meu relógio, dei-lhe corda, ajustei o alarme para quatro da tarde e o deixei no toco de uma árvore perto do lugar onde tínhamos tomado nosso banho de terra. Um fim adequado para aquele instrumentozinho insidioso, pensei; e, daí por diante, não precisei mais me preocupar com isso. Executei, para comemorar, uns passinhos meio desajeitados, como uma sapateadora com chumbo nos pés. Provavelmente devo ter parecido uma velha senil e negligente, com aquelas minhas sandálias grandes demais, calças imundas e folgadas, blusa rasgada, mãos cobertas de calos e meu rosto sujo de terra. Gostava de mim assim, era um alívio tão grande estar sem disfarces, sem ter que pensar em beleza, em atração. Inclusive aquela atração péssima, falsa, debilitante, atrás da qual as mulheres se escondem. Empurrei meu chapéu para baixo, sobre as orelhas, de forma que elas aparecessem sob ele. "Devo me lembrar disso quando voltar. Não posso cair nessa armadilha de novo." Devo deixar as pessoas me verem como sou. Assim? Sim, por que não assim? Mas aí percebi que as regras de certas circunstâncias não necessariamente se aplicam a outras. Ao voltar para casa, isso seria apenas outro disfarce. Todos tinham suas personalidades sociais bem fortificadas, até ficarem tão bêbados e ridículos que a nudez deles era feia. Agora, por que isso acontecia? Por que as pessoas rondavam-se umas às outras, consumidas pelo medo ou pela inveja, quando o que temiam ou invejavam era só uma ilusão? Por que elas construíam fortalezas e barreiras psicológicas em torno de si que seria preciso ter um doutorado em arrombamento de cofres para vencer, que nem mesmo elas conseguiam romper de dentro? E uma vez mais comparei a sociedade europeia com a dos aborígenes. Uma, tão arquetipicamente paranoica, pegajosa, destrutiva; a outra, tão sadia. Senti vontade de nunca mais sair daquele deserto, pois sabia que iria me esquecer disso.

Eu estava quase na metade da Gunbarrel. Não podia saber a data ou a hora do dia porque a essa altura tinha percebido que o tempo do deserto se recusava a se deixar estruturar. Ele preferia, em vez disso, fluir em arabescos, vórtices e túneis, e além disso não importava. Eu estava a uns oito quilômetros de uns morros. Estava quente. Muito quente. Fazia dias que eu não via nada a não ser pedras e capim *spinifex*. Como eu queria alcançar aqueles morros... Eu podia ver árvores neles e perto deles. ÁRVORES. E, de repente, o que eu vi, flutuando como espectros na minha direção, vindos do trêmulo ar quente... não um, não dois, nem mesmo três, mas quatro camelos machos selvagens, todos espumando, atrás de encrenca e de fêmeas.

Muito bem. Não entre em pânico, hein! Não ligue para esse suor frio que está escorrendo pelas suas costas e se acumulando nas suas sobrancelhas, sua covarde. Só se esconda (será que uma moita de capim serve?) e atire para matar.

Certo. Mas o duro era que eu gostava de camelos. Não gosto de ferir camelos. Sou amiga de todos os camelos. Primeiro, dei um tiro de alerta, na esperança que eles corressem, mortos de medo. Um dos camelos selvagens disse: "O que foi isso, um mosquito?" E continuou se aproximando. Mas que arrogante, aquele canalha. Muito bem, vou ter que matar um. Quando os outros sentirem o cheiro do sangue, vão embora. Aproximei-me, ajoelhei-me e mirei a cabeça. Mas quando apertei o gatilho nada aconteceu. Nada. Zero. A arma travou. Não ia servir para nada. Ai, meu Deus, pensei ao sentir que a minha covardia estava se manifestando e se preparando para me fazer correr dali pedindo ajuda até chegar a Warburton. Ai, meu pai, ai, meu pai, disse eu, à medida que os camelos iam se aproximando. Bati o fuzil no chão com força, e gritei com ele, tentando consertá-lo com minha faca, e nada.

Vi um toco de sobreiro, no qual resolvi amarrar o Bub e, para me prevenir ainda mais, prendi a rédea do nariz dele nas suas pernas, sabendo que se ele se amedrontasse para valer, a arrebentaria como um fiapo de algodão, arrancaria aquele toco e correria para casa. Eu não tinha tempo para pensar em Diggity ou Golias, porque os camelos selvagens estavam agora a apenas três metros de distância e eram ENORMES. Dookie e Zel estavam pulando feito iô-iôs, decididamente nervosos. Joguei uma pedra num dos machos. Ele blaterou e exibiu sua *dulla*[2] (uma bexiga horrivelmente repulsiva, roxa e esverdeada, coberta de baba e fedendo indescritivelmente, que as fêmeas acham perversamente atraente), sacudiu a cabeça para mim, e ficamos brincando de ciranda cirandinha. Joguei mais uma pedra nele e o ameacei com minha pá de ferro. Ele recuou e me olhou como eu fosse uma idiota. Levei metade da tarde nesse jogo de gato e rato, executando vários outros truques ardilosos de driblar camelo, para me livrar daqueles bichos. Para meu grande alívio, eles acabaram cansando daquele negócio de me aterrorizar e se afastaram rumo ao horizonte indefinido e repleto de miragens. Nenhum deles tinha realmente me atacado; aliás, eu estaria morta se tivessem feito isso. Achei que havia sido desnecessário o meu cuidado de atirar em todos os machos que tinha visto até aquele momento. Aí me lembrei da história do Dookie e mudei de ideia.

Foi uma tarde muito longa. Uma das mais longas que já vivi. Mas passei por ela numa boa, sem maiores problemas, além de algumas alterações ligeiras nas sinapses cerebrais e, naturalmente, a perda da minha arma e da minha faca. Minha astúcia tinha me salvado sem que eu precisasse usar o fuzil.

Cheguei ao acampamento naquela noite sob a proteção de duas lindas colinas e me sentei para escrever algumas cartas. Elas soaram felizes, positivas e tranquilas. Eu achei que deveria estar tremendo de medo. Que deveria estar escrevendo para me tranquilizar, e deveria estar escrevendo para outras pessoas porque precisava delas ali para me protegerem. Achei que deveria estar querendo voltar e ficar onde eu tinha companhia e estava segura, mas, em vez

---

[2] Os camelos machos possuem um órgão chamado "dulla" que se parece com uma bexiga e normalmente fica na garganta. No cio, na hora do cruzamento, o macho expele a *dulla* pela boca para mostrar dominância. A *dulla* fica pendurada como se fosse uma língua rosa inchada e, ao mesmo tempo, o macho blatera (emite o chamado típico dos camelos), o que a maioria das pessoas considera repelente. (N.T.)

disso, me vi dizendo a essas pessoas que não trocaria de lugar com elas por nada deste mundo, que a segurança era um mito e um diabrete enganoso. Incluí aqui uma das cartas que escrevi durante alguns dias, porque as cartas eram a coisa mais parecida com um diário que eu mantinha. Elas descrevem o que estava acontecendo mais claramente do que eu poderia agora me lembrar no meu minúsculo apartamento de Londres.

Querido Steve,

Sentada ao pé da minha bela fogueira a 300 km de qualquer pessoa ou coisa, a panela entoando cânticos de chá, os camelos voltando de sua comilança ao som de sinos noturna, a Diggity soltando peidos silenciosos porém letais ao meu lado no saco de dormir. Encontrei um lugar mágico, contornado pelo rendilhado delicado da acácia neura, com um fundo de areia vermelha protegido por duas plataformas vermelhas e amarelas. Um pedacinho do céu na trilha solitária do deserto, onde vou ficar alguns dias para fortificar meu "wã". Esta manhã antes da aurora (céu cinzento e sedoso e Vênus), vi um corvo orçando nas correntes de ar acima das colinas. Fui caçar quando o sol nasceu, vi um *kanyala*[3] e errei. Graças a Deus. Mas estou sentindo falta de comer carne. Voltei, preparei um pão dourado e crocante, depois me lavei. Meu primeiro banho com água, sabão ou outra coisa, a tocar minha pele fétida há semanas. Vivaaa! Estou surpresa por não ter achado um bando de cogumelos crescendo em algum lugar lá embaixo.

Só me afastei um minuto, dando bronca nos camelos, que uma vez mais estavam atacando os sacos de comida. Bichos mais atrevidos, impertinentes. Mas eu os adoro mesmo assim.

Agora o frio está emanando da terra e girando em torno de mim, dos meus pés protegidos por sandálias e meias. Os camelos ruminam ritmicamente, e a fogueira de madeira de sândalo e de *corymbia*[4] está lutando jiu-jítsu com o frio. Ah, blim, blim, blim, vibram as fibras do meu coração, é bom estar viva. E as palavras só podem lhe contar como são as coisas. As palavras são a lembrança retorcendo-se após a realidade da dança...

---

[3] Marsupial australiano, uma espécie de canguru. (N.T.)

[4] Planta típica da Austrália que já se classificou como eucalipto porém pertence a outro gênero. (N.T.)

Alguns dias depois. Ora, quero dizer, alguns dias atrás no seu tempo. No meu tempo, eu poderia até dizer que escrevi isso amanhã ou há mil anos. O tempo não é o mesmo aqui, você sabe. Talvez eu tenha atravessado algum buraco negro. Mas não vamos discutir conceitos cronológicos... eu poderia realmente perder o fio da meada se fizesse isso.

Hoje foi um dia superfantástico. E ainda está sendo, aliás. Não obstante agora estar contemplando as planícies cobertas de pedras cintilantes e árvores mortas... mas deixe-me começar pelo princípio.

Hoje começou como a maioria dos outros dias, só que havia nuvens no céu. Duas, aliás, só espiando róseamente acima do horizonte do nordeste. Chuva, acho, foi a primeira coisa que pensei quando a luz do dia se imiscuiu sob minhas pálpebras e cobertores. Contudo, as nuvens se evaporaram em segundos, e a segunda coisa que pensei foi: "Não estou ouvindo as campainhas dos meus camelos." Você está certo, homem da montanha, os camelos tinham se evaporado também. Ora, dois deles, de qualquer forma, e o outro, eu ia logo descobrir, não se evaporou porque não estava conseguindo andar.

Um amigo muito sábio lá de Alice me disse uma vez: "Quando as coisas começarem a se complicar na trilha, em vez de entrar em pânico, ferva uma água para um chá, sente-se e pense claramente.

Então fervi água, sentei-me, e repassei os pontos mais importantes com a Diggity:

1. Estamos a 160 km de qualquer lugar.

2. Perdemos dois camelos.

3. Um dos nossos camelos está com um buraco tão grande na pata que a gente até pode se acomodar e dormir dentro dele.

4. Temos água suficiente para seis dias.

5. Minha bacia torta ainda está doendo intoleravelmente.

6. Este é um lugar horrível para passarmos o resto das nossas vidas, as quais, de acordo com meus cálculos matemáticos, terminarão dentro de uma semana.

E só aí, depois de ter organizado tudo assim bem bonitinho na minha cabeça, foi que entrei em pânico. Muitas horas depois, encontrei meus bichos sumidos e os trouxe de volta para o aprisco. Eles foram castigados. Só me restava resolver o problema da pata ferida. Mas havia um problema:

o Dookie é normalmente um sujeitinho tranquilo, reservado, confiável, mas quando está com um buraco no pé ele se transforma em um demônio agressivo. Muito bem, ele atacou, escoiceou, rosnou, vomitou, ficou de olhar parado, resmungando, e terminou me obrigando a amarrá-lo de pernas para cima, como um peru, para examinar-lhe o pé, o que parece fácil no papel, mas não é, visto que perdi, juro, uns três litros de suor naquela briga. E me lembro que mencionei antes (ponto importante número 5, acho eu) minha bacia torta, a coitada da minha velha bacia que está deslocada em uns sete lugares diferentes; ora, muito bem, pois não é que foi exatamente *ali* que o Dookie me acertou com a perna dianteira? Pra resumir a guerra, eu o derrubei e o amarrei, e tirei seis dunas e seis rochedos de dentro daquele buraco do pé dele. Depois meti um monte de algodão lá dentro embebido em terramicina, e cobri tudo com uma bandagem, dando-lhe um beijo para acelerar a cura. E por fim nos pusemos a caminho.

Meu Jesus divino, homem da montanha, tem uma cáfila inteira vindo para o meu acampamento, exatamente AGORA, NESTE MOMENTO. Enquanto estou lhe escrevendo. Não há absolutamente nada que eu possa fazer, portanto estou continuando a escrever para acalmar meu pânico. Por que, mas por que essas coisas acontecem comigo? Parece que tudo vai dar certo, não tem machos no meio desses camelos, graças a Deus. Mas carreguei o fuzil por via das dúvidas. Você sabe, aquele fuzil que não funciona. Bom, nunca se sabe, milagres podem acontecer. Preciso escrever porque estou desesperada. Muito bem, levantei acampamento mais ou menos ao meio-dia, e aí fui para o lugar mais lindo que já vi: a planície argilosa de Mungilli.

Deixe-me tentar descrevê-la. Você desce qualquer encosta e de repente está em outra zona. Há sombras em toda parte, e a areia é de um rosa salmão. Vejo eucaliptos "fantasma"[5] imensos, cintilando e balançando, e há pássaros cantando e gorjeando. À direita, como um estuário que não vê o mar há séculos, está a planície. Está vazia, é toda plana, e contornada por dunas baixas, árvores e erva-sal com frutinhas vermelhas. Algumas das árvores têm troncos lisos e rosados, e suas folhas são de um verde bem, mas bem escuro e brilhante mesmo. Veja bem, sei que

---

[5] *Ghost gums*, uma variedade de eucalipto australiana, de casca branca. (N.T.)

a maioria das pessoas passaria por esses cinco quilômetros de paraíso e nem mesmo soltaria uma exclamação de assombro, muito menos se prostraria diante dele, rezando, mas ele me deixou encantada. Gostaria de ser capaz de lhe explicar isso devidamente. Que lugar lindo... tão comovente, de um poder tão sutil... Porém, não pude ficar ali muito tempo. O buraco no pé do Dookie estava dominando a minha consciência como uma planta venenosa nos trópicos.

Portanto, estou aqui, com uma das orelhas em pé, procurando escutar camelos machos blaterando (onde há mães em geral há pais também, infelizmente).

Há uma coisa engraçada nesta minha viagem, sabia? Um dia ela me faz voar entre as nuvens, em êxtase (embora, depois de ir às nuvens, posso francamente dizer que elas são um lugar bom de se visitar, mas não iria querer viver lá – o custo de vida é muito alto...) e no dia seguinte...

Agora, enquanto contemplo a reluzente planície pedregosa e as árvores mortas, se você quiser que eu seja perfeitamente franca, homem da montanha, cá para nós, por favor não conte pra mais ninguém, mas estou ficando ligeiramente cansada desta aventura. Aliás, para ser bem franca mesmo, fantasias estão começando a penetrar entre as moitas de *spinifex*, esqueletos e rochas – fantasias referentes ao lugar onde eu gostaria de estar neste exato momento.

Em algum lugar onde trevos frescos chegam quase à virilha, onde não há ondas gigantescas, tufões, meteoros perdidos, camelos, ruídos noturnos apavorantes, barulhos altos, música mal tocada, sol que cause câncer, ar tremeluzindo de calor, rochas brutas, *spinifex*, moscas; algum lugar onde haja montes de abacates, água, gente amiga que traga xícaras de chá de manhã, abacaxis, palmeiras balouçantes, brisas marinhas, nuvenzinhas fofinhas e riachinhos com reflexos especulares. Talvez uma fazenda de produção de seda, onde se pode simplesmente sentar e ficar escutando as lagartas tecendo dinheiro para a gente, enquanto montamos preguiçosamente sininhos da felicidade para amigos escolhidos a dedo, e depois que cansarmos disso podemos ir passeando até um banheiro imenso em uma casinha japonesa no jardim, para comer melancia gelada cortada em formatos extravagantes, enquanto um escravo esbelto de dois metros de altura passa cubos de gelo pelas nossas costas e...

Epa, Steve, mil perdões, hein, perdão mesmo, já estava começando a viajar na maionese...

Mas você sabe o que eu quero dizer.

Meu Deus do céu, agora mesmo eu daria tudo por um rosto amigo. Até um rosto inimigo. Até mesmo um barulho humano seria bem-vindo. Sim, até mesmo a ressonante e repelente explosão de um peido humano vindo de trás daquela erva-sal morta ali seria suficiente. Devo estar ficando louca, sentada aqui pensando se um dia vou sair daqui viva, se vou um dia rever o néon e o veneno de Sydney, escrevendo feito uma doida para gente que só existe nos recessos distorcidos da minha memória, pessoas que poderiam estar mortas; mas só consigo é rir e soltar piadinhas sujas. Se eu deixar este mundo aqui neste lugar, avise a todos que fui sorrindo, por favor, e adorando tudo. ADORANDO TUDO!

Terminar uma carta é pior do que começá-la. A lua cheia e dourada está acabando de surgir acima da silhueta das árvores a leste. Valeu a pena tudo isso por um nascer de lua? A esta altura, sim. Minha pele está seca feito biscoito de cachorro, minha perna esquerda pode já ter dado o que tinha que dar, meus lábios estão rachados e cheios de bolhas, não tenho mais papel higiênico e preciso me limpar com capim; tem um câncer de pele tentando tomar conta do meu nariz (como vou manter a calma numa festa da *Geographic* quando o nariz cair dentro de um martíni?) Pouco a pouco, mas eficientemente, estou ficando peculiar, tenho tanto medo de morrer que meus joelhos batendo um contra o outro me acordam pela manhã e, mesmo assim, tudo valeu a pena? Sim, homem da montanha, definitivamente sim.

Não consigo dormir. Está jorrando chá dos meus ouvidos, das minhas órbitas, e dos bolsos de trás das minhas calças, e no entanto estou me sentindo extremamente BEM! Poderia até uivar para a lua lá em cima (e para Arcturo e Aldebarã, e também para Spica e Antares etc.); e realmente quero dizer a alguém, Steve, está escutando? ESTOU ME SENTINDO ÓTIMA. A vida é tremendamente jubilosa, tristíssima, muito louca, sem nenhum sentido, engraçada pra diabo! O que há de errado comigo, para eu me sentir assim tão bem? Será que virei bicho do mato? Será que estou lunática? Provavelmente as duas coisas, mas não me importo. Aqui é o paraíso, e eu desejaria poder compartilhar com você um pouco dele.

Esse negócio de escrever cartas neste fim de mundo pode parecer meio peculiar, principalmente porque poderiam se passar meses antes de poder remetê-las, e eu provavelmente iria falar pessoalmente com meus amigos antes de eles poderem me enviar uma resposta. Mas ajudava a registrar eventos e emoções do momento. Meu diário era uma coleção dessas cartas, a maioria delas nunca enviadas, e contendo frases sem graça como "Será que é julho ou agosto, bom, não importa, meus camelos sumiram esta manhã." E depois, no mês seguinte, não havia nenhuma anotação.

O clima bem-humorado dessas cartas refletia a disposição que prevaleceu em mim durante aquele mês no qual percorri a Gunbarrel. Não é que eu estivesse me tornando descuidada, não é que eu tivesse deixado de lado o meu medo, eu estava simplesmente aprendendo a aceitar o meu destino, fosse ele qual fosse.

O incidente dos camelos perdidos foi ligeiramente mais assustador do que as cartas revelam. Eles tinham sido espantados por camelos selvagens durante a noite, e eu tinha dormido durante todo esse episódio. Só de manhã fui descobrir o que tinha acontecido, pelos rastros. Eu andava deixando meus camelos soltos durante a noite, com as peias frouxas, ou até sem peias. Sally teria me dado um tiro, imediatamente, se soubesse disso. Mas eu raciocinei da seguinte forma: nós estávamos numa região desértica, e os camelos estavam dando tudo de si, precisavam se afastar bastante do acampamento para encontrar o pasto de que necessitavam. Golias sempre ficava bem amarrado, e eu firmemente acreditava que a Zeleika jamais o abandonaria. (Ela ia me surpreender e me fazer perder essa condescendência uns dois meses depois desse episódio.) E eu estava crente que podia encontrá-los em qualquer terreno.

Esse lance de rastrear é uma combinação de sexto sentido, conhecimento do comportamento dos camelos, visão aguda e prática. O lugar onde acampamos naquela tarde era uma área pedregosa, combinada com um solo argiloso e duro como cimento. Se a gente tentasse furar aquele terreno com uma britadeira, ela mal conseguiria arranhá-lo. Achar a direção certa que os camelos tinham escolhido exigia, portanto, descrever círculos, afastando-me do acampamento, até encontrar as pegadas (que tinham se misturado com outras pegadas de camelos) e tentar seguir mais ou menos nessa direção, procurando marcas de solo revirado, pasto recém-consumido, e ficando de olho para ver se havia fezes recentes. (Eu sabia como identificar as fezes dos meus camelos, distinguindo-as das fezes de outros.) O rastreamento exigiu uma frustrante caminhada, descrevendo inúmeros círculos naquela área. Acabei encontrando os camelos a alguns quilômetros de distância, agitados e nervosos, voltando para o acampamento. Eles vieram direto na minha direção, como crianças perdidas, suplicando meu perdão. Os amigos deles tinham ido embora. Em vez de me deixar precavida, esse incidente reforçou minha confiança nos meus camelos e eu continuei a deixá-los sem peias à noite. Burrice minha, suponho, mas os camelos realmente conseguiram ganhar um pouco de peso naquela semana.

Como se caminhar trinta quilômetros por dia não fosse suficiente, eu costumava sair para caçar ou explorar a área em torno do acampamento com a Diggity, depois de ter tirado as selas dos camelos à tarde. Numa dessas tardes, me perdi um pouco. Não completamente, só um pouco, o suficiente para me deixar com um nó no estômago, em vez de embrulhá-lo. Eu podia encontrar nossos próprios rastros e segui-los, mas isto tomaria mais tempo e já estava ficando escuro. Antes, sempre que eu queria que a Diggity me levasse de volta ao acampamento, eu simplesmente lhe dizia: "Vai pra casa, menina", o que ela pensava que era uma espécie de castigo. Ela achatava aquelas orelhas malucas dela contra a cabeça, revirava os olhos castanhos para mim, metia o rabo entre as pernas e olhava de relance para trás, dizendo com todo o seu ser: "Por que você está fazendo isso comigo? O que eu fiz de errado?" Só que naquela noite ela conseguiu me entender direitinho.

Ela imediatamente entendeu a situação; deu até para ver uma lampadazinha acesa acima da cabeça dela. Ela latiu para mim, correu para a frente alguns metros, virou-se, latiu, correu até onde eu estava, lambeu-me a mão, depois continuou seguindo e daí por diante. Fingi que não tinha entendido. Ela ficou preocupadíssima, e repetiu as mesmas ações até que comecei a segui-la. E então ela ficou contentíssima, feliz da vida. Tinha entendido algo e sentia orgulho disso. Quando voltamos para o acampamento, eu a abracei e fiz muita festa nela, e juro que a bichinha riu. E aquela pose de orgulho, aquele prazer inconfundível por ter compreendido algo, percebido o motivo e a necessidade do ato, a deixou fora de si, histérica de tanto prazer. Quando ela gostava de uma coisa ou de alguém, a cauda dela não balançava, ficava girando, descrevendo círculos completos, e seu corpo se contorcia, descrevendo um "S" como se fosse uma cobra.

Tenho toda a certeza de que a Diggity era mais do que um cão, ou melhor, outra coisa, e não um cão. Aliás, costumo pensar que o pai dela talvez tivesse sido veterinário. Ela combinava todas as melhores qualidades de um cachorro e de um ser humano, e era excelente ouvinte. Ela agora havia se transformado numa bola preta e lustrosa, feita de saúde e músculos. Poderia andar 150 km num dia, só dando aqueles seus pulinhos e cabriolas constantes, caçando lagartos no meio das moitas de capim *spinifex*. A viagem, necessariamente, me aproximou bem mais de todos os meus animais, mas meu relacionamento com a Diggity era algo especial. Há muito poucos seres humanos com quem eu poderia associar a palavra "amor" tão facilmente quanto eu fazia com aquela maravilhosa cadelinha. É muito difícil descrever essa interdependência sem parecer neurótica. Mas eu a amava, a mimava, sentia vontade de comê-la, tão enorme era a minha afeição. E ela nunca, jamais, nenhuma vez, me negou sua dedicação, por mais zangada, má ou grosseira que eu fosse. Por que os cães escolhem os seres humanos é uma coisa que eu jamais poderei nem começar a entender.

Muito bem, seus freudianos embolorados, seus louváveis lainguianos, minha psique está às suas ordens. Admiti meu ponto fraco. Cães.

Os que gostam dos animais, principalmente as mulheres, costumam ser acusados de serem neuróticos e incapazes de se relacionar bem com outros seres humanos. Quantas vezes os meus amigos tinham notado meu relacionamento com a Diggity, e, com aquele olhar funesto associado com os psiquiatras, haviam dito: "Você nunca pensou em ter um filho, pensou?" É uma acusação que sempre causa uma resposta explosiva da minha parte, porque me parece que o bom Deus em sua infinita sabedoria nos deu três coisas para tornar nossa vida mais suportável: a esperança, as piadas e os cachorros, mas a maior delas é o cachorro.

Eu agora estava bem feliz por acampar ao longo da trilha ou na trilha em si. A ideia de alguém passar por ela já havia se tornado impossível. Só que eu não tinha me lembrado dos malucos e dos excêntricos. Fui despertada do meu sono profundo certa noite pelo roncar de um motor. Fiz força para acordar, enquanto a Diggity latia, furiosa, e uma voz gritava no escuro:

– Vejam só, é a moça dos camelos! Eu sou o pioneiro, posso entrar no seu acampamento?

– Mas que diabo...

Uma aparição surgiu diante de mim, com a Diggity lhe mordendo os tornozelos. O "pioneiro", como ele tinha se referido a si mesmo, era um maluco que estava testando algum carro da Suzuki atravessando a parte mais larga da Austrália, passando por cima do capim, da areia e das planícies pedregosas tão rápido quanto possível. Estava tentando quebrar algum tipo de recorde. Além disso, ele também era doido de pedra e, presumivelmente, viciado em velocidade. Seus globos oculares eram tão saltados que chegavam a pender um pouco sobre as suas faces, e ele ficava dando palmadas nos braços, comentando sobre o frio e dando a entender que gostaria de acampar ali comigo. Eu certamente não ia querer que ele ficasse por ali, nem a Dig tampouco. Fiz o possível para deixar isso bem claro, sem ser grosseira. Ele se sentou e passou meia hora tagarelando animadamente, enquanto a Diggity rosnava baixinho ao pé do meu saco de dormir e eu bocejava de modo bem evidente, só dizendo: "Ah... é mesmo... ótimo... bocejo... hum... não diga... é mesmo..." e daí por diante. Ele então me informou que já estava seguindo meus rastros há quilômetros, o que, como ele vinha da direção oposta, era um feito admirável. Acabou desistindo e indo embora. Cocei a cabeça um pouco e a sacudi só para ter certeza de que não tinha sofrido alucinações. E aí voltei a adormecer. Esqueci aquilo. Se eu soubesse o que ele ia fazer quando voltasse à civilização, teria torcido aquele pescoço grosso dele ali mesmo.

Nós estávamos nos aproximando de Carnegie. Por um lado, eu não queria estar em nenhum lugar a não ser naquele deserto, sozinha; por outro, estava ficando sem comida, minha última refeição antes de eu chegar lá ia consistir em biscoitos de cachorro liberalmente lambuzados com pó de pudim, açúcar, leite e água. E eu estava nervosa diante da perspectiva de falar com seres humanos outra vez. A essa altura, já estava completamente desprogramada. Costumava andar nua, pois as roupas não só estavam caindo de podres, como também eram desnecessárias. Minha pele tinha se bronzeado até ficar de um marrom terracota escuro e da textura de couro de arnês. O sol não penetrava mais nela. Só o chapéu eu costumava usar, porque a pele do meu nariz andava descascando com tanta frequência que eu achava que ele poderia desaparecer de vez sem proteção. Talvez só restasse um pedacinho de cartilagem exposta, chiando por causa do calor, no meio da minha cara. E, francamente, não conseguia me lembrar da etiqueta social, nem sabia mais colocá-la num contexto. Será que vai pegar mal, pensava comigo mesma, se eu andar com uma blusa ou calça sem botões? Será que alguém notaria ou se importaria com isso? E o sangue de menstruação? Do meu ponto de vista, não importava se o sangue seguisse o fluxo das leis naturais da gravidade e descesse escorrendo pela minha perna, como devia; mas será que os outros também concordariam com isso? Será que ficariam confusos e descontentes ao verem isso? Mas por que diabos eles se sentiriam assim? Eu estava completamente confusa e perturbada, porque simplesmente NÃO SABIA. Estou assombrada por ter perdido tão rapidamente o senso de importância dos costumes sociais. E nunca deixei de estar ciente de como a etiqueta era absurda. Aos poucos fui recuperando o traquejo social, mas creio, espero eu, que sempre verei a obsessão com a etiqueta e a modéstia feminina como a insanidade pervertida e opressiva que ela realmente é.

É extraordinário que as duas perguntas que mais me fizeram sobre a viagem (depois de "Por que você fez isso?") tenham sido... a primeira, "O que você fazia quando acabava o papel higiênico?", e a segunda (e isso sempre era cochichado num cantinho por mulheres rindo sem parar), "O que você fazia quando acabavam os absorventes?" Que diabo elas acham que eu fazia? Corria para a próxima farmácia para comprá-los? Ora, para todos os que estiverem morbidamente curiosos para que eu fale de como eu cuidava da minha higiene corporal, quando eu ficava sem papel, eu usava pedras lisas, capim e, quando tinha sorte, uma planta do deserto chamada de rabo-de-gatinho. Quando eu ficava sem absorventes, nem me importava.

Aliás, até hoje, acho que uma das maiores conquistas daquela viagem foi aprender a arte sutil de soltar pum. Eu nunca havia soltado um peido antes. Ora, talvez uma ou duas vezes, mas só conseguia soltar uns ridículos peidinhos. Só Deus sabe o que acontecia com todo aquele ar. Devia sair pelos meus poros à noite, suponho. Ah, mas agora, agora eu conseguia soltar uns daqueles que seriam considerados sonoros, retumbantes e barulhentos, que assustavam os camelos e bandos de pombas-cornudas[6], as quais saíam voando. Diggity e eu competíamos: ela sempre vencia, no quesito poluição atmosférica, mas eu vencia no quesito nível de ruído.

Cheguei a Carnegie, só para constatar que estava abandonada, e mais desolada e deprimente do que posso descrever. De súbito, dramaticamente, assim que cheguei à cerca de demarcação de limites, o terreno ficou arruinado. Destruído. O pasto todo comido pelo gado. Assolado. Eu tinha estado tão sintonizada com o fantástico lugar intacto pelo qual eu tinha passado que senti essa mudança como se fosse um tapa na cara. Como podiam deixar isso acontecer? Como podiam passar dos limites na exploração econômica e, com aquele mal-

---

[6] Pombo selvagem australiano. (N.T.)

dito impulso australiano para ficar rico depressa, acabar com o lugar? Não havia nada ali, absolutamente nada, para meus camelos comerem. Eu tinha pensado que a pior parte da viagem já havia passado, mas, no final, agora é que tinha chegado ao verdadeiro deserto, o deserto humano, que estava para começar. Eu não deveria recriminar demais os criadores de gado, porque eles andavam sofrendo uma seca havia quatro anos, e muitas cabeças de gado já haviam morrido. Mas há boa administração e má administração e, na minha opinião, quem tinha explorado aquele lugar daquele jeito merecia tudo que lhe havia acontecido. Algumas espécies de plantas desapareceram das regiões de criação de gado para sempre, simplesmente por causa daquela administração voltada para o consumismo barato. Plantas venenosas, que não eram comestíveis (como o chamado "arbusto de terebintina"[7]) tinham dominado o lugar. Eu havia visto apenas alguns exemplares daquela espécie antes, mas agora estava espalhada por toda parte. Era a única coisa verde que tinha sobrevivido, e estava indo muitíssimo bem, obrigada. Até mesmo a acácia aneura, a única coisa que servia de alimento para os meus camelos ali, estava marrom e ressecada.

Aí, do nada, dois rapazes muito simpáticos apareceram. Eles tinham ido até lá pegar um jipe velho que haviam visto no aterro de Carnegie. Também não sabiam que o lugar tinha sido abandonado. Pelo jeito isso havia acontecido há pouquíssimo tempo. Um deles fez uma bota de couro para o pé do Dookie, e depois eles me ofereceram comida em abundância. Eu lhes ofereci dinheiro, que eles a princípio se recusaram a aceitar. Quando eu lhes disse que usaria aquilo como papel higiênico ou para acender fogueiras se eles não aceitassem, eles aceitaram. E aí comecei a protestar, com bastante veemência, sobre a morte do país. Comentei sobre a diferença, que era para mim como giz e queijo, entre a terra do outro lado da cerca e do lado de cá. Eles não haviam notado nada. Fiquei pasma. Será que eles não enxergavam? Não. É preciso abrir os olhos das pessoas, e elas precisam se sentir parte da terra para poderem notar a diferença. E seis meses antes, eu provavelmente também não teria sido capaz de enxergá-la.

Eu não estava esperando essa reviravolta. Tinha achado que prosseguir dali seria como estar de férias. Tinha planejado atravessar a região das estâncias direto até Wiluna. Mudei de ideia e estudei meus mapas. Decidi então ir para

---

[7] Planta venenosa desértica. Suas folhas quando esmagadas têm um cheiro semelhante à terebintina. (N.T.)

o norte, para a fazenda Glenayle, depois me encontrar com a rota comercial Canning, onde achei que não encontraria nenhum gado e nem, melhor ainda, gente. Eu tinha ouvido histórias pavorosas sobre essa rota comercial. Ela havia sido abandonada anos antes, porque cabeças de gado e camelos demais tinham perecido ao longo dela. Ela atravessava um dos piores desertos da Austrália. Haveria poços ao longo dela, mas como não tinham manutenção, a maioria deles talvez não pudesse ser usada. Contudo, eu ia apenas tentar passar pela parte mais fácil e mais meridional, e alguém tinha me dito que aquela área era belíssima. Parti para Glenayle.

A essa altura, estávamos todos precisando de um bom descanso. Embora o território dentro dos limites de Glenayle fosse ligeiramente melhor (deduzi disso que quem administrava aquele lugar estava mais sintonizado com a terra e provavelmente iria ser o sal dela), os camelos estavam ainda tendo dificuldade para encherem as barrigas. Minha preocupação com eles chegava a ser absurda, pois os camelos sobrevivem onde nada mais resiste; entretanto, Zeleika, especificamente, estava que era um esqueleto ambulante. A corcova dela tinha murchado, virando um lamentável tufo de pelos sobre uma série de costelas bastante visíveis. Distribuí a bagagem dela pelos outros camelos, mas não era esse o problema. Ela estava sendo bem tola com o Golias. Ele estava uma bola de tão gordo, e era irremediavelmente mimado. Quanto mais fraca ela ficava, mais meu relacionamento com aquele pequeno parasita se deteriorava. Não havia nada que eu pudesse fazer para desmamá-lo. Tentei inventar uma bolsa semelhante a um úbere, mas ele sempre conseguia enfiar o focinho por algum buraco dela e alcançar as tetas da Zeleika. E ela vinha alimentá-lo com quantidades fenomenais de leite à noite, por mais perto da árvore que eu o amarrasse. Quando parávamos, ao meio-dia, eu sempre fazia os camelos se deitarem sob alguma sombra para descansarem durante uma hora. Eles mereciam aquele repouso, o aceitavam de boa vontade e ficavam ali sentados, contemplando a distância e ruminando, absortos em profundas reflexões camelinas sobre o sentido da vida. Eu, porém, tinha que ficar de olho no Golias, para mantê-lo longe da mãe. Ele se aproximava disfarçadamente quando eu me distraía, e começava a cutucá-la e a empurrá-la, exigindo que ela o alimentasse. Quando ela se recusava, ele agarrava a rédea do nariz dela e a puxava. Ela soltava um berro e pulava, ficando de pé, e o danado, mais rápido que um raio, se metia embaixo dela e ia direto lhe sugar as tetas. Ele podia ser um moleque mimado, mas não era burro. O outro péssimo hábito que ele tinha era disparar entre os camelos a toda velocidade e me dar um coice de lado. Eu finalmente acabei com isso segurando um galho enorme de acácia junto ao meu corpo, depois quebrando-o com toda a força na perna dele quando ele estava passando perigosamente perto de mim, um choque rápido e agudo que o fazia parar na hora, só lhe restando planejar qual seria a vingança. Embora eu, muito a contragosto, até admirasse aquela abnegação da Zeleika, achava que ela era um verdadeiro capacho daquele filhote dela.

Até mesmo os animais selvagens estavam morrendo. Continuaram a morar na região das fazendas, onde a água, em poços artesianos, moinhos, tanques e calhas, era abundante, mas o gado havia comido todo o alimento que restava. Eu raramente acampava ao lado desses poços à noite. Eles eram sempre em depressões secas e poeirentas cobertas de carcaças retorcidas de animais em posições terríveis de sofrimento, lugares nem um pouco animadores. Eu em geral tentava descansar ao lado dos poços, ao meio-dia, para os animais poderem beber um pouco de água e para eu poder tomar um banho. Depois continuávamos por uns 15 quilômetros, mais ou menos, e acampávamos onde o pasto fosse um pouco melhor. Isso nem sempre era possível, de maneira que certa noite, antes de chegar a Glenayle, acampei a menos de um quilômetro de um poço artesiano.

Eu nunca tinha punido a Diggity por caçar cangurus, pois estava certa de que ela jamais poderia pegar um. Mas ela me acordou naquela noite, ao perseguir um canguru esquelético velho que estava tentando beber um pouco de água. Antes de eu poder recobrar a consciência completamente e chamá-la, ela já havia desaparecido na escuridão. Voltei a dormir. Ela voltou para o meu saco de dormir algum tempo depois, lambendo-me para me acordar e choramingando, pedindo-me para que eu acordasse e a seguisse.

– Puxa, Dig, você não o pegou, pegou?

Ganido, ganido, arranhada, lambida. Carreguei o fuzil e a segui. Ela me levou direto à sua presa. Ele era um enorme macho cinzento, já quase morto. Achei que ele simplesmente estava fraco demais para aguentar a perseguição e havia desistido. Diggity não o havia tocado, não teria sabido como, desconfio, e aquele pobre coitado tinha sofrido um derrame. Ele estava deitado de lado, resfolegando de leve. Eu lhe dei uma pancada na cabeça. Na manhã seguinte, passei pela carcaça e me abaixei, empunhando a faca, para cortar um pedaço do lombo e a cauda. E aí gelei. O que o Eddie havia me dito sobre não cortar carne, mesmo? "Mas isso não se aplica a você, você é branca." "Tem certeza que não. Como você sabe?" Não ia dar para eu levar aquele canguru inteiro, ele era pesado demais, mas deixar essa carne se estragar ali parecia loucura. Depois de passar cinco minutos hesitando, sem poder me decidir, guardei a faca e prossegui.

Quando as crenças de uma cultura se traduzem na linguagem de outra cultura, a palavra "superstição" costuma ser usada para definir isso. Talvez fosse superstição que tivesse me feito deixar aquele canguru intacto, ou talvez fosse o fato de eu ter visto coisas demais para ter certeza do que era verdade ou do que era mentira. Como não tinha certeza, achei que não estava em posição de arriscar.

Eu estava certa sobre os moradores de Glenayle. Eles não eram só o sal da terra, eles eram encantadores, bondosos, generosos e fingiam não notar minhas excentricidades, batendo papo agradavelmente enquanto eu soltava arrotos, me coçava, bebia litros e litros de chá e comia biscoitos caseiros como uma porca faminta. Logo depois, uma certa senhora muito bem-educada, de cabelos grisalhos e vestido de alcinha recém-passado, regando as flores do seu jardim, disse, sem nem mesmo erguer uma das sobrancelhas: "Olá, querida, que bom que você veio, quer entrar e tomar um chá?"

Eileen, Henry e seu filho Lou me convidaram para ficar lá uma semana. Adorei. Eles não só eram excelente companhia, como também me deram bastante comida e cuidaram de mim com uma hospitalidade típica do Outback. Essa generosidade e franqueza faz parte do código de ética do interior australiano, e tenho certeza de que é universal. Está sempre acompanhada por uma crença na honestidade, trabalho árduo, simplicidade e amor pela terra. Todos os meus camelos precisavam se animar um pouco antes de tentarmos seguir a Canning, e o Henry me deixou usar um cercado de cavalos, onde eles puderam perambular um pouco. Esse cercado tinha uns cinco quilômetros quadrados de terreno pedregoso e estéril, capim *spinifex*, que não podia ser comido, e poeira. Mas havia um pouco de acácia neura ainda viva, algumas muirapirangas verdes e baças, e uma outra espécie de acácia verde-vivo que presumivelmente não exigia nenhuma água. Ou isso ou suas raízes se aprofundavam vários metros terra adentro. Esse seria o principal arrimo dos meus camelos durante o mês seguinte.

Quanto mais eu conhecia aquela gente, mais impressionada ficava com seu bom humor estoico e irreprimível. Eles tinham todos os motivos para estar torcendo as mãos de desespero, chorando e gemendo, a lamentar sua sina. O gado morria em toda parte, os cavalos eram esqueléticos, a ponto de estarem agora tentando comer o capim *spinifex*; e não se via uma nuvem sequer. Glenayle era a estância mais remota do deserto, e talvez fosse essa mesma distância que fazia dos Wards uma família assim tão unida. Isto e o fato de que Henry era um excelente sertanista, adorava a terra, e nenhum deles teria trocado de lugar com um habitante da cidade grande nem em troca de toda a chuva do mundo. Eles me levaram para arrebanhar o gado enquanto eu estava com eles. Estavam tentando aproveitar alguns bois antes que eles morressem. O dinheiro que conseguiam com essa carne só daria para pagar o frete, se tanto. Nós acampávamos à noite, comíamos carne vermelha, ríamos e cantávamos as músicas do Slim Dusty, elogiando as maravilhas que eram as mães.

Para quem não sabe, o Slim Dusty é o maior bardo australiano contemporâneo da música *country*. Embora a maioria dos meus amigos faça cara de nojo quando eu toco as canções dele, atribuo isso ao fato de que eles jamais foram ao rodeio de Mount Isa. Só quando você já esteve num evento sertanejo desses na Austrália e despertou às quatro da matina ouvindo o Slim nos alto-falantes acordando os participantes de um sonho de embriaguez para que se ocupem das coisas importantes da vida, como domar um touro bravo, laçar novilhos ou beber; só depois que você o ouviu tocando viola e cantando o dia inteiro durante uma semana, se aventurou a ir ao bar local conhecido como "ninho de cobra" encher a cara com estereotípicos "compadres" australianos, com seus "homessa" e seu igualitarismo; e dançou ao som metálico da guitarra de algum vaqueiro e o seu coro de vaqueiras com seus trajes vistosos e surrados, tocando "Urandangi Dandy"; e depois, maravilha das maravilhas, fez parte de um público completamente inebriado na última noite do rodeio, quando o Slim apareceu em carne e osso, até de chapéu de aba caída e camisa de seda roxa, e uns músicos surpreendentemente bons no acompanhamento, e cantou junto com ele com lágrimas escorrendo dos olhos e caindo na sua cerveja, falando de "um homem alto na sela", é que você poderá realmente entender toda a força da emoção desse poeta australiano do Outback.

No meu último dia lá eu saí para procurar meus camelos. Se eles não tivessem aumentado de peso, pareciam ligeiramente mais gordos, e Zeleika estava parecendo menos com o Recruta Zero. De modo geral eles estavam em tão boa forma quanto eu podia esperar. O Bub foi o primeiro a se aproximar, como sempre, procurando algum petisco. Dookie, que sempre tinha sido ciumento, sempre tinha se considerado o líder do bando, mandando inclusive em mim, cobriu minha cabeça inteira com suas mandíbulas, que ficaram parecendo um capacete. Ele molhou meu cabelo de baba assim durante um segundo, depois girou nas pernas traseiras, pulando e escoiceando, e afastou-se, parecendo extremamente satisfeito consigo mesmo. Ele poderia ter esmagado meu crânio como uma uva, se quisesse. Eu normalmente não permitia essas transgressões entre meus animais, porque não tinha como saber se um dia eles decidiriam, lá entre eles, que não estavam mais a fim de ser obrigados a atravessar meio continente, e organizariam um motim. Mas como eu poderia reagir, se o Dookie estava me olhando daquela maneira sedutora, tentando adivinhar se eu havia entendido a brincadeira dele ou não?

Henry repassou os mapas comigo, me mostrando onde encontrar a Canning na altura do poço número dez, me dizendo quais as trilhas que ainda existiam e quais as que não existiam mais, e onde contornar para seguir para o sul. Ele também me disse quais os poços ao longo da estrada que podiam ser usados. Estrada? Eu me surpreendi com isso. Esperava que a Canning fosse uma trilha meio invisível, ou quase totalmente apagada. Esperava ter que me basear na minha bússola para me orientar. A mineração tinha sido uma das causas da abertura de trilhas no interior. As estradas apareciam do nada e desapareciam no nada.

De certa forma, fiquei decepcionada. A Canning ia ser o último trecho de região sem fazendas que eu ia ver, e pensei tristemente enquanto distribuía a carga nos lombos dos camelos, que a parte principal da jornada estava chegando ao fim. Calculei que iria levar três semanas para chegar a Wiluna, a primeira cidade de verdade na qual eu entraria desde que tinha saído de Alice Springs.

Os primeiros dois dias foram pavorosos. A terra estava torrada e vazia, e uma poeira cinzenta horrível cobria tudo. Vomitei duas vezes, sendo esta a única vez em que me senti mal durante toda a viagem. Eu tinha tomado um banho gelado numa piscina artesiana à noite, e caminhado nua para secar. Acordei naquela noite com uma cistite daquelas. Remédios para isso eu trazia comigo, graças a Deus. Mesmo assim, não dormi naquela noite. Um dia ou dois depois, descobri que estava com cólicas horríveis, sem dúvida por causa de uma água suja que eu havia bebido. Fiquei com uma diarreia incontrolável e enquanto lutava para tirar as calças, resmungava ai, ai, que nojo, ai... Fiquei completamente... envergonhada. O processo de dessocialização tinha ido apenas até um certo ponto. Queimei as calças e desperdicei três litros de água tentando me lavar.

Depois disso, porém, o terreno começou a melhorar. As chuvas que tinham ocorrido durante os últimos quatro anos haviam banhado aquela área mais setentrional do deserto sem tocar as estâncias do sul. Embora não fosse nenhum paraíso, pelo menos os camelos puderam encontrar o que comer. O que teria me feito torcer o nariz antes, em etapas anteriores da viagem, agora me parecia luxuriante. Era uma paisagem magnífica, de um estilo primitivo e fossilizado. Um deserto maluco e esquisito, repleto de blocos isolados de arenito, silencioso e aparentemente sem nada a ver com o resto da evolução do planeta. Podia ser que valesse a pena explorar também essa área, mas ela não era nada boa para os camelos. As escarpas rochosas os cansavam e lhes feriam os pés. Eles estavam carregando quase uma carga completa de água, e eu sabia que ia ter que deixá-los descansar assim que pudesse encontrar um local adequado.

Estudando os mapas, vi que o poço número seis parecia promissor. Eu estava com calor e frustrada, porque vivia esperando que o leito de rio que tinha visto no mapa estivesse perto. Mas não estava. A colina à minha direita era interminável. Gritei com a Diggity e lhe dei um safanão quando ela assustou os camelos. Estava num mau humor terrível, e a coitada da Dig não fazia ideia do que ela tinha feito de errado, caminhando ao meu lado desconsolada, com o rabinho metido entre as pernas. Ela tinha aguentado muitos castigos ultimamente, ou o que considerava castigos. Os Wards tinham me dado uma focinheira de couro para colocar nela, para protegê-la das iscas de estricnina, que eram lançadas no deserto por aviões, para exterminar o cão selvagem nativo da Austrália, o dingo. Mas ela havia detestado a focinheira. Ela gania tanto, tentando arrancá-la, com uma cara tão triste e indignada que acabei removendo a focinheira. Ela não tinha o hábito de se alimentar com carne de carcaças de animais mortos, e eu a alimentava o suficiente para evitar que ela sentisse essa tentação.

Afinal, cheguei ao fim do tal morro e caminhei por uma orla composta de uma série de dunas. Quando cheguei ao alto, vi uma bacia infinita de bruma azul pastel com morros retorcidos e meias-luas flutuando e brilhando dentro dela, mais dunas cor de fogo quebrando-se aos seus pés e, à distância, umas montanhas mágicas e violáceas. Já ouviu falar de montanhas que rosnam, chamando a gente? Essas rosnavam, como leões gigantescos. Um som que só podia ser detectado pelos ouvidos de loucos e surdos-mudos. Fiquei paralisada diante daquela visão. Nunca tinha visto nada tão selvagemente belo como aquilo, nem mesmo nas paisagens dos meus sonhos.

Ali era a confluência de vários tipos de terrenos principais. Planícies e planaltos cobertos de capim *spinifex* e névoas azuis distantes, dunas de cores vibrantes, morros de arenito estriados de um vermelho escuro, e, atravessando tudo isso, um leito de rio sinuoso, todo ele de um verde e branco chapado e cintilante. Nós descemos aquela última duna saltitando e fomos até o poço. Os camelos avistaram a comida e se esforçaram para alcançá-la. O poço em si era difícil de se ver, e estava coberto de acácias. Tinha 4,5 metros de profundidade e fedia como um pântano apodrecido. Mas continha água, e podia nos sustentar durante os próximos dias. A água tinha um gosto péssimo, parecia uma sopa de lama, mas se eu a misturasse com café suficiente daria para bebê-la. Acima do poço havia um balde pendurado, que eu não tinha a menor chance de ser capaz de usar. Até mesmo levantar o meu próprio tambor de estanho contendo 15 litros de água quase tinha me causado uma hérnia tripla.

Naquela noite, os camelos brincaram na poeira branca, erguendo nuvens semelhantes a balões que o sol enorme, no poente, iluminava, fazia explodir e transformava em ouro. Deitei-me num colchão de folhas caídas de uns trinta centímetros de espessura, que espalhava partículas douradas de luz ígnea em mil direções. A noite caiu e os suspiros das folhas vieram a mim flutuando na brisa, e ao meu redor havia uma catedral de eucaliptos brancos gigantescos, pretos e prateados, aninhando nos seus galhos os finos reflexos da lua platinada. Caí no sono naquele palácio e permiti que as montanhas desaparecessem ao longo da orla da minha mente. O coração do mundo, o paraíso.

Decidi ficar naquele lugar até a água se esgotar. Rick e as responsabilidades estavam tão distantes de mim agora, tão remotos, que não pensei nelas nem um minuto. Planejei entrar nas dunas e seguir até aquelas montanhas distantes. Mas, primeiro, os camelos precisavam descansar. Havia ali alimento abundante. Arbustos para os camelos, acácia aneura, tudo que seus coraçõezinhos podiam desejar. Diggity e eu saímos e exploramos o lugar. Encontramos uma caverna em Pine Ridge com pinturas aborígenes em todas as paredes. Depois subimos uma ravina estreita e traiçoeira, o vento assobiando e uivando sobre nós. Conseguimos enfim chegar ao alto, onde camadas estranhas de rocha formavam grandes contrafortes e degraus gigantescos. As árvores ali tinham sido retorcidas pelo vento feroz. Ao longo do horizonte distante pude enxergar uma tempestade de areia sendo transformada numa nuvem avermelhada, parecia até coisa saída do *Beau Geste*[8]. Mais além, a oeste, descobrimos palmeiras milenares do deserto, chamadas árvore-grama. Tocos pretos e ásperos do alto dos quais saíam tufos de folhas verdes compridas, todas bem juntinhas umas das outras, como se fossem uma raça alienígena esquecida em um planeta abandonado. Havia um certo ar de alucinação assustador naquele lugar. Senti-me elevada por ele, tão alto quanto uma pipa. Estava sentindo uma emoção que não havia sentido antes: júbilo.

Aqueles dias foram como uma cristalização de tudo que tinha acontecido de bom naquela viagem. Foram tão próximos da perfeição quanto eu poderia esperar. Relembrei o que tinha aprendido. Tinha descoberto capacidades e pontos fortes que eu não teria imaginado que fossem possíveis naqueles dias distantes e sonhadores antes da viagem. Havia redescoberto as pessoas do meu passado e acertado as contas com elas. Tinha aprendido o que era o amor. Que o amor queria o melhor possível para os seres amados, mesmo que isso excluísse a gente. Que antes eu queria possuir as pessoas, sem amá-las, e agora eu podia amá-las e desejar a elas o melhor sem precisar delas. Eu tinha entendido a liberdade e a segurança. A necessidade de abalar os fundamentos do hábito. Que para ser livre é preciso vigiar nossas fraquezas de forma constante e inabalável. Tendemos a relaxar e voltar aos velhos hábitos. Eles são seguros, nos prendem e nos mantêm restritos, às custas da nossa liberdade. Romper com os velhos hábitos, deixar de lado as seduções da segurança é muito difícil, mas é uma das lutas mais importantes dessa vida. Ser livre é aprender, testar-se constantemente, arriscar-se. Eu tinha aprendido a usar meus medos como pedras nas quais eu podia pisar para chegar a algum lugar, não como obstáculos e, acima de tudo, tinha aprendido a rir. Sentia-me invencível, intocável. Tinha me ampliado e achava que agora podia ficar tranquila, e que o deserto não tinha mais nada a me ensinar. E queria me lembrar de tudo isso. Queria me lembrar daquele lugar, o que ele significava para mim, e de como eu havia chegado ali. Queria fixá-lo firmemente na minha mente, de modo a nunca mais esquecê-lo.

---

[8] Filme de 1939, sobre irmãos que se alistam na Legião Estrangeira francesa e vão servir no deserto do Saara. (N.T.)

Antes, meus acessos de tristeza e desespero tinham levado, em circunvolução, sempre ao mesmo lugar. E parecia que nesse lugar havia um cartaz que dizia: "Aqui está", a coisa que você precisa vencer, da qual você precisa se libertar, antes de poder aprender mais coisas. Era como se o meu "eu" me trouxesse constantemente a esse lugar, aproveitasse todas as oportunidades para mostrá-lo a mim. Era como se houvesse um botão ali que eu podia apertar, se ao menos tivesse coragem. Se eu pudesse ao menos me lembrar. Ah, mas nós sempre nos esquecemos. Ou somos preguiçosos demais. Ou temos medo demais. Ou temos certeza demais de que temos todo o tempo do mundo. E aí voltamos das ravinas para os lugares confortáveis (os mesmos?) onde não precisamos pensar demais. Onde viver é só "ir empurrando com a barriga" e onde sobrevivemos meio adormecidos.

E eu achava que tinha conseguido. Achava que tinha gerado uma magia para mim mesma que nada tinha a ver com coincidência, acreditava que eu fazia parte de uma estranha e poderosa sequência de eventos chamada destino e estava além da necessidade de qualquer coisa ou qualquer pessoa. Contudo, naquela noite recebi a mais profunda e cruel lição de todas. Que a morte é súbita, definitiva e nos assalta sem aviso. Ela tinha esperado meu momento de suprema condescendência para me atacar. Mais tarde, naquela noite, a Diggity comeu uma isca envenenada.

Nós estávamos ficando sem comida de cachorro e eu estava ficando meio negligente por pura preguiça, estava feliz demais para ir caçar e lhe proporcionar alguma carne para comer. Então comecei a racionar a comida dela. Ela me acordou ao voltar, encabulada, para o saco de dormir. "Que foi, Dig, onde você andou, minha lobinha?" Ela lambeu muito o meu rosto, se meteu sob as cobertas e, como sempre, se ajeitou contra a minha barriga. De repente, saiu e começou a vomitar. Senti meu corpo esfriar. "Ah, não, não pode ser, por favor, meu Jesus, isso não."

Ela voltou para perto de mim e tornou a lamber-me o rosto. "Tudo bem, Dig, você só estava meio enjoada. Não se preocupe, viu, minha pequena, venha, durma aqui perto de mim, se aqueça, que você vai se sentir melhor de manhã." Dentro de minutos ela já tinha saído da cama de novo. Não podia ser. Ela era minha cadelinha e não podia ter se envenenado. Era impossível, não podia acontecer com ela. Levantei-me para ver o que ela tinha vomitado. E me lembro que comecei a tremer incontrolavelmente e que cantarolei para ela: "Está tudo bem, Dig, tudo bem, não se preocupe", muitas vezes. Ela tinha comido algum animal morto, mas não tinha cheiro de podre, portanto repeti para mim mesma que não poderia estar envenenado. Convenci-me disso, embora soubesse que não era verdade. Minha cabeça estava a mil, procurando uma forma de neutralizar a estricnina. Era preciso girar a vítima em torno da cabeça da gente, para fazê-la eliminar tudo, mas mesmo fazendo isso imediatamente não haveria quase nenhuma chance de sobrevivência. "Ora, sabe o que mais, não vou fazer isso, porque você não se envenenou, não se envenenou, não. Você é a minha Dig, nada pode lhe acontecer." Diggity começou a andar de um lado para outro e a ter ânsias de vômito violentas, voltando a mim para se tranquilizar. Ela sabia. De repente, ela correu até uns arbustos de acácia preta e se virou de frente para mim. Começou a latir e a uivar para mim, e deduzi que ela deveria estar tendo alucinações, e que estava morrendo. Os olhos vidrados dela gravaram-se na minha mente, uma imagem que jamais vai se apagar. Ela chegou perto de mim e apoiou a cabeça entre minhas pernas. Eu a peguei e a girei em torno da minha cabeça. Girei, girei, girei sem parar. Ela esperneou, contorcendo-se. Tentei fingir que era só brincadeira. Depois que a coloquei no chão, ela disparou entre as plantas rasteiras que nos cercavam, latindo feito um cachorro louco. Corri para pegar o fuzil. Carreguei-o e voltei. Ela estava caída de lado, tendo convulsões. Atirei na cabeça dela. Ajoelhei-me e fiquei assim, paralisada durante muito tempo, antes de voltar cambaleante para o saco de dormir e me deitar. Meu corpo tremia, sofrendo espasmos incontroláveis. Vomitei. O suor molhou meu travesseiro e os cobertores. Achei que eu talvez fosse morrer também. Achei que quando ela me lambeu eu talvez tivesse engolido um pouco de estricnina. "É assim que a gente se sente quando morre? Será que estou morrendo? Não, não, foi só o choque, para com isso, você precisa voltar a dormir." Nunca fui capaz, nem antes disso, nem a partir desse dia, de fazer o que fiz naquele momento. Desliguei a mente, obrigando-a a perder a consciência de imediato.

Acordei bem antes da aurora. A luz doentia, fria como aço que precede o nascer do sol era suficiente para que eu encontrasse as coisas de que precisava. Fui buscar os camelos e lhes dei um pouco d'água. Enchi os embornais, acomodei-os nos camelos e também me esforcei para beber mais um pouco de água. Não estava sentindo nada. Depois, de repente, já era hora de sair daquele lugar e eu não sabia o que fazer. Sentia um profundo desejo de enterrar minha cadela. E depois disse a mim mesma que isso seria ridículo. Era natural e correto que um corpo se desintegrasse na superfície do solo. Eu, porém, estava sentindo uma necessidade irresistível de fazer um ritual, de tornar real e concreto o que havia acontecido. Voltei até o corpo da Diggity, fiquei olhando fixamente para ela, tentei me obrigar a encarar, com todo o meu ser, o que estava ali na minha frente. Não a enterrei. Mas me despedi de uma criatura que eu tinha amado incondicionalmente, sem nenhuma dúvida. Despedi-me dela, agradeci a ela e chorei pela primeira vez, cobrindo o corpo dela com um punhado de folhas caídas. Depois saí caminhando sob o sol da manhã, sem sentir nada. Estava dormente, vazia. Só sabia que não podia parar de caminhar.

PARTE QUATRO

No Outro Extremo

11

EU DEVO TER CAMINHADO CINQUENTA ou mais quilômetros naquele dia. Estava com medo de parar. Com medo que o sentimento da perda, a culpa e a solidão me paralisassem. Eu terminei parando num aluvião e acendendo uma fogueira. Tinha esperança de que estaria tão exausta que cairia no sono sem ter que pensar. Estava me sentindo estranha. Eu andava esperando um descontrole das minhas emoções, mas em vez disso estava fria, racional, controlada, aceitando tudo. Decidi terminar a viagem em Wiluna, não porque estivesse querendo fugir dela, mas porque sentia que a viagem em si já havia terminado; tinha atingido uma conclusão psicológica, simplesmente havia se completado, como a última página de um romance. Sonhei naquela noite, e na maioria das noites seguintes durante vários meses, que a Diggity estava bem. Nos meus sonhos eu reviveria a sequência de acontecimentos, só que no fim ela sempre sobrevivia e me perdoava. Ela costumava aparecer sob forma humana nesses sonhos e falar comigo. Os sonhos eram perturbadoramente vívidos. Ao acordar, eu constatava que estava só e me surpreendia com a força que me capacitava a aceitar isso.

Pode parecer estranho que a mera morte de um cão pudesse exercer um efeito tão profundo em alguém, mas deve-se lembrar que, por causa do meu isolamento, a Diggity havia se tornado uma amiga querida em vez de um mero bicho de estimação. Tenho certeza de que, se aquele incidente tivesse ocorrido na cidade, onde eu vivia cercada por minha própria espécie, o efeito da morte da Diggity não teria sido tão forte assim. Mas lá no Outback, e naquele estado mental modificado e ampliado, a morte dela havia sido tão traumática quanto a morte de um parente ou amigo, porque ela havia se tornado em grande parte exatamente isso; ela havia substituído as pessoas.

Henry Ward tinha me mostrado no meu mapa onde dobrar para o sul. Da marca que eu tinha feito naquele mapa, parecia-me que eu ia caminhar muitos quilômetros depois de um certo poço artesiano. Eu tinha obviamente cometido um erro, pois ainda estava viajando para oeste através de planícies monótonas, observando o que eu achava que devia ser uma passagem nas montanhas que estavam diminuindo atrás de mim. Acampei naquela noite em uma duna baixa que parecia uma ilha deixada pela maré. Essa área era peculiar, opressiva. Era completamente plana, coberta de um pó de gesso branco, pontilhado de moitas de uma planta suculenta salgada, espaçadas uns três metros e meio umas das outras. E no meio dessa amplidão imensa se erguia de vez em quando uma onda de areia ocasional, imóvel, coberta de árvores mais altas e plantas rasteiras. Aquilo tudo me fez sentir uma sensação de abandono tão grande que chegava a ser arrepiante.

Decidi usar o rádio que eu detestava naquela noite para ligar para o Henry e verificar para onde eu estava indo. Não estava em pânico, mas me sentia inquieta. Queria falar com alguém. Tudo estava parado demais, eu não tinha mais a Diggity para brincar comigo nem podia mais falar com ela nem segurá-la no colo. Levei meia hora para montar aquela porcaria, pendurando um fio longo sobre uma árvore e deixando o outro estendido no chão. Não funcionou. Eu tinha carregado aquela coisa monstruosa mais de 2.000 km, colocando-a nos lombos dos camelos e descarregando-a centenas de vezes, e na única ocasião em que precisei dela, ela não funcionava. Provavelmente já estava enguiçada desde o início.

Naquela noite, o som mais arrepiante, mais horripilante que eu já tinha ouvido me despertou. Um trinado baixo, agudo, que ia se intensificando cada vez mais. Eu nunca tinha sentido medo de escuro, e se ouvisse um som que não podia identificar, nem mesmo ficava muito nervosa. Além disso, a Dig sempre estava por perto para me proteger e me consolar. Mas e aquilo, o que era? Senti arrepios me percorrerem a espinha. Ergui-me e perambulei pelo acampamento. Tudo estava perfeitamente imóvel, mas o barulho agora havia se transformado em um uivo contínuo, sem modulação. Eu estava começando a reconhecer os primeiros sinais de pânico. Aquele barulho tinha que ter uma explicação racional. Ou isso, ou eu estava pirando de novo, ou algum espírito estava querendo me enlouquecer. E aí senti os primeiros sopros do vento. Naturalmente o barulho que eu estava ouvindo era o vento assobiando através do alto das árvores sob as quais eu estava. Não havia sequer um sinal de turbulência no chão, mas, naquele instante, o vento antes da aurora, aquela maciça e infatigável frente fria, estava me deixando gelada e fazendo as brasas da fogueira ficarem bem vermelhas. Entrei no meu saco de dormir, trêmula, e tentei voltar a adormecer. Teria dado qualquer coisa para ser capaz de segurar aquele volume de carne canina familiar e morna; senti uma dor literalmente física por não ser capaz de tê-la ali ao meu lado. Sem ela eu de repente ficava exposta a todos aqueles sentimentos irracionais e avassaladores de vulnerabilidade e terror.

A maioria do restante daquela semana ou dez dias seguintes foram um borrão, não senti o tempo passar. O chão movia-se sob os meus pés desapercebidos, até alguma área nova me chocar a ponto de interromper minhas maquinações mentais. Eu ficava sentindo aquela sensação estranha de que estava, na verdade, perfeitamente parada, empurrando o mundo com meus pés para fazê-lo passar por mim.

Encontrei um poço artesiano quase seco, esverdeado e cheirando a putrefação, cheio de carcaças em decomposição de bois, cavalos e cangurus. Cercando esse poço viam-se trechos de muros de pedra em pontos altos às suas margens. Desconfiei que fossem o equivalente de cabanas de caça para os aborígenes, com talvez milhares de anos. Os caçadores deviam esperar pacientemente atrás desses muros, a barlavento da direção de onde os animais vinham para beber água, depois pulavam em cima deles com suas lanças. No passado, eles deviam preservar esse poço. Agora, sem nenhum deles por perto para fazer a manutenção do poço e tomar conta dessa fonte de água potencialmente bela, até mesmo meus camelos torceram o nariz para ele. Era uma fossa repelente, cheirando a morte e a decadência. Dei bastante água aos camelos dos meus tambores naquela noite antes de soltá-los, só por precaução. Felizmente estava frio demais para que eles quisessem chafurdar naquela nojeira.

Mais ou menos nessa altura, encontrei e passei um dia explorando o que provavelmente era o trecho mais impressionante e surreal que eu tinha visto durante a viagem inteira. Uma vasta depressão havia se afundado, afastando-se do planalto rachado. Em toda a beirada dela, contornando o horizonte, viam-se penhascos de todos os tons de cor imagináveis. Algumas das suas encostas eram tão lisas e reluzentes quanto porcelana fina. Algumas eram de um branco puro e deslumbrante, outras eram rosa, verdes, lilases, marrons, vermelhas e daí por diante. A depressão estava coberta de funchos-do-mar, que eu na época pensava que era "fachos-do-mar". Era um nome simplesmente perfeito.

Quando essa planta secava, ela adquiria mil cores, cores do arco-íris, refletindo o brilho e a iridescência dos penhascos. E salpicados por todo esse mundo perdido estavam montinhos estranhamente esculpidos de rochas e pedregulhos. Uma paisagem marciana vista através de lentes multicoloridas. Peguei uma pedrinha e a guardei, um arenito rosa claro, cravejado de purpurina, com um dos lados raiado de pequenas cristas agudas.

Mas até mesmo essa caminhada exploratória me pareceu vazia. Precisei forçar-me a fazê-la. Tudo que eu fazia agora era assim: antinatural, forçado. Eu tinha até parado de cozinhar para mim mesma à noite. Procurava algo para comer nos embornais, forçando-me a petiscar mesmo que não estivesse com fome.

As outras maluquices topográficas que me fizeram parar foram as planícies argilosas. Quilômetro após quilômetro aquelas superfícies euclidianas perfeitamente marrons e horizontais se estendiam, sem uma única folha de grama sobre elas, nem um animal ou uma árvore, nem mesmo uma touceira de capim *spinifex*, nada a não ser pilares finos e tortos de poeira girando e sendo sugada por um céu ardente, quase branco. Olhar aquelas planícies era como contemplar um oceano tranquilo, só que sobre elas era possível caminhar. Bem ao lado de uma bacia imensa estava uma réplica menor, mais ou menos com cem metros de diâmetro, uma verdadeira pista de festa *country*. Um anfiteatro do Outback. Amarrei os camelos para o intervalo do meio-dia e, naquele calor seco, fulgurante, limpo, escorchante, tirei as roupas e dancei. Dancei até sentir que não poderia mais dançar, dancei até me livrar de tudo, Diggity, a viagem, Rick, o artigo, tudo aquilo. Gritei, uivei, chorei e pulei, contorci o corpo até ele se recusar a reagir. Voltei me arrastando até os camelos, coberta de sujeira e suor, tremendo de cansaço, com poeira nas orelhas, no nariz e na boca, e dormi mais ou menos uma hora. Quando acordei, me senti curada, leve e preparada para o que desse e viesse.

Eu estava agora realmente de volta à zona de fazendas. As trilhas ali eram bem utilizadas. Tomei um banho e nadei no próximo poço, lavei meus cabelos e roupas e as pendurei na sela para secarem. Isso leva mais ou menos uns cinco minutos naquele lugar. E, enquanto caminhava, prometi a mim mesma que comeria direito naquela noite. Eu estava tonta demais, perto demais dos meus limites para continuar fazendo o que eu estava fazendo; precisava cair na real.

Divisei um veículo que vinha correndo na minha direção, com uma nuvem de poeira vermelha atrás de si que se estendia até o horizonte. Achei que deveriam ser peões de fazenda vindo verificar os poços artesianos. Corri para pegar as roupas e me vestir, e tentei me obrigar a pensar como gente civilizada para bater um papinho curto e simples com uns sertanejos. Eles em geral falavam pouco, mas, quando vi aquele carro, senti medo.

Não eram sertanejos. Eram os chacais, as hienas, os parasitas e os párias da imprensa popular. Quando vi a câmera com uma objetiva telescópica apontando para mim, já era tarde demais para me esconder, até mesmo para sacar o fuzil e atirar neles, ou mesmo para entender que eu estava pirada o suficiente para fazer uma coisa dessas. Eles todos pularam do veículo.

– Nós lhe pagaremos mil dólares pela sua história.

– Vão embora. Deixem-me em paz. Não estou interessada.

Meu coração batia como o de um coelho encurralado.

– Ora, então, venha pelo menos tomar uma cervejinha gelada com a gente, né.

Eles tinham um modo de pensar tão típico dos humanos civilizados, achando que podiam me comprar com uma cerveja, já que eu havia recusado os mil dólares. Aceitei a propina só para descobrir o que estava acontecendo no mundo e por que eles estavam ali, bem como para me inteirar do que fosse possível arrancar deles. Eles tentaram fazer algumas perguntas; a algumas, respondi vagamente, e me recusei a fazer comentários sobre as outras.

– Onde está sua cadela?

Eu não sabia como me livrar daquelas pessoas. Tinha voltado a me esquecer das regras do jogo. Para mim, agora, ou eu metia uma bala na cabeça deles, ou me encolhia, virando um ser inerte e sem vontade, lutando com todas as forças para me controlar.

– Ela morreu, mas por favor não publiquem isso, pois entristeceria muito alguns idosos lá de casa.

– Sim, claro, não publicaremos.

– Jura, dá sua palavra?

– Claro, claro.

Só que, naturalmente, eles publicaram. Pegaram um voo de volta a Perth com um furo de jornalismo nas mãos, inventaram uma história, e assim lançaram o mito da romântica e misteriosa moça dos camelos.

Naquela noite, acampei bem longe da estrada, num capão de mato bem denso. Eu não esperava isso, de jeito nenhum. Aqueles monomotores que eu tinha visto me sobrevoando o dia inteiro, sobre os quais eu havia sentido uma curiosidade vaga, eram da imprensa, que estava me procurando. Que diabo tinha entrado naquelas pessoas? Eu tinha notado uma espécie de histeria nos repórteres quando eles falaram das notícias sobre a viagem até ali. "Mundiais", tinham dito. Era inacreditável. E eles haviam voltado para casa desempenhando seu papel naquela farsa pública imensa chamada "o público tem direito de saber". Decidi esperar por ali uns dois dias. Se a imprensa estava mesmo atrás de mim, seria melhor me esconder até tudo passar.

Tinha sido o tal pioneiro que havia me aprontado aquela. Quando ele voltou à civilização, procurando algum refletor sob cuja luz pudesse se destacar, contou a história de uma mulher maravilhosa com quem havia passado uma noite no deserto. Disse mais ou menos o seguinte: "Foi muito romântico. Dava para ver os ombros nus dela aparecendo sob o saco de dormir, campainhas soavam no escuro, e conversei com ela durante muitas horas sob a luz do luar. Não lhe perguntei por que ela estava fazendo aquilo, ela não me perguntou por que eu estava fazendo aquilo. Nós entendíamos." Até que não foi uma descrição ruim, para ser de uma doida já perdendo o juízo por conta da insolação num saco de dormir encardido, ensopado de suor e sujo de fezes de camelo, e que, por sinal, naquela hora, estava apagadona, na maior inocência. Mas que sacana! Talvez ele até pensasse que estava me fazendo um favor.

Corri para o mato quando os primeiros carros chegaram, com câmeras de televisão e tudo. Aqueles safados tinham contratado um aborígene para me rastrear. Mas meu espírito de luta agora estava voltando a se manifestar. Eles eram extremamente burros e lentos, aqueles caras; aquele lugar não era familiar a eles, e eu pelo menos tinha essa vantagem. Ri sozinha e dei gritos de guerra de mansinho, escondida pela minha camuflagem. Circundei o capão de mato para ficar a apenas seis metros deles. O lugar onde eu tinha acampado era arenoso, portanto até um tolo cego poderia me encontrar. Minhas pegadas estavam claras como anúncios de néon, como rastos de pneus de caminhão numa duna.

– Muito bem, meu chapa, onde é que ela tá? – perguntou ao aborígene um deles, o gordinho com camisa vermelha manchada de suor e uma cara fechada de quem está sofrendo de insolação.

– Puxa, patrão, aquela moça dos camelos deve ser mesmo muito esperta, ela deve saber como encobrir os rastros dela. Não consigo ver onde ela foi.

E ele sacudiu a cabeça e esfregou o queixo, pensativo e intrigado.

Aleluia! Salve, salve! Senti vontade de dar um pulo e beijá-lo por isso. Ele sabia exatamente onde eu estava, mas estava do meu lado, não do lado deles. O gordinho praguejou, e de má vontade lhe entregou os dez dólares pelo seu trabalho. O aborígene sorriu e pôs o dinheiro no bolso; eles foram embora, voltando a Wiluna, a 240 quilômetros dali pela estrada de terra.

Voltei ao meu acampamento, aticei o fogo e me senti em carne viva. Invadida. Como se minha pele tivesse sido arrancada. Senti-me vulnerável, com um nó no estômago como se fosse uma bolinha bem pequena e fria de tensão. O que é que estava acontecendo ali, afinal? As pessoas tinham feito viagens como a minha antes, por que a imprensa estava me perseguindo daquela maneira? Eu ainda não fazia ideia da extensão do furor. Pensei em cobrir meus rastros, mas isso não impediria que os aborígenes me encontrassem. Um deles iria acabar me achando. Pensei em assustar todos eles com alguns tiros, mas imediatamente desisti dessa ideia. Seria apenas uma outra matéria.

E aí vi o carro do Rick passando por mim à velocidade da luz com vários outros carros atrás dele. "Ai, meu Deus, o que é que está havendo?" Rick voltou em cinco minutos, seguiu meus rastros e veio ao meu encontro. Ele só teve tempo de me fornecer um breve resumo do que estava acontecendo, antes que os outros chegassem e se amontoassem em cima de mim. Alguns eram da imprensa londrina, outros da televisão, outros dos jornais australianos. Sibilei, grunhi, mostrei os dentes para eles. Fui para o meio do mato, batendo os pés, furiosa, e gritei para eles, atrás de uma árvore, para guardarem as câmeras. Rick me contou depois que eu tinha parecido e me comportado como uma louca. Exatamente o que eles esperavam. Eu tinha lavado os cabelos num poço artesiano salgado, portanto eles estavam espetados como uma auréola elétrica e esbranquiçada. Eu estava exausta, queimada a ponto de parecer preta pelo sol, e nem tinha dormido muito na última semana, por isso meus olhos estavam parecendo fendas com olheiras sob eles. Eu também estava de ressaca. Não tinha me recuperado ainda da morte da Diggity, e não estava a fim de enfrentar aquela invasão do que me pareciam guerreiros intergalácticos. Estava tão furiosa, comportando-me de forma tão desvairada que eles começaram a se acalmar, de tão constrangidos, e a me obedecerem. Eu voltei. E aí, como uma idiota, parcialmente cedi aos pedidos deles. A curiosidade matou o gato. Quando me lembro, fico espantada com o que fiz. Com o que me faz instantaneamente pedir desculpas às pessoas, quando elas estavam prontas para me obrigar a fazer o que elas queriam. Eu ainda não estava deixando que eles tirassem fotos, portanto um deles fotografou minha fogueira.

– Não posso voltar sem nada. Vão me demitir.

Um homem até pediu desculpas após ter defendido a televisão como meio de comunicação, me repreendendo um pouco por não dividir minha história com o público. Ele disse:

– Engraçado como a verdade sempre parece atrapalhar tudo.

Outros racionalizaram meu ódio da publicidade dizendo, e depois publicando, que eu tinha sido contratada por uma revista, que tinha feito a viagem para aquela revista e, portanto, não podia falar com mais ninguém sobre ela. Por que eles não entendiam que alguns de nós simplesmente não gostam de ser famosos? Que não se pode comprar anonimato por preço algum, depois que a gente o perde? Richard desempenhou o papel de meu protetor. Eu me alegrei por isso, pois me sentia fraca e confusa demais para ser capaz de me proteger sozinha. Além disso, ele falava a linguagem deles. Eles acabaram indo embora, de modo que Rick e eu pudemos conversar. Ele me contou seu próprio problema. Que leu em algum jornal obscuro de outro país que a moça dos camelos estava perdida, e que ele tinha passado quatro dias sem dormir tentando chegar onde eu estava antes da onda de repórteres, temendo que eu estivesse morta. Ele tinha sido abordado por repórteres em Wiluna, e tentado despistá-los, sem sucesso. E aí ele me mostrou alguns dos jornais que tinha colecionado. Fotos minhas sorrindo para a câmera.

– Como diabo eles conseguiram essas fotos? – perguntei, admirada.

– Os turistas andam vendendo as fotos para os jornais.

– Deus me livre!

Algumas das matérias eram pelo menos divertidas. Diziam coisas como: "A Srta. Davidson estava se alimentando de frutinhas silvestres e bananas [?] e disse que mataria seus camelos para poder comer-lhes a carne se passasse fome", ou "A Srta. Davidson conheceu um solitário e misterioso aborígene uma noite, e viajou com ele durante algum tempo, depois o homem desapareceu, tão silenciosamente quanto havia aparecido." Ou (vi este numa revista americana para sertanistas), "Robyn Davidson, a moça dos camelos, não se comportou bem esta semana, pois destruiu o camelo australiano nativo [?]. Talvez ela tenha pensado que a sua excursão era algum safári." Mas que idiotas!

E inimigos tinham subitamente mudado de lado. Todas aquelas pessoas de Alice Springs que não teriam nem tentado apagar o fogo com cuspe se eu estivesse em chamas naqueles frugais e anônimos dias do passado, de repente tinham resolvido pegar carona nessa publicidade. "Mas, claro" diziam eles, "eu conhecia essa moça, eu lhe ensinei tudo que ela sabe sobre camelos."

E foi apenas aí que percebi onde tinha me metido, e como havia sido idiota de não ter previsto isso. Parecia que aquela combinação de elementos: mulher, deserto, camelos, solidão – acertava algum ponto fraco da psique da sociedade atual desprovida de paixão, desalmada e sofredora. Incendiava as imaginações de gente que se via como alienada, impotente, incapaz de fazer nada diante de um mundo que havia enlouquecido. Só podia ser sorte minha, mesmo, ter escolhido justamente essa combinação de elementos. A reação foi totalmente inesperada, e muito, mas muito estranha. Eu agora era propriedade pública. Era agora uma espécie de símbolo. Era agora um objeto de ridículo para os machistas de mente estreita, e era uma aventureira louca, irresponsável (embora não tão louca quanto eu teria sido se tivesse fracassado). Porém, pior do que tudo isso, era que eu havia me tornado um ser mítico que tinha feito uma coisa corajosa e fora das possibilidades das pessoas normais. E essa era justamente a antítese do que eu queria compartilhar com as pessoas: Se eu podia atravessar um deserto aos trancos e barrancos, qualquer um poderia fazer qualquer coisa. E isso se aplicava especialmente às mulheres, as quais já vinham usando o temor para se protegerem durante tanto tempo que ele havia se tornado um hábito.

O mundo é um lugar perigoso para as menininhas. Além disso, as menininhas são mais frágeis, mais delicadas, mais quebradiças do que os menininhos. "Cuidado, não se machuque, fique de olho." "Não suba em árvores, não suje o seu vestido, não aceite presentes de homens estranhos." "Escute, mas não aprenda, você não precisa disso." E aí as mocinhas se tornam precavidas, observando tudo, procurando isso e aquilo por trás de todas as coisas. Sempre tentando detectar a ameaça. E passam a desperdiçar energia demais procurando romper esses circuitos, afastar da cara os milhões de dedos autoritários que têm tentado esmagar sua energia, criatividade, força e autoconfiança; que tão eficazmente as fizeram erigir muros para se proteger das possibilidades, da ousadia; que tão eficazmente as mantiveram aprisionadas numa sensação de menos-valia.

E agora tinham criado esse mito, no qual eu parecia ser diferente e excepcional. Porque a sociedade precisava que fosse assim. Porque se as pessoas começassem a realizar suas fantasias, e se recusassem a aceitar a infrutífera monotonia que lhes é oferecida como normal, elas se tornariam difíceis de controlar. E esse termo, "MOÇA dos camelos", o que significava? Se eu fosse homem, teria sorte se fosse mencionada no *Wiluna Times*, imagine obter cobertura na imprensa internacional. Eu nem poderia imaginá-los inventando o termo "MOÇO dos camelos". "Moça dos camelos" tinha uma certa nuance de condescendência, de desprezo. Um rótulo, uma classificação, que truque maravilhoso esse.

***

Rick tinha conhecido um homem na cidade, o Peter Muir. Um ex-caçador, brilhante rastreador, que tinha se revelado um dos melhores e mais talentosos sertanistas que eu já conheci, uma espécie em extinção. Ele veio nos visitar com sua esposa Dolly e os filhos deles um dia. Foi bom conversar com gente assim tranquila, agradável e silenciosa. Falamos do território que eu tinha acabado de atravessar. Peter o conhecia provavelmente melhor do que qualquer outra pessoa. Tinha passado a vida oscilando entre as culturas branca e aborígene e combinado os melhores elementos de ambas. Ele nos contou o que estava acontecendo em Wiluna. A cidade estava sendo invadida por repórteres que estavam oferecendo dinheiro a qualquer um que pudesse me encontrar. Uma espécie de cerco. A polícia passava a noite inteira recebendo chamadas internacionais, e estava, compreensivelmente, louca para me torcer o pescoço. E o rádio do médico vivia entupido de chamadas a ponto de não poder receber as que eram verdadeiras emergências. Agora eu estava realmente zangada, fervendo de ódio por dentro. O esquisito era que todos na cidade (havia aproximadamente vinte brancos em Wiluna e um grande grupo de negros morando em tendas nos subúrbios) estavam do meu lado. Assim que ouviram dizer que eu não queria publicidade, eles começaram a fazer o possível e o impossível para me proteger dela. A cidade se fechou em copas.

Peter e Dolly me ofereceram sua segunda casa, a vários quilômetros de Wiluna, para que eu me escondesse lá. O pessoal de Cunyu me convidou para deixar os camelos no cercado de cavalos deles, e continuou a fingir que não ouvia quando lhes perguntavam qual era o meu paradeiro.

– Moça dos camelos? Não, meu filho, desculpe, mas não sei de nada.

Fui a Wiluna com o Rick, e ele então me contou que tinha providenciado para Jenny e Toly virem me visitar. O Rick era mesmo um amor. Eles eram exatamente o que eu precisava.

Depois de estocar nosso esconderijo com provisões, fomos para Meekatharra, uma cidade ligeiramente maior, 150 km a oeste, pegar Jen e Toly no aeroporto. Eu não consegui falar quando os vi pela primeira vez, mas dei-lhes um abraço de urso. Então fomos tomar café na cidade, e contamos nossas respectivas histórias. Vê-los e tocá-los era como uma dose de tônico. Eles entendiam. Acariciaram minhas penas eriçadas e me obrigaram a rir da insanidade de tudo. Comecei a me sentir menos como uma criminosa com a cabeça a prêmio e mais como um ser humano normal. Como já disse, a amizade em certas partes da Austrália equivale quase a uma religião. Não se pode descrever essa proximidade e compartilhamento a nenhum outro grupo cultural para o qual a amizade signifique jantares onde se discute trabalho e carreira de maneira espirituosa, ou reuniões de pessoas "interessantes", todas desconfiadas, ressabiadas ou que tenham pavor de não serem interessantes, afinal de contas.

E havia correspondência. Montanhas de cartas. Cartas de amigos, parentes, e centenas de anônimos também, cuja mensagem, em geral, era: "Você fez algo que eu gostaria de ter feito, mas nunca tive a coragem de tentar." Seu tom era quase de quem se desculpa, e essas foram as cartas que mais me frustraram e me intrigaram, porque fiquei com vontade de sacudir essas pessoas e lhes dizer que a coragem não era tão necessária quanto a boa sorte e o poder de persistir. Algumas eram mensagens de jovens que, na página três, davam descrições detalhadas de si mesmos (em geral altos, louros e bonitões). E aí diziam que conheciam uma selva maravilhosa no Peru e perguntavam se eu estaria interessada em explorá-la com eles. Havia cartas de velhos pensionistas e crianças pequenas, e uma proporção surpreendentemente grande de gente internada em sanatórios psiquiátricos. Estas foram imediatamente as que mais me interessaram e as que tive mais dificuldade para entender. Montes de diagramas, setas e estranhas mensagens crípticas que tenho certeza que eu teria entendido perfeitamente uma semana antes. Havia um telegrama de um velho amigo que dizia: "Dizem que as areias de Ryo-an são ainda mais infinitas..." Gostei dessa.

Rimos, brincamos e derramamos algumas lágrimas naquele dia, e fomos jogar sinuca no clube local, onde uma mulher (a correspondente local da A.B.C.) notou as câmeras do Rick e perguntou-lhe se ele sabia onde estava a moça dos camelos. Ele respondeu que tinha ouvido dizer que ela iria estar em Meekatharra dentro de mais ou menos uma semana, e dali iria para o sul, mas será que ela podia, por favor, não publicar isso, pois ele sabia que a moça dos camelos estava extremamente chateada com toda aquela publicidade. A mulher respondeu estalando a língua e dizendo que sim, que não faria isso, coitadinha dela, etc. e imediatamente foi para casa datilografar um artigo que despistou todos e nos fez rolar de rir. O Rick tinha dito aquilo com uma cara super inocente, implorando à mulher para, em nome do respeito humano, proceder como uma pessoa de bem, sabendo perfeitamente que ela não iria fazer isso. Eu estava começando a apreciar a inteligência e os talentos do Richard, ao praticar a delicada arte da manipulação. Depois disso carregamos o Toyota com mais alimentos e voltamos às pressas para nosso esconderijo de Wiluna.

Acampamos todos juntos, num quarto só, com uma lareira bem quentinha. Ficávamos lá enrolados em cobertores, derretendo *marshmallows*, falando sem parar; bebíamos café de verdade com licor irlandês Baileys, fazíamos tortas de espinafre e íamos visitar os camelos em Cunyu; e como eu tinha me embevecido tanto com a zona que havia atravessado e sentia que, de certa forma, tinha deixado de vê-la como devia por ter me sentido tão mal com a morte da minha cadela, decidimos voltar lá, pela estrada Canning.

A primeira parte da viagem foi bem, as estradas de fazenda estavam boas; mas depois que entramos no deserto, passamos a viajar a 8 km por hora. E exatamente quando eu estava louvando a paisagem, falando daquela aparência pura e indomada dela, da magia e da solidão e da liberdade daquele local, dobramos uma esquina e vimos um helicóptero na margem de um riacho. Alguma firma de prospecção de urânio. Será possível que nada era sagrado?

Passamos dois ou três dias de felicidade total e absoluta na Canning, depois voltamos a Wiluna, onde uma gincana estava acontecendo. Quase todos os fazendeiros num raio de centenas de milhares de quilômetros participaram. Não há muitos eventos sociais nessa roça, portanto mesmo quando há seca todos fazem de tudo para ir. Essa velha cidade fantasma com seus prédios vazios, antes suntuosos por causa da corrida do ouro, agora cobertos de desenhos de grafiteiros e vidro quebrado, continha uma delegacia de polícia, uma taverna, uma agência dos correios e uma loja. Era agora uma metrópole sertaneja, uma pálida reminiscência de sua velha efervescência. Um baile foi organizado para aquela noite, para o qual eu e meus amigos fomos cordialmente convidados. Quando chegamos, porém, fomos recebidos no saguão decrépito por um leão de chácara de terno. Ele não sabia quem éramos, e disse que não podíamos entrar porque não estávamos de gravata. Essa era uma maneira educada de excluir os aborígenes. Viam-se grupos de negros parados diante das portas.

Essa situação foi difícil para mim. Ao contrário de Jen e Toly, que se indignaram com esse tratamento dos negros, eu não sabia em qual versão da verdade deveria acreditar. Eu gostava dos fazendeiros e sabia que eles não se consideravam racistas. Mas quando eles viam os acampamentos sórdidos em torno da cidade, só enxergavam a violência, a sujeira e a falta incompreensível de ética de trabalho protestante. Embora em geral eles mostrem um respeito condescendente pelos aborígenes mais velhos, são incapazes de ver além das aparências e dos valores dos brancos, e de entender porque essa degradação tinha começado e qual a parte que tinham desempenhado nela, seja tradicionalmente ou atualmente. Wiluna tinha inúmeros problemas sociais, sendo um ótimo exemplo do que a destruição de uma cultura podia causar.

Saímos de Wiluna um dia depois. Minha última noite com Jen e Toly na trilha finalmente os convenceu de que os camelos são praticamente humanos. Os meus tinham o hábito de permanecer perto do acampamento, esperando que alguém lhes desse comida, ou esperando até eu me distrair para poderem meter aqueles seus lábios compridos dentro dos embornais de alimentos. Quando jantamos naquela noite, nos divertimos com o Dookie, que ficou tentando alcançar o pote grande de mel que ele sabia que estava escondido em um embornal ao lado de onde eu estava sentada. Eu lhe disse para se mandar. E aí começou um jogo de "até que ponto você pode empurrar a Rob sem levar um safanão". Ele ia chegando perto, como quem não queria nada. Se ele fosse uma pessoa, estaria com as mãos nas costas, olhos voltados para o céu, assobiando. Fingimos que estávamos comendo, mas estávamos todos olhando para ele de soslaio. Ele aí atacava, na direção do embornal, e eu lhe dava um cascudo nos lábios; ele recuava uns vinte centímetros. Nós continuávamos comendo. E aí, fazendo Toly rir sem parar, Dookie fingia comer um arbusto completamente morto, revirando os olhos para poder mantê-los cobiçosamente pregados no mel, e quando pensava ter nos enganado o suficiente com sua inocência e sua pantomima, atacava o embornal novamente e tentava fugir com ele. "Muito bem, Rob, retiro o que disse, você não antropomorfiza não."

Eu tinha aprendido do jeito mais difícil a embalar a comida bem embalada de noite depois de um incidente com o Bub ao longo da estrada Gunbarrel. Eu tinha aberto uma lata de cerejas (o último grito em matéria de luxo no sertão), e para prolongar o prazer, havia deixado metade delas na lata ao lado do meu saco de dormir, para o café da manhã. Acordei de manhã com a cabeça do Bub no meu colo, com manchas suspeitas de cereja nos lábios. Curar essa mania dele de assaltar a comida era impossível. Além do mais, eu até gostava dela, pois me fazia rir; eu a reforçava constantemente lhes dando as minhas sobras. Eles não rejeitavam nada que eu lhes desse. Eu podia pegar uma folha de acácia aneura, exatamente o que eles estavam comendo no momento, que eles brigavam para ganhá-la, só porque era eu quem estava lhes dando a folha.

As duas semanas seguintes com Rick foram tranquilas e agradáveis. O estranho em estar com uma pessoa num deserto é que ou a gente termina se tornando inimigos jurados ou amigos do peito. No início nosso relacionamento tinha sido meio relutante. Agora, sem a pressão da sensação de que ele havia me roubado alguma coisa, ou melhor, minha aceitação da forma como a viagem terminou sendo, além do fato de que o Rick tinha mudado, a amizade havia se solidificado completamente. Tinha um fundamento sólido chamado experiência compartilhada, ou a tolerância desenvolvida quando a gente vê alguém nos seus melhores e piores momentos, sem nenhuma etiqueta social interferindo, a essência sem disfarces de outro ser humano. Ele tinha aprendido muito com aquela viagem; às vezes acho que ele aprendeu bem mais do que eu. Nós tínhamos compartilhado uma coisa milagrosa, que fundamentalmente nos modificou a ambos. Conhecíamos um ao outro muito bem, acho. Além do mais, ele agora tinha saído de trás da câmera e havia se tornado parte da viagem.

A questão da alimentação dos camelos durante aquela época foi mais complexa do que eu esperava que fosse. Mas isso não importou muito, já que o Rick estava por perto. Ele era maravilhoso. Deve ter dirigido mais uns mil e quinhentos quilômetros extras para me entregar fardos de aveia ou alfafa trazidos de Meekatharra.

Ele havia ficado extremamente sentido com a morte da cadela. Nunca pensei que ele tivesse tido um animal de estimação, e este havia sido o relacionamento mais próximo com um animal que ele tivera. Eles eram ridiculamente apaixonados um pelo outro. Eu nunca tinha visto a Diggity adorar uma pessoa assim. Umas duas semanas depois de Wiluna, Rick voltou ao acampamento tarde da noite, depois de ter dirigido centenas de quilômetros cansadíssimo, para pegar rações para os camelos. Estava exausto, sentindo-se mal. Ele me acordou de um sonho particularmente perturbador no qual a Diggity estava dando voltas em torno do acampamento, ganindo, mas não queria vir quando eu a chamava. Rick estava caindo de cansaço, e quando ele se aproximou de mim disse: "Ei, o que a Diggity está fazendo ali, quase a atropelei quando cheguei ao acampamento." Ele tinha se esquecido. Não sei como explicar isso, nem mesmo vou tentar, mas esse não foi o único incidente desse tipo que aconteceu durante aquelas semanas.

Agora nós estávamos nos revezando para conduzir os camelos. Ou melhor, eu, nervosa e de má vontade, permitia que o Rick os liderasse às vezes. Ele conseguia fazer isso muito bem, só que o Dookie o odiava com uma paixão ardente de quem sente ciúmes. Eu vivia rindo disso. Se o Rick tentasse fazer qualquer coisa com ele, o Dookie revirava os olhos, erguia a cabeça, inchava o pescoço e fazia como se estivesse blaterando e ameaçando da forma que ele vagamente se lembrava que os machos selvagens faziam. Aquilo deveria significar: "Você não é meu dono, e se você encostar a mão em mim vou parti-lo ao meio feito um graveto, seu fracote." Eu sabia que o Dookie não ia machucar o Rick de verdade (ora, pelo menos tinha 99% de certeza), mas o Rick preferia deixar que eu lidasse com ele. Era realmente engraçado. Eu ficava perto do Rick e lhe pedia para tentar puxar a rédea do nariz do Dookie; o Dook começava a fazer as gracinhas dele, depois abaixava a cabeça para mim, fungava e me mordiscava, e demonstrava o seu amor de um jeito bem meloso, só para mostrar àquele intrometido atrevido de quem ele gostava.

Eu não consigo parar de dizer coisas positivas sobre os camelos. E eles acabaram vencendo a luta para comer o mel. O Rick e eu tínhamos voltado de carro até uma fazenda para enviar uma mensagem para a *Geographic* e, quando retornamos, o acampamento inteiro estava revirado, sendo que havia quantidades imensas de mel espalhadas sobre tudo, bagagem, sacos de dormir, lábios, cílios, traseiros dos camelos, tudo enfim. Eles sabiam exatamente o que haviam feito e trataram de se mandar assim que me viram.

Os fazendeiros e peões que eu conhecia em toda aquela área foram incrivelmente gentis. Uma vez mais não era possível saber pelas caras deles que a seca os estava levando à falência. Eles nos ofereceram refeições e também alimentaram meus camelos, até nós ficarmos gordos como bolas. E aí nos disseram que sem dúvida haveria um comitê de recepção em Carnarvon, a cidade na qual eu planejava chegar ao litoral. Epa. Mudança de planos. Eu havia conhecido umas pessoas na estrada meses antes, um dos poucos grupos dos quais imediatamente gostei. Eles tinham uma fazenda de criação de ovinos a uns 300 km ao sul de Carnarvon, perto do mar, e tinham me pedido para visitá-los. Decidi fazer exatamente isso. E se eles estivessem preparados para ficar com os camelos, isso resolveria um dos meus principais problemas.

12

EU TINHA MENOS DE 300 KM PARA PERCORRER quando o desastre final aconteceu. Com o Rick como companhia, eu tinha me deixado levar por uma falsa sensação de segurança. Certamente nada poderia acontecer agora – nós tínhamos passado por tanta coisa e chegado tão longe que o resto iria ser moleza. Estávamos passando pelas estâncias ao longo do Rio Gascoyne, o pasto parecia estar melhorando, Rick estava presente, tudo parecia estar bem. Aí a Zeleika começou a ter uma hemorragia interna.

Eu não sabia dizer se o sangue estava vindo da vagina ou da uretra. Resolvi tratar aquilo como infecção urinária e lhe dei quarenta das minhas pílulas um dia. Eu as escondi numa laranja. Também lhe injetei doses cavalares de terramicina e torci para ela melhorar. Ela tinha amamentado o Golias o caminho inteiro, e agora estava que era só pele e osso. Rick foi até a fazenda mais próxima, Dalgety Downs, para ver se conseguia algumas rações e remédios. A Zeleika estava se recusando a comer. Achei que ela estava às portas da morte.

O pessoal de Dalgety mandou Rick de volta cheio de suprimentos, dirigindo um caminhão de gado para levar a Zelly confortavelmente para a fazenda, onde ela poderia descansar direito e receber alimentação das nossas mãos. Hospitalidade de fazendeiro.

Mas aquela camela velha e teimosa se recusou a entrar naquele caminhão. Nós tentamos de tudo. Fizemos uma rampa de terra para ela poder subir. Nada. Passamos cordas por trás dela, tentamos suborná-la, adulá-la, espancá-la, e ela não entrava no caminhão nem por amor nem por dinheiro. Decidi selar um dos camelos e ir assim até Dalgety, deixando a Zelly livre, para nos seguir a pé. E foi aí que ela me surpreendeu completamente. Com Golias ou sem Golias, ela ia voltar para Alice

Springs. Tentei duas vezes, e duas vezes ela foi direto para o leste, na direção de casa. Eu a amarrei atrás de todos os camelos, e fomos vagarosamente para Dalgety.

Acampamos naquela primeira noite ao lado de um poço artesiano, e ouvimos o rugido de um monomotor acima de nós. Ele nos circundou algumas vezes, depois foi descendo e, para nosso espanto, aterrissou na pista de terra corrugada. Rick foi ver quem seria aquele piloto maluco e corajoso. Voltou dez minutos depois com um homem de chapéu de vaqueiro e botas de montaria com esporas no banco do passageiro do veículo. Ele saltou e esmagou as juntas dos meus dedos calorosamente, apresentando-se. Disse que tinha ouvido dizer que um dos meus camelos estava doente, portanto pensou em passar no meu acampamento para perguntar se eu precisava de alguma coisa. Ele tinha uma fazenda pela qual havíamos passado antes, mas ele não estava presente naquele momento. Eu o levei para ver os camelos, enquanto ele me dizia, apressadamente, que seu pai tinha sido dono de camelos nos velhos tempos, portanto ele tinha um certo conhecimento desses animais. "É, ela tá mesmo de espinhela caída, a pobre", disse eu, usando com facilidade o jargão do povo do Outback. "Parece que vai esticar as canelas. É, está que é praticamente comida de urubu, a coitada." A Zeleika, que agora estava parecendo uma sobrevivente de Auschwitz, estava de pé ao lado dos outros dois camelos sadios. O homem calmamente se aproximou do Dookie, olhou para ele pensativamente, sacudiu a cabeça devagar, com tristeza, e disse: "É, caramba, sua camela está bem caidinha mesmo. Pobrezinha dela. Tsc, tsc, tsc. E não faço a menor ideia do que fazer por ela." Richard e eu tentamos galantemente controlar nossos acessos de riso, enquanto o homem continuava a nos falar dos camelos. Richard levou-o de volta ao aviãozinho, ele decolou, levantando uma nuvem de poeira vermelha, depois desceu e voou para casa. Nós rimos desse episódio até hoje.

Um dia depois, entramos com alarde em Dalgety. Margot e David Steadman se apaixonaram pelos camelos à primeira vista, e os mimaram de um jeito revoltante. Depois de uma semana lá, Zeleika tinha melhorado a ponto de eu pensar que ela poderia facilmente chegar ao litoral. Achei que nadar podia lhe restituir a boa forma. Eu havia mantido o Golias longe dela, isolado em currais, e isso tinha ajudado na recuperação dela. O camelinho não parava de berrar, de gemer, de me xingar, nem por um segundo, muito embora eu lhe desse balde após balde de leite e melaço. Tremendo pentelho! Isso também foi traumático para Zeleika. Ela ficava tentando passar o úbere pela grade para ele poder sugá-lo. Mais uma semana de mimos, e ela parecia melhor do que durante a viagem inteira. Conseguia até corcovear um pouco, bem cedinho pela manhã.

Decidi levá-los todos para a fazenda Woodleigh, onde Jan e David Thomson estavam aguardando nossa chegada ansiosamente. A propriedade ficava só a 80 km do oceano e, felizmente, a 160 km de Carnarvon, onde estariam o comitê de recepção e a imprensa. Eu ainda estava com medo de ter que enfrentar mais repórteres, portanto, só para ter certeza de que eles não tentariam me encontrar, decidimos enviar um telegrama falso, meu para o Rick, pelo rádio do Steadman, dizendo: "Zeleika ainda doente, estarei em Carnarvon em meados de novembro." Um truque sujo, mas que funcionou, segundo descobri depois. Eu queria percorrer essa curta distância sozinha, de modo que o Rick e eu combinamos de nos encontrar em Woodleigh dentro de algumas semanas.

O tempo agora estava mudando. Não há primavera nem outono de verdade no deserto. O tempo ou é frio, quente, muito quente, ou quente pra burro. Estava começando a ficar quente pra burro. As estâncias em torno de Dalgety consistiam de terreno bom e fértil, mas as que encontrei mais ao sul eram bem diferentes. Cristas vermelhas e ondulantes de areia cobertas de árvores anãs de uma cor cáqui, chamadas *wanyu*, um tipo de acácia aneura que devia ser razoável como alimento para os camelos, mas que os meus se recusaram a tocar. Eles nunca tinham visto aquelas árvores antes. Dentro de alguns dias eles perderam toda a saúde que haviam recuperado em Dalgety. Tentei convencê-los que a *wanyu* era deliciosa, mas eles não acreditaram em mim. Não confiaram em mim. E não havia praticamente mais nada para comer, e não ser *wanyu*. Quando chegamos a Callytharra, a última estância antes de Woodleigh, eu já estava preocupada com eles de novo.

George e Lorna vieram me socorrer dessa vez. Entrei na propriedade deles, uma cabaninha de ferro corrugado muito charmosa, mas situada em uma cavidade poeirenta fervendo de tão quente, cercada por máquinas à beira da morte ou já mortas e bodes selvagens amansados. Aquele casal me deixou assombrada. Eles não tinham nada. Nem eletricidade, nem dinheiro, e a seca havia devastado a propriedade. Eles eram gente extraordinária. Dividiram comigo tudo que tinham. Uma velha garrafa de cerveja que Lorna tinha guardado debaixo da cama durante sabe-se lá quanto tempo, apareceu para a ocasião. Ela me deu forragem cara para os camelos, e cuidou de mim como se fosse uma filha sua há muito desaparecida. Eles eram exemplos perfeitos do que se conhece na Austrália como "verdadeiros batalhadores". Lorna, uma mulher de mais ou menos 56 anos (difícil dizer) ainda domava cavalos montando neles em pelo. George administrava todos os poços da fazenda, e mantinha as máquinas funcionando com pedacinhos de arame e pontapés. E eles de alguma forma iam levando, continuando bondosos, generosos e calorosos, sem reclamar de absolutamente nada. Na noite depois que saí da fazenda deles, eles vieram naquele calhambeque deles me trazer mais ração para os camelos, e uma garrafa de limonada morna. O carro deles tinha enguiçado no caminho, mas o George era capaz de consertar qualquer coisa, de maneira que eles chegaram tarde da noite ao acampamento. De todas as pessoas que conheci no Outback, durante a minha viagem, George e Lorna personificavam o espírito batalhador dos sertanejos da Austrália mais do que ninguém.

Eu estava a apenas uns dois dias de distância de Woodleigh agora, e naturalmente tudo começou a se desintegrar. De repente os embornais começaram a ficar esburacados e a se rasgar, as corcovas dos camelos começaram a mostrar sinais de sofrerem fricção das selas, da noite para o dia, e meu último par de sandálias decentes se arrebentou. Precisei consertá-las com barbante, que machucava e causava-me cortes nos pés, porque não podia mais andar descalça. Daria até para fritar um ovo naquela areia. E o terreno era sempre igual, os poços eram todos salgados e quentes, e eu só queria chegar a Woodleigh e me sentar na sombra e beber xícaras de chá. Tinha tirado a roupa por causa do calor, quando encontrei a propriedade. O mapa não mostrava o lugar correto, de modo que cheguei lá 15 km antes. Vesti-me depressa e fui até lá com os camelos.

É difícil dizer quem Jan e David sentiram mais prazer em ver, se eu ou os camelos. Eu sabia que meus bichos podiam se aposentar ali satisfeitos que seriam cobertos de mimos. Até hoje meus amigos de Woodleigh são os únicos com quem posso falar sobre o comportamento dos camelos, até cansar, sabendo que eles vão entender. Eles dedicam aos camelos todo o carinho possível, tanto quanto eu, e são praticamente escravos de cada capricho desses animais. Dookie, Bub, Zelly e Golias tinham se dado bem. Este seria seu novo lar. E eles imediatamente trataram de se pôr à vontade.

Rick chegou alguns dias depois, todo acelerado, animado e incontrolável, depois de ter entrado em contato com o mundo exterior. Ele havia trabalhado pendurado em helicópteros em Bornéu daquela vez. Disse-me que quando ia consertar o carro em Carnarvon no dia anterior, o mecânico da oficina tinha dito: "Ei, você ouviu falar do que houve com a sua namorada? A camela dela adoeceu e ela só vai chegar aqui em meados de novembro."

Jan e David se ofereceram para levar os camelos de caminhão até um ponto a uns dez quilômetros do mar. Por mim, tudo bem, já que eu não era purista. Além disso, estava um calor horrível. Amarrei os camelos dessa vez, deixando o Golias entrar por último, ficando espremido. Ele pulou no caminhão sem problemas. Não ia deixar o suprimento de leite dele se afastar assim à toa.

Eles me deixaram no local combinado, com os camelos. Jan e David prometeram vir nos buscar dentro de uma semana. Eu não queria que a viagem terminasse. Eu queria voltar para Alice, ou para a Canning, ir para qualquer lugar. Eu gostava de fazer isso. Adorava isso. Era até razoavelmente boa nisso. Tinha visões nas quais eu passaria minha vida sendo funileira, atravessando o deserto com uma cáfila de dromedários atrás de mim. E eu adorava meus camelos. A ideia de me separar deles era insuportável. E eu não queria que o Rick me esperasse no litoral, também. Queria viver aquele momento sozinha. Eu lhe pedi para pelo menos não me fotografar. Ele fez aquela sua cara petulante de frustração. Como não tinha saída, sorri e pensei ironicamente comigo mesma que assim como tinha sido no princípio, seria no fim. Não tinha tanta importância, afinal de contas. Justiça poética, aliás.

E agora eu podia ver o sol vespertino cintilando sobre o Oceano Índico atrás da última duna. Os camelos podiam sentir o cheiro da maresia, e começaram a ficar agitadíssimos. E ali estava eu, no fim da minha jornada, tudo tão indefinido e irreal quanto no começo. Era mais fácil para mim me ver através da lente do Rick, cavalgando na direção da praia naquele pôr de sol tão clichê, exatamente como teria sido mais fácil para mim ficar com meus amigos e acenar para aquela mulher maluca dos camelos – o cheiro provocante da poeira ao nosso redor, e no nosso olhar o medo de termos deixado coisas demais sem dizer. Havia uma alegria indizível e uma tristeza dolorosa nesse momento. Tudo tinha acontecido tão de repente... Eu não acreditava que aquele já fosse o desfecho. Devia ser algum engano. Alguém tinha simplesmente me tirado dois meses em algum ponto. Não houve um anticlímax naquela chegada ao oceano, apenas uma intensa sensação de que, não sei como, eu havia perdido a penúltima cena.

E desci aquele deslumbrante, gloriosamente fantástico litoral plistocênico enquanto o sol enorme ia se pondo num horizonte plano, só conseguindo invocar a sensação de que tudo tinha terminado abruptamente demais, tanto que eu não podia encarar o fato de que havia terminado, que provavelmente se passariam anos antes de eu ver meus amados camelos e o deserto outra vez. E não havia tempo para me preparar para a série de ondas de choque. Eu me sentia entorpecida.

Os camelos ficaram estarrecidos diante do oceano. Nunca tinham visto tanta água assim. Flocos de espuma subiam pela areia da praia e lhes faziam cócegas nos pés, fazendo-os dar pulos ao longo da praia; o Bub quase me derrubou. Eles paravam, viravam-se para contemplar o mar, pulavam de lado, entreolhavam-se com os narizes pontiagudos e burlescos, depois voltavam a olhar fixamente o mar, depois pulavam de novo para diante. Todos eles se amontoaram, embaraçando as rédeas. Golias entrou direto no oceano para nadar. Ele ainda não havia aprendido a ser cauteloso.

Passei uma semana delirante com eles naquela praia. Eu tinha terminado minha viagem, por sorte, num trecho de litoral inigualável. Ele margeava a parte interna de uma enseada conhecida como Hamelin Pool. Um quebra-mar de sargaços bloqueava a entrada para o oceano, de forma que a água dentro desta vasta piscina relativamente rasa era hipersalgada, uma oportunidade feliz para os estromatólitos, formas primitivas de vida que já viviam aqui há 500 milhões de ano. Essas rochas primitivas estranhas erguiam-se da beira da água como um bando de Lon Chaneys[1] petrificados. A praia em si era feita de minúsculas conchinhas, cada uma tão perfeita e delicada quanto a unha de um bebê. Cem metros atrás dessas conchas soltas estavam as compactas, coladas com cal até formarem um bloco sólido que descia 12 metros ou mais, e que os residentes da área cortavam com serras, para com esses blocos construírem suas casas. Isso era coberto de árvores retorcidas e anãs, e plantas suculentas – todas excelentes alimentos para camelos. Atrás de tudo isso estavam as planícies de gesso e dunas vermelhas do deserto. Pesquei solha e nadei nas águas azul-turquesa mais transparentes que eu já tinha visto; levei os camelos (exceto a Zeleika, que se recusou terminantemente até mesmo a nadar cachorrinho) para nadar; andei naquela praia tão branca que chegava a cegar, contemplando plantinhas verdes e vermelhas parecidas com vidro, e relaxei à luz da fogueira sob céus raiados de vermelho. Os camelos ainda estavam deslumbrados pela água, ainda insistiam em tentar bebê-la, mesmo depois de fazerem caretas e cuspi-la vezes sem conta. Eles costumavam vir à praia ao pôr do sol só para ficar contemplando a cena.

E uma vez mais, pela última vez, eu levantei voo. Eu havia reduzido meus pertences a quase nada. Só um *kit* de sobrevivência e pronto. Eu tinha um

---

[1] Ator americano (1883-1930) especializado em personagens monstruosos e distorcidos, conhecido como "O homem das mil faces". (N.T.)

velho sarongue bem sujo para quando estava quente, e um suéter e meias de lã para o frio. E tinha um saco de dormir, um prato e um copo. E só. Era só disso que eu precisava. Eu me sentia livre, leve e solta, e queria ficar assim. Se ao menos pudesse continuar vivendo assim... Não queria mais me sentir presa pela loucura que era a civilização.

Coitada de mim, eu realmente acreditava naquela bobagem toda. Eu estava me esquecendo do que vale num lugar não é necessariamente válido em outro. Se a gente descer a Quinta Avenida cheirando a bosta de camelo e falando consigo mesma, as pessoas nos evitarão como se fôssemos leprosos. Até seus melhores amigos americanos nem vão querer admitir que te conhecem. As últimas partículas frágeis da minha ingenuidade romântica estavam para ser permanentemente despedaçadas pela cidade de Nova York, onde eu iria estar dentro de quatro dias, aturdida como se tivesse chegado da guerra, intimidada pelos cânions de vidro e cimento, achando meu novo *kit* de identidade de aventureira desconfortável e apertado, respondendo perguntas absurdas que me faziam sentir que eu devia ser dona de uma loja de animais, defendendo-me contra pessoas que diziam coisas do tipo "E aí, querida, o que você vai tentar agora, atravessar os Andes de skate?" E sonhando com um novo tipo de deserto.

Na minha última manhã, antes da aurora, enquanto eu estava preparando o café da manhã, o Rick se mexeu, ainda dormindo, sentou-se apoiado num cotovelo, fuzilou-me com o olhar acusador e disse: "Como foi que você conseguiu trazer esses camelos até aqui?"

– Quê?

– Você matou os pais deles, não foi?

Ele riu, admirando o efeito que essa pergunta tinha causado, como quem sabia de tudo, num segundo, e depois caiu para trás, inconsciente, sem se lembrar de nada depois. Havia uma espécie de verdade rudimentar escondida naquele sonho, em algum lugar.

Jan e David chegaram de caminhão e embarquei meus animais, agora bem gordos e pesados, no veículo. Depois, os levei para a fazenda onde eles iam se aposentar. Eles tinham muitos quilômetros quadrados nos quais perambular, gente para amar e mimá-los, e nada para fazer a não ser passar a velhice voltados para Meca, contemplando o crescimento de suas corcovas. Passei horas me despedindo deles. Separar-me deles causava-me uma dor que chegava a ser física, eu só ficava afundando minha testa nos ombros peludos deles e lhes dizendo como eram maravilhosos, inteligentes, fiéis e verdadeiros, e como eu ia sentir falta deles. Depois o Rick me levou para Carnarvon, 160 km ao norte dali, onde eu pegaria o avião de volta a Brisbane, depois o voo para Nova York. Não me lembro de nada que aconteceu durante aquela viagem, a não ser que eu ficava o tempo todo tentando esconder a quantidade absurda de água salgada que me jorrava dos olhos.

Em Carnarvon, uma cidade do tamanho de Alice Springs, sofri a primeira onda de choque cultural das várias que iam me abalar nos meses seguintes, da qual acho que nunca me recuperei totalmente. Onde estava a valente Boadiceia[2] das praias? "Que venha Nova York", ela tinha dito. "Que venha a *Geographic*, sou invencível." Mas, agora, ela estava encolhida na sua concha, sob o constante ataque de todas aquelas pessoas esquisitas, e carros, postes telegráficos, perguntas, champanhe e pratos requintados. Fui convidada para jantar pelo juiz local e sua esposa, que abriram uma garrafa gigantesca de champanhe. Quando estávamos na metade da refeição, eu caí e me arrastei até o lado de fora, para vomitar sobre um carro de bombeiros inocente, enquanto o Rick, com a mão na minha testa, dizia: "Tudo bem, tudo bem, vai passar", e eu lhe respondia, entre um arquejo e outro: "Não vai, não, é horrível, quero voltar para casa."

Ao pensar na minha viagem agora, enquanto procuro separar os fatos da ficção, tento recordar como me senti naquela época específica, ou durante aquele incidente em particular, e busco reviver aquelas lembranças enterradas tão profundamente e tão cruelmente distorcidas; e então percebo um fato claro no meio de toda essa mixórdia. A viagem em si foi fácil. Não foi mais perigosa do que atravessar a rua, ir de carro até a praia ou comer amendoins. As duas coisas importantes que aprendi mesmo foram que somos tão poderosos e fortes quanto nos permitimos ser, e que a parte mais difícil de qualquer empreendimento é dar o primeiro passo, tomar a primeira decisão. Mas eu sabia, mesmo naquela época, que iria me esquecer dessas duas coisas várias vezes, e teria que voltar e repetir essas palavras quando tivessem perdido seu significado, e tentar me lembrar delas. Eu sabia que, em vez de me lembrar de como essas coisas eram verdadeiras, eu iria depois cair numa nostalgia inútil. As viagens com camelos, como eu tinha desconfiado o tempo inteiro e estava para confirmar, não começam nem terminam; elas meramente mudam de forma.

---

[2] Também conhecida como Boudicca, antiga rainha celta dos icenos e líder de uma insurreição contra os romanos em 61 d.C. (N.T.)

POSFÁCIO

O PASSADO DESABA E SE DISSOLVE ÀS NOSSAS COSTAS, deixando algumas pistas com as quais tentamos reconstituí-lo. Tarefa inútil. A história vive no presente.

Já se passaram mais de trinta anos desde que atravessei metade da Austrália a pé, acompanhada apenas por meus queridos camelos e por minha cachorrinha. Se eu me concentrar, posso resgatar rápidos vislumbres de um certo lugar, a afeição que sentia pelos meus bichos, a felicidade de caminhar por aquela paisagem transcendente, um medo idiota quando essa paisagem se manifestava indiferente à minha presença devido a algum erro meu, pequeno porém potencialmente letal. Entretanto, essas imagens desaparecem depressa.

Escrevi este livro dois anos depois de ter chegado ao Oceano Índico – o fim da jornada. Num pequeno e modesto apartamento, do outro lado do planeta, aconteceu um esforço hercúleo de recordação durante o qual cada um daqueles nove meses, daqueles acampamentos durante uma caminhada de 2.000 quilômetros, me pareceu cristalino (ou pelo menos essa foi a minha impressão na época). Contudo, assim que o livro foi publicado, as lembranças começaram a desbotar, como se o livro as tivesse roubado. A jornada real, quem eu era quando a empreendi, tudo isso ficou para trás, restando apenas algo parecido com elas que se chamava *Trilhas*, e algumas fotos de uma jovem com a qual eu sentia dificuldade em me identificar.

Eram fotos deslumbrantes, mas a partir do momento em que as vi, elas me incomodaram. Comecei a compreender que elas significavam dividir com terceiros algo íntimo, a jornada, a MINHA jornada, que acabaria sendo absorvida por suas reconstruções. E eu estava certa. Primeiro, ela foi desvirtuada pelo meu próprio livro, depois pelas fotos do Rick e, qualquer dia desses, também será desfigurada por algum filme que não terá quase nada a ver com o "o que realmente aconteceu".

Portanto, o que posso acrescentar a este livro maluco? Um livro que nunca pensei em escrever, que escrevi bem antes de me considerar uma escritora, mas que nunca deixou de ser relançado desde que foi publicado. Tive diversas oportunidades, durante essas três décadas, de aperfeiçoá-lo, mas sempre mudava de ideia. Por menos elegante que fosse o seu estilo, o livro foi escrito com verve, confiança e uma paixão pela verdade, por assumir minhas próprias atitudes: que ele continue como está. Algumas fotos do Rick Smolan foram incluídas nesta edição também. Eu agora as adoro sem nenhuma reserva. Elas podem ter suplantado as verdadeiras lembranças, mas não são maravilhosas? Afinal, a jornada também foi dele.

A pergunta que me fazem com mais frequência é "Por quê?" Uma pergunta mais pertinente talvez fosse: por que é que mais pessoas não tentam escapar das limitações que lhes são impostas? Se *Trilhas* tem uma mensagem, ela consiste em mostrar que se pode estar de olhos abertos para as exigências de uma obediência que parece natural simplesmente porque é familiar. Em toda parte onde exista pressão para que todos se conformem (quem se conforma costuma estar atendendo aos interesses do poder de outra pessoa), existe também a obrigação de resistir. Naturalmente, eu não defendi a ideia de que todo mundo deveria largar o que estava fazendo e ir para o meio do mato; nem certamente pretendi lhes aconselhar a imitar o que fiz. Minha intenção foi mostrar que se pode escolher a aventura mesmo nas circunstâncias mais ordinárias. Aventura da mente ou, se usarmos uma palavra antiga, do espírito.

Do meu ponto de vista, não há resposta para essa pergunta ou, se houver, ela é tão complexa e cheia de desdobramentos que não adianta procurá-la. Espero que a ação fale por si mesma. Quem não gostaria de estar naquele deserto primoroso? E os camelos são a forma mais sensata de se viajar por ele (eu não tinha dinheiro para comprar um caminhão). Contudo, mesmo que eu tentasse encontrar uma resposta simples, de qualquer maneira não sou mais a pessoa que tomou aquela decisão na vida. Sinto afinidade com ela, ocasionalmente até me orgulho dela, mas não sou mais aquela pessoa.

Quem era ela, então? Para responder a essa pergunta, é preciso entender um pouco a época dela: o final da década de 1960, início da de 1970, quando qualquer coisa e tudo parecia possível, e o *status quo* do mundo desenvolvido estava sob escrutínio radical dos jovens.

Tivemos sorte de termos experimentado apenas a prosperidade do pós-guerra. Não éramos ligados em ganhar dinheiro. Tínhamos medo do futuro por causa de outras coisas: bombas nucleares; a Guerra Fria e seus vários pontos de conflito; e o colapso ecológico. Morávamos em residências coletivas e aprendíamos a viver de forma flexível, com muito poucos recursos. Formávamos amizades intensas, as quais pareciam ter a tenacidade dos laços biológicos que elas visavam replicar. Era possível optar por não se ligar a movimentos políticos, mas não dava para escapar da política. Ela estava no ar que respirávamos. E a política estava ligada à justiça. Era intelectualizada, não tinha nada a ver com a luta rasteira pelo poder dos políticos de carreira.

Reagíamos contra o encurralamento da família pós-guerra nuclear, sua preocupação com a segurança e a autodefesa, especialmente seu pressuposto de que as mulheres deviam se limitar à esfera doméstica. Queríamos entender as forças políticas que haviam moldado a sociedade, as injustiças que nos permitiam ter bem-estar material enquanto imensas parcelas da população mundial morriam de fome, o desequilíbrio do poder e da oportunidade entre as classes, as raças, os sexos. Mas talvez, principalmente, para alguém como eu, nada era tão importante quanto a liberdade. A liberdade de tomar minhas próprias decisões, de me construir. E tais aspirações inevitavelmente envolviam risco, gerando oportunidades de aprendizado, descoberta e transformação.

Estou descrevendo um clichê, é claro, e a realidade era bem mais variável e complexa (e nós também éramos mimados e egoístas). Mas ninguém pode evitar completamente os clichês de seu tempo. Cheguei a Alice Springs impulsionada, pelo menos em parte, pelo ímpeto do clima geral de promessa, busca e justiça daquela época.

Os direitos às Terras Aborígenes tinham sido recentemente aprovados por lei. Jovens idealistas de formação universitária vinham das cidades para Alice Springs para administrar essa legislação, para fundar organizações que deviam proporcionar aos aborígenes a possibilidade de exercer esses direitos. Eu não me envolvi diretamente neste movimento social (estava ocupada demais, treinando camelos e confeccionando selas), mas era certamente uma simpatizante deles, inclinada a ter ideias esquerdistas, mais por não gostar do outro lado do que por aderir fervorosamente a este. Embora não fosse escritora naquele tempo, tinha uma sensibilidade de escritora. A missão de um escritor é ver o mundo de um ponto de vista independente e dizer a verdade conforme ele a vê. E isso não era fácil de fazer na época, em Alice Springs. (Nunca é fácil fazer isso.) Havia um ponto de vista "político", e se a gente não o apoiasse cem por cento, era acusada de ajudar a fomentar o outro lado. O desconforto que eu sentia sob essa pressão moral me acompanhou durante a minha vida inteira, tornando-me eternamente desconfiada da cegueira que é se convencer sem nenhuma sombra de dúvida que uma certa ideologia é a correta.

Desde então, de dentro da própria comunidade aborígene, diversas perspectivas políticas conflitantes surgiram, e que podem apenas ser positivas. Entrementes, a Austrália apresentou suas desculpas oficiais aos aborígenes. Se isso vai beneficiá-los tremendamente, quem poderá dizer?

Será que uma jornada como a minha poderia ser feita da mesma forma hoje em dia? Não, absolutamente não. Haveria gente demais por lá com muitas outras formas de nos vigiar, mais burocracia para nos deter, mais áreas proibidas, mais cercas, mais veículos, mais controle. Novas tecnologias de comunicações tornariam impossível nos perdermos, por mais que tentássemos. Quando eu parti, ainda era simplesmente possível viajar através daquele país como uma pessoa livre, fugindo à detecção de qualquer tipo de radar, assumir total responsabilidade pela nossa própria vida.

Da mesma forma, a ideia de privacidade mudou, o desejo dela é quase uma causa de desconfiança ultimamente. A motivação por trás da minha decisão era intensamente pessoal e particular, a ponto de o patrocínio de uma revista parecer uma traição à minha própria pessoa. Desconfio que isso seria considerado uma excentricidade hoje em dia.

No início da década de 1970, começaram-se a organizar excursões turísticas em grupos e surgiu a moda de comprar veículos de tração nas quatro rodas para viajar pelos locais agrestes. Mesmo naquela época, saquei que as pessoas que dirigiam tais veículos, em sua maioria, tentavam se isolar do ambiente, pelo qual passavam a toda, sem realmente se ligar nele. Esses carros vinham eriçados de antenas de radioamador, trazendo consigo protetores solares, e tinham ar-condicionado, roupas especiais para acampar no mato, geladeiras; resumindo, pareciam sobrecarregadas com um monte de coisas que as impediam de realmente entrar em contato com os lugares por onde passavam. Porque quando a gente entende aquela região, é a coisa mais fácil do mundo perambular por ele com muito pouco equipamento.

Eu queria deixar meus fardos para trás. Evitar tudo que fosse desnecessário. Um processo que era literal – no sentido de constantemente deixar para trás tudo que não atendesse às minhas necessidades básicas –, e metafórico, talvez metafísico, no sentido de me livrar da minha bagagem mental.

Acho que a essência do livro, creio eu, é o momento no qual esse despojamento permite que surja uma espécie diferente de consciência. De certa maneira desconfio que nunca me recuperei disso. Era algo que vinha da ausência de limites (muito apavorante a princípio), e da sensação de me fundir com tudo ao meu redor. Tentei descrever esse fenômeno de maneira objetiva, evitando a linguagem do misticismo.

Decerto, eu estava intensamente sintonizada com o meu ambiente, ciente das interconexões entre as coisas: uma rede, ou teia, da qual fazemos parte. Viajar com um aborígene idoso, o Sr. Eddie, me preparou para essa mudança, e espero que não tenha sido presunção minha imaginar que esse meu novo estado mental talvez fosse semelhante à forma como os povos aborígenes tradicionais se relacionavam com o lugar onde viviam. É uma das ironias da história que esse conhecimento tão profundo esteja se tornando raro justamente quanto o restante do mundo começa a entender seu valor. A Austrália europeia existe há apenas 200 anos, mas durante esse tempo causou-se um tremendo estrago ao nosso país.

Os sistemas desérticos, intocados aos olhos de quem não tenha formação para entendê-los, foram castigados pelo gado e desequilibrados por espécies introduzidas nele. Ondas de extinções ocorreram, e esse processo está se acelerando. Senti isso na pele, e escrevi a respeito: falei de como viajei pela área do deserto de Gibson durante uma seca, mas encontrei-o cheio de vida, com muito alimento para meus animais. E aí, um mês depois, cheguei à primeira cerca rural e encontrei o começo do verdadeiro deserto: uma bacia estéril, cheia de animais mortos ou agonizantes, e sem cobertura vegetal a não ser arbustos venenosos de *Ericameria laricifolia*. Essa cerca delimitadora marcou o momento de transição mais deprimente da jornada inteira.

Contudo, eu não poderia predizer que dentro de apenas trinta anos a paisagem que eu conhecia tão bem seria modificada tão radicalmente que eu acharia difícil e doloroso voltar àquele lugar.

No alto das dunas, onde eu às vezes me sentava para a assistir ao pôr do sol, viam-se os rabiscos delicados das pegadas dos lagartos, ratos-marsupiais, certos insetos. Havia os vestígios dos lagartos-monitores, os recortes bonitos de uma cobra, os entalhes compridos produzidos pelos cangurus, as pegadas de três dedos dos emus. Às tardes, essas aves tolas e curiosas vinham ao meu acampamento, os dingos uivavam ali por perto, ouviam-se os baques dos *wallabies* pulando a noite inteira, e o farfalhar e saltitar de criaturinhas nativas. Agora, muitos desses animais são raros ou desapareceram. Suas pegadas foram substituídas pelas produzidas pelas patas macias dos camelos e dos gatos, bem como pelos rastros das raposas e as tocas de coelho. Para todo lugar onde se olha, essas novas marcas e padrões se estendem pela terra como o micélio de um fungo. Em outras áreas, o capim verde-escuro *Pennicetum ciliare,* vindo da África e introduzido no país, dominou a paisagem, sufocando tudo sob si e mudando a paleta inigualável do interior australiano.

Às vezes considero essas mudanças tão perturbadoras que desejo nunca mais voltar ao deserto. Outras vezes, percebo que a saudade que sinto é de uma experiência que não poderia se repetir, mesmo, de pessoas e formas de pensar que pertencem ao passado. Aquele deserto pertence a um outro "agora", e é tolice compará-lo com o atual.

É como aquela jovem de *Trilhas* disse, tão sabiamente: "As viagens de camelo não começam nem terminam; simplesmente mudam de forma."

Robyn Davidson, junho de 2012.

Agradecimentos

Gostaria de agradecer ao meu amigo Rick Smolan pelas fotos desta edição. E também de agradecer a Janine Roberts por me permitir usar os dados e várias citações de seu livro *From Massacres to Mining*.

Conheça outros títulos da editora em:
www.editoraseoman.com.br

SOBRE O AUTOR

CHRISTIAN PICCIOLINI É UM PREMIADO PRODUTOR DE TELEVISÃO, artista visual e ex-extremista. Seu trabalho e o propósito de sua vida nascem de sua vontade perene e profunda de compensar seu passado horrível, e de usar seu tempo neste planeta contribuindo para o bem maior.

Depois de abandonar o violento movimento de ódio do qual fez parte durante a juventude, ele começou o árduo processo de reconstrução de sua vida. Enquanto trabalhava na IBM, Picciolini formou-se pela Universidade DePaul, e mais tarde fundou sua própria empresa de mídia de entretenimento.

Em 2010 e 2011, foi indicado para três prêmios Emmy regionais, por seu papel como produtor executivo do JBTV, um dos programas musicais de mais longa existência da televisão estadunidense. Ele já trabalhou como professor universitário adjunto e como gestor de parcerias comunitárias do Threadless.

Christian Picciolini (foto de Mark Seliger)

Em especial, em 2010 ele foi cofundador de Life After Hate, organização sem fins lucrativos dedicada a ajudar as pessoas a adquirir o conhecimento necessário para implementar soluções de longo prazo contra qualquer tipo de racismo e de extremismo violento.

Explorador por natureza, Picciolini adora aprender coisas novas e gosta de desafiar a si mesmo com "pensamento disruptivo positivo". Ele valoriza a gentileza, a sinceridade e o respeito por todas as pessoas, e acredita que pequenas ideias podem mudar o mundo.

© 2012 All photos by Rick Smolan/Against All Odds Productions

© 2012 All photos by Rick Smolan/Against All Odds Productions

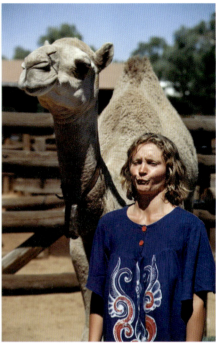

Meu pai (à esquerda) e eu observando Sallay confeccionar uma tradicional sela de carga.

© 2012 All photos by Rick Smolan/Against All Odds Productions

© 2012 All photos by Rick Smolan/Against All Odds Productions

© 2012 All photos by Rick Smolan/Against All Odds Productions

© 2012 All photos by Rick Smolan/Against All Odds Productions

© 2012 All photos by Rick Smolan/Against All Odds Productions

© 2012 All photos by Rick Smolan/Against All Odds Productions

© 2012 All photos by Rick Smolan/Against All Odds Productions

© 2012 All photos by Rick Smolan/Against All Odds Productions

© 2012 All photos by Rick Smolan/Against All Odds Productions

© 2012 All photos by Rick Smolan/Against All Odds Productions

© 2012 All photos by Rick Smolan/Against All Odds Productions